纪念南开大学化学学科成立 100 周年

中国特有谷子作物科技的创新前沿

The S&T innovation forefront of an unique to China crop—The Millet

李正名　主编

南开大学出版社

天　津

图书在版编目(CIP)数据

中国特有谷子作物科技的创新前沿 / 李正名主编.
—天津：南开大学出版社，2021.1
ISBN 978-7-310-06008-5

Ⅰ.①中… Ⅱ.①李… Ⅲ.①谷子－农业技术 Ⅳ.
①S515

中国版本图书馆 CIP 数据核字(2020)第 258038 号

中国特有谷子作物科技的创新前沿
ZHONGGUO TEYOU GUZI ZUOWU KEJI DE CHUANGXIN QIANYAN

南开大学出版社出版发行
出版人:陈　敬
地址:天津市南开区卫津路 94 号　　邮政编码:300071
营销部电话:(022)23508339　营销部传真:(022)23508542
http://www.nkup.com.cn

三河市同力彩印有限公司印刷　全国各地新华书店经销
2021 年 1 月第 1 版　　2021 年 1 月第 1 次印刷
260×185 毫米　16 开本　25 印张　340 千字
定价:186.00 元

如遇图书印装质量问题,请与本社营销部联系调换,电话:(022)23508339

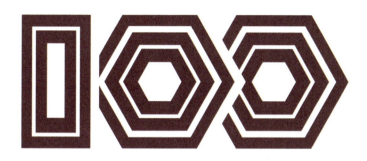

南闓大學化學學科
Chemistry, Nankai University
·1921-2021·

隆重纪念南开大学化学学科成立100周年

本书献给南开大学化学学科的前辈

并向他们致以最崇高的敬意

本书编委会

主　编　**李正名**　南开大学

副主编　**程汝宏**　河北省农林科学院谷子研究所

　　　　鞠国栋　南开大学农药国家工程研究中心

编　委　（按姓氏拼音排序）

　　　　刁现民　中国农业科学院作物科学研究所

　　　　段胜军　河北省农林科学院遗传生理研究所

　　　　胡爱军　天津科技大学食品工程与生物技术学院

　　　　王彦廷　河北治海农业科技有限公司

　　　　王　千　河北治海农业科技有限公司

　　　　赵治海　河北省张家口市农业科学院谷子研究所

　　　　周汉章　河北省农林科学院谷子研究所

　　　　邹洪峰　深圳华大小米产业股份有限公司

我国特育谷子前沿创新科技研讨会
2016.4.22 于南开大学

前排（左起）周汉章、周承茹、钱旭红、李正名、王静康、宋宝安、席真、赵治海、王现全
中排（左起）徐效华、赵卫光、范志全、王彦廷、邹洪峰、段胜军、徐凤波、许寒
后排（左起）鞠国栋、张智超、汪清民、王忠文、

前　言

谷子（脱壳后为小米）是我国历史最悠久的传统农作物，有 8000 多年的种植历史。它在大自然环境中形成的抗逆抗旱性能十分卓越，即使在严重缺水缺肥的贫瘠土地上也能顽强地生长，在十分恶劣困难的自然条件下一直哺育着中华民族世代繁衍，是具有强烈中国民族色彩的标志性的农作物。古代中国称国家为"社稷"，其中的"稷"就是谷子，可见古人对谷子顶礼崇拜的敬意。众所周知，党领导人民子弟兵"依靠小米加步枪"解放了全中国，谷子在我国的新民主主义革命时期和新中国建设初期起了十分重要的作用，象征着中国人民在无限艰险极端困难的条件下不屈不挠、奋斗崛起的传统民族精神，我国人民大众对谷子都怀有特殊的情结。

1949 年以后，国家先后组织专家攻克水稻、小麦、玉米等农作物高产良种难题，使得这些重要作物亩产千斤（公顷产 7500 千克）的梦想变成为现实，对我国农业丰产和粮食安全起了极为重要的作用。相对而言，各地对谷子研究投入很少，使得谷子长期以来徘徊在亩产 150 千克（公顷产 2250 千克）左右。近 20 年来我国科学家通过长期坚苦努力在国际上首次培育成功"懒谷"和"张杂谷"等优秀新良种，大幅度地提高了谷子产量，开拓了我国谷子种植的新局面。在谷子大面积推广过程中，一直还有一个难题急待解决。我国的水稻、小麦、玉米都有除草剂配套使用，解放了大量劳动力，这是改革开放后大量农民进城打工而农业仍能持续增产的主要原因之一。1952 年中国的谷子种植面积为 983.5 万公顷（1.48 亿亩），由于谷子低产和当时历史条件下盛行吃细粮的风气，使得谷子播种面积日益减少，2012 年全国种植面积降到 73.6 万公顷（0.11 亿亩）规模。近年北方某些地区用水过度导致地下水降低到警戒水平，为了保障民生用水已暂停种植小麦、玉米等高耗水农作物，转而改种谷子（可以节水 50% 以上），加上小米的高营养价值重新得到国人的认可，小米市场价格开始走高，有些地区已将推广谷子种植纳入脱贫支农计划。

　　由于过去谷子长期没有专用除草剂，主要依靠人工拔草。对农作物来说，杂草的生命力更加顽强，正如诗人白居易对野草的评价："野火烧不尽，春风吹又生"。杂草与谷苗激烈地争夺水分、肥料和阳光导致谷子严重减产甚至绝产。此外人工除草被视为农业劳动中最为劳累的工作，其人工费用也日益高涨，严重地制约了谷子种植业的发展。

　　2016 年 4 月，中国工程院曾委托南开大学召开"我国特有谷子前沿创新科技研讨会"，王静康院士、钱旭红院士、宋宝安院士等专家学者共 25 人参会并进行学术交流，南开大学化学院党委书记曲凯同志也参会以示支持。会上专家学者们介绍了近年我国谷子科技的创新成果，我们深信这些成果必将促进我国谷子产业向更高水平发展。

　　本书是对与会交流高水平论文的梳理与总结，反映我国近 30 年来谷子科技创新的丰硕成果，反映专家学者可贵的学术探索精神和技术创新的进程。

本书第一部分系统地介绍我国在谷子育种方面的历史渊源和重要进展。河北省农林科学院谷子研究所程汝宏所长、中国农业科学院刁现民教授高瞻远瞩，系统回顾了我国谷子种植的历史，对谷子育种进展的轨迹也做了详细介绍。张家口市农业科学院赵治海教授通过 15 年坚忍不拔的努力，创新培育出亩产千斤的高产良种"张杂谷"。河北省谷子研究所程汝宏所长、周汉章研究员经过长期探索研制出适合国情的"懒谷"高产良种。我国科技工作者在国际上率先研制成功新型谷子良种并已进入实用阶段，填补了国际谷子育种技术空白，可喜可贺！

本书第二部分介绍我国在谷田除草剂方面的创新成果。南开大学李正名团队坚持长期基础研究发现了新型单嘧磺隆（商品名称"谷友"），"谷友"对谷子拥有优越除草活性的同时具有独特的安全性，经开发后在华北、东北地区累计示范推广 40 多万公顷（600 多万亩），取得显著经济效益和社会效益，成为我国第一个自主创新、获得国家正式批准的谷子专用除草剂，填补了国内外的技术空白。在谷友 20 年的创制开发过程中，该科研团队曾先后得到程汝宏、赵治海、周汉章、段胜军、王彦廷等知名专家的热情帮助与全力支持，专家们对"谷友"的科学评价为其示范推广提供了科学依据。南开大学鞠国栋同志长期参加谷友的温室试验、小区试验、大田推广、剂型配制等研究实践，对其应用现状进行整理和展望。本书附录转载了兴柏农业科技有限公司关于"兴柏谷友"在河北威县生产现场第一线的试验报告,展示了今后产学研合作的前景。

本书第三部分由华大基因研究院研究员邹洪峰同志介绍了其团队在国际上首次公布的我国谷子基因信息,展示了我国高水平的基础研究工作。本书第四部分由天津科技大学胡爱军教授介绍我国丰富多彩的小米加工技术,其中许多工艺设备均为首次披露。

本书交叉跨越了各学科的界线,融合了谷子科技前沿进展,使人感到耳目一新。各位作者根据国家重大需求,坚持自主创新,克服各种困难,除了发表高水平的论文外,还坚持要把我们的研究成果"写在祖国的大地上",例如 2019 年河北省束鹿县巨鹿镇和西郭城镇的 537 户贫困户采用了我们的高产良种和配套除草剂,至今已推广 30 万亩谷田,增产 3000 万公斤,增收 1.2 亿元,实现了该地区的脱贫致富。(详情请参考本书第 7 章)。吉林省松原市长岭县太平川镇 526 户农民的专业合作社,从 2014 年开始在 60 万亩谷田种植上采用了我们的配套技术,由当年人均收入 4000 元增加到现今的 16000 元,成功地完成了该地区的脱贫。由于我们的创新发明具有自主知识产权,能够亲自使用我们自己的创新发明在 2020 年全国脱贫致富全面建成小康社会的伟大创举中贡献微薄之力,实属本书全体科技工作者的最大荣幸!有些核心技术已作为中国政府与联合国粮农组织"南南合作"的国际合作项目,用于指导和支援非洲发展中国家的农业建设。能将我国自己的谷子科技创新进展及时记载下来,我们都感到十分自豪和光荣!

鲁迅说过:"现在的文学也一样,有地方色彩的倒容易成为世界的"。西方国家基本上不种谷子因此对之研究甚少,而谷子是我国独有的国宝级作物,在当今科技迅速发展的时代,我们要专注做好自己的创新事业,可以认为我们的科技进步越是具有民族性也越是具有国际性。我们一定要在国际科技界上为祖国争得应有的荣誉而不懈努力。

本书的出版得到南开大学元素有机化学国家重点实验室的资助和崔春明教授的大力支持,计景成副院长鼓励参加南开大学化学学科创建 100 周年纪念活动。本书在编辑过程中得到南开大学出版社尹建国主任、李冰主任,排版中心谢芳周经理、董俊芳经理,陈伟博士、许丽萍、张潇、周莎、李芳等同志的热情帮助,在此谨对上述各位同志表示真挚和衷心的感谢!

本书经过三年酝酿,由于家事等诸多原因致使本书编辑进度一再拖延,在此特致深切歉意。在各组织的支持下,本人与各位作者多次沟通请教,历经多次修改,终于成书实属不易,谨对参加编辑的所有同志付出的辛勤劳动表示由衷的感谢!希望本书对从事谷子育种、农药科技、食品科学等领域和高校、研究院所、工农业管理部门等读者,既有相得益彰之效,又有研读考索之利。读者如发现书中有不妥之处,恳希予以批评指正。

2021 年,我们将迎来南开大学化学学科成立 100 周年。南开大学化学学科是我国高等教育领域最早成立的重要学科之一,100 年来为国家培养人才数以万计,至今已成为我国教学、科研的重要基地,为我国学术建设和国民经济做出了重大贡献。前辈们在不同历史条件下，栉风沐雨，披荆斩棘，砥砺前行，开拓创新，打下了南开大学雄厚和优秀的教学科研基础。为了缅怀先辈们的丰功伟绩，我们愿将本书的出版奉献给他们，并向他们致以最崇高的敬意！

李正名

2020 年 2 月 20 日于南开园

目　录

第一章

我国谷子育种科技的发展历史和现状

程汝宏　刁现民

第一节　谷子起源研究

一、谷子起源研究

谷子（foxtail millet），俗称粟，学名：*Setariaitalica*（L.）Beauv，是禾本科黍族狗尾草属一个栽培种，一年生自花授粉草本植物，其花器结构有利于自花授粉，但也有少量的异交，平均异交率在 0.69％，最高可达 5.6％。Avdulov N.P.（1928）提出谷子的染色体基数是 9，Kishimoto（1941）、李先闻、鲍文奎、李竞雄（1942）进一步提出狗尾草属的染色体基数是 9，谷子的染色体数是 $2n＝2X＝18$。李先闻、鲍文奎、李竞雄（1945）提出谷子是由狗尾草进化而来的。

支持栽培作物起源中心的证据需要满足以下三个方面：一是野生种及其广泛的变异；二是考古学证据；三是历史文献记载。

关于谷子的起源世界上有四种观点：一是中国起源说；二是中国、欧洲共同起源说，三是埃及或北非起源说；四是印度起源说。戴维特（J. M. J. de Wet）等从谷子储存蛋白、同工酶等方面研究，认为谷子存在欧洲和中国两大基因库。但目前欧洲发现的最早的谷子遗迹是公元前 3000 年，落后于中国 5000 多年。埃及或北非起源说最早根据是 19 世纪奥地利学者 F.盎格尔的一份资料，瓦维洛夫也认为邻近埃及的埃塞俄比亚是某些小米的原生地。博物学家林奈认为印度是谷子的起源中心。印度粟类专家克里施奈斯瓦米也认为谷子起源于包括印度在内的热带或亚热带，但时至今日，印度的众多的古遗址尚没有谷子出土。瑞士植物学家德堪多认为谷子起源于中国华北，瓦维洛夫和茹柯夫斯基认为中国是谷子的起源中心。中国学者通过古遗址、农史、种质资源和野生种等方面研究，指出中国的黄河流域是谷子的起源中心。

随着中外学者研究的深入，除中国起源说外，其他观点都已被否定。主要原因是其他起源说或缺乏考古学证据，或缺乏多样性的野生资源分布，或当地的物种与谷子不属于同一个种。

考古学方面，代表中国新石器时代早期文化的河北武安磁山遗址（公元前 6700 年）、河南新郑裴李岗遗址（公元前 5935 年）分别有谷子种子和米粒出土。经中国科学院吕厚远研究员鉴定河北武安磁山遗址出土的炭化谷子已有 8700 年的历史。属于新石器时代中期的西安半坡遗址及多处新石器时代晚期文化遗址均有谷子出土。从文字记载来看，3000 多年前的中国甲骨文就有粟（谷子）出现。从种质资源来看，中国拥有世界上最多的谷子种质资源，目前我国保存谷子种质资源 28915 份，保存量居世界第一位，占世界总量的 73%。

关于谷子起源和多样性的研究，国内外许多学者做了大量的工作。青狗尾草是谷子的野生祖先，这已从细胞学、酶学和 DNA 分子证据等方面得到证实。但我们不能像其他作物那样通过青狗尾草的分布来寻找谷子的起源地，因为青狗尾草是一个世界性广泛分布的杂草。

二、谷子起源于中国

瓦维洛夫（Vavilov，1926）最早根据中国具有丰富多样的谷子种质，在其作物起源中心学说中将谷子起源地定位到中国。中国作为谷子的起源中心已从材料的丰富多样性、考古证据和文字考证等多方面得到证实，DNA 分子标记的分析也说明了这一点。但在距今 3000 多年的瑞士湖上遗址中，也发掘出了栽培的谷子。由于怀疑谷子不可能在 3000 年前的史前时期从中国传到欧洲，Harlan（1975）最早提出欧洲是谷子的一个独立起源中心。1979 年戴维特（J. M. J. de Wet）等论述谷子的起源和演化，认为小粟（$S. italica$，race moharia）起源于欧洲，大粟（$S. italica$，race maxima）起源于中国，形成各自的多样性变异。Jusuf 和 Pennes 等（1985）从同工酶分析研究论证了谷子存在欧洲和中国两大基因库，并提出欧洲可能是谷子的另一个独立起源中心。我国学者潘家驹等利用同工酶的研究，也指出欧洲和中国是两个多样性中心的理论。Crouillebois 等（1988）通过欧洲谷子和中国谷子之间的杂交，发现两地谷子之间杂种存在生长变弱和部分不育，而同一地区起源的材料间杂种生长和育性正常，也说明欧洲谷子和中国谷子差异较大，可能是独立起源的。Li 等（1995）利用形态性状分类，不仅进一步提供了欧洲谷子和中国谷子的差异，而且根据来源于巴基斯坦和印度的材料野生性状较强的表现，提出了这些品种是新近驯化的，这一地区是谷子的第三个独立起源地的观点。所有结果均肯定了中国是谷子的起源中心，但究竟是否存在多个独立起源中心存在较大的争议，因为这些多个独立起源中心的证据除考古外，均来自形态学和酶学，而形态学和酶学的结果由于受人工选择和自然环境选择的压力影响很大，谷子又是栽培历史最悠久的作物，引种后的长期选择形成新的类型是完全可能的。

为回答这一问题，Le Thierry d'Ennequin 等（2000）应用 AFLP 分子标记技术研究欧洲和中国起源的青狗尾草与栽培谷子的进化关系，结果未能给出清楚的地理起源信息，作者将原因归于不同地区间的材料交流和谷子与青狗尾草之间自然杂交形成的基因交流。2006 年，河北省农林科学院谷子研究所利用 ISSR 分子标记技术，研究世界各地的青狗尾草和谷子的进化和遗传多样性。对 156 个标记片段的聚类分析清楚地表明，欧洲和亚洲的谷子均属同一组，与来自中国黄河流域的青狗尾草有着很近的亲缘关系，说明欧洲的谷子也是中国起源的，欧洲谷子同中国谷子的差异可能是地区适应和选择的结果。中国农业科学院作物科学研究所刁现民课题组对 916 份世界各地的谷子品种的重测序构建的系统进化树清楚地表明，谷子是单一起源中心，世界各地的谷子均来自中国。由于不同的研究采用的材料不同等多种原因，不同研究的结果存在差异是可以理解的。

第二节　谷子生产概况与布局

一、谷子的分布

谷子生产主要分布在中国和印度，其中中国占80%，印度占10%左右，韩国、朝鲜、俄罗斯、尼泊尔、澳大利亚、巴基斯坦、日本、法国、美国等也有少量种植。谷子在中国分布比较广泛，北自黑龙江，南至海南岛，西起新疆、西藏，东至台湾均有种植。据统计，1952年全国谷子面积1.48亿亩（986.67万公顷），仅次于水稻、小麦、玉米，居第4位。从20世纪70年代开始，由于水稻和玉米育种上的进步，单产增幅显著；同时由于交通和军事现代化的发展，使马的作用随之减弱，对谷草的需求大幅度减少，使谷子的种植面积迅速下降，到1985年，全国谷子播种面积减至5000万亩（333.3万公顷）。1985年到2000年，谷子的播种面积再次快速下降，1990年减至不足3500万亩（233.3万公顷），2000年减至不足2000万亩（133.3万公顷）。面积下滑主要是三方面的原因，一是改革开放后经济快速发展，玉米、小麦、棉花等作物面积增加显著；二是青壮劳动力务工经商，农村劳动力紧缺，谷子不抗除草剂又缺乏生产机械，管理费工耗时，被逐步放弃；三是随着人们生活水平的提高，小米的消费也逐渐由原来的主食和粥食变成以粥食为主的方式，消费量显著减少。2001年以来，谷子面积逐步稳定，但年际间仍有较大起伏，在70～100万公顷之间。2018年全国谷子种植面积 1167 万亩（77.8 万公顷），总产 234.18 万吨，单产 200.62 千克/亩（3009.3 千克/公顷）。种植面积较大的 15 个省区依次是山西、内蒙古、河北、陕西、辽宁、河南、山东、吉林、黑龙江、甘肃、宁夏、安徽、广西、贵州和新疆（表 1-1）。

表 1-1　2018 年中国谷子分布与生产情况

地区	面积		总产量	单产（千克）	
	（万亩）	（万公顷）	（万吨）	亩产	公顷产
全国	1167.29	77.82	234.18	200.62	3009.30
山西	296.70	19.78	47.26	159.30	2389.50
内蒙古	272.90	18.19	62.22	228.00	3420.00
河北	177.56	11.83	43.61	245.61	3684.15
陕西	102.56	6.83	11.84	115.45	1731.75
辽宁	83.01	5.53	18.62	224.31	3364.65
河南	54.54	3.64	9	165.02	2475.30
山东	47.15	3.14	11.75	249.20	3738.00
吉林	43.70	2.91	12.09	276.67	4150.05
黑龙江	31.82	2.12	7.53	236.71	3550.65
甘肃	15.47	1.03	2.46	158.83	2382.45
宁夏	14.30	9.5	1.6	111.93	1678.95
安徽	9.72	6.48	2.89	297.33	4459.95
广西	6.96	4.64	1.11	159.48	2392.20
贵州	5.67	3.78	0.88	154.46	2316.90
新疆	2.03	1.35	0.75	371.29	5569.35

谷子主要种植在旱薄地上，很少灌溉，基本靠雨养，因此产量低而不稳。1949 年仅 56.46 千克/亩（846.9 千克/公顷），1966 年首次突破 100 千克，达 101.54 千克/亩（1523.1 千克/公顷），1996 年首次突破 150 千克，达到 157.26 千克/亩（2358.9 千克/公顷），但此后一直在 100～150 千克之间徘

徊，直到 2012 年稳定突破 150 千克/亩（2250 千克/公顷），2018 年突破 200 千克/亩（3000 千克/公顷）。

谷子总产方面，1949 年 779.7 万吨，最高是 1952 年达 1003.5 万吨，1986 年首次低于 500 万吨，为 454 万吨，2001 年首次跌至 200 万吨以下，为 196.6 万吨，直到 2016 年再次突破 200 万吨，至 228.83 万吨，2018 年达 234.18 万吨。

二、谷子区域生产情况

1. 华北夏谷生态类型区

包括河北省长城以南、山东、河南、北京、天津、辽宁锦州以南，山西运城盆地，陕西渭北旱塬和关中平原，新疆南疆及北京昌吉州。该区地处中纬度、低海拔的沿渤海地带，海拔 3～1000 m，气候温和，雨热同季，温、光、热条件优越，年降雨量 550mm 左右，无霜期 180 天以上，夏季高温多雨，5～9 月平均气温 21℃，7～9 月日照 703h。是全国谷子高产稳产区，小米易煮；耕作制度以两熟制为主，麦茬夏播生育期 90 天左右，部分区域一年一熟，生育期 100～120 天。常年谷子播种面积 270 万亩（18 万公顷）左右，约占全国的 23%，总产约 51.4 万吨，约占全国的 26%，平均亩产 192 千克（公顷产 2880 千克）。该区域谷子生育期短，小米粒小、蒸煮省火，但小米色泽浅、商品性需要提高。生产主要问题是高温高湿，杂草、倒伏、病害危害严重。

2. 西北春谷早熟区

包括河北张家口坝下，山西大同盆地及东西两山高海拔县，内蒙古中部黄河沿线两侧，宁夏六盘山区，陇中和河西走廊，新疆北部。海拔 537～2025m，4～9 月降水 340mm 左右，5～9 月平均气温 17.6℃，7～9 月日照 728h。耕作制度一年一熟，谷子生育期 110～128 天。常年谷子播种面积 390 万亩（26 万公顷）左右，约占全国的 31%，总产 57.6 万吨，约占全国的 29.3%，平均亩产 147 千克（公顷产 2205 千克）。该区域商品谷子输出量大，对全国谷子价格影响力提升较大。干旱、瘠薄为其资源限制因素。生产主要问题是谷子黑穗病、谷瘟病和白发病较重。

3. 西北春谷中晚熟区

包括山西太原盆地、上党盆地、吕梁山南段，陇东泾渭上游丘陵及陇南少数县，陕西延安，辽宁铁岭、朝阳，河北承德。本区海拔 15～1242m，降雨量中等，蒸发量较小，4～9 月降水 420～600mm，夏不炎热、冬不酷寒，5～9 月平均气温 19.1℃，7～9 月日照 632h。生育期 110～135 天。常年谷子播种面积 460 万亩（30.7 万公顷）左右，约占全国的 36.5%，总产 56 万吨，约占全国的 28.5%，平均亩产 121 千克（公顷产 1815 千克），是全国面积最大的区域，也是单产水平最低的区域。该区域小米商品性较好，但规模化程度低，干旱为其主要资源限制因素。生产主要问题是红叶病、白发病较重，机械化程度低。

4. 东北春谷区

包括黑龙江省、吉林省、辽宁省朝阳以北、内蒙古东北部兴安盟和通辽市。本区东西两翼为丘陵山区，中部是广阔的松辽平原。海拔 135～600m，4～9 月降水 400～700mm，气候温和，昼夜温差大，5～9 月平均气温 19.2℃，日照时间长，7～9 月日照 765h。东部多雨，西部干旱，东部、中部土壤肥力较高，西部肥力差且不保水。一年一熟，一般生育期115～125天，黑龙江第三积温带和内蒙古兴安盟等高寒区要求生育期100天左右。常年谷子播种面积120万亩（8万公顷）左右，约占全国的10%，总产28.5万吨，约占全国14.5%，平均亩产241千克（公顷产3615千克），是全国面积最小但单产水平最高的区域。该区域集约化生产比例快速提升，主要限制因素是春旱年份不能正常播种导致减产。生产主要问题是谷瘟病和白发病较重；成熟期风灾容易导致谷穗严重落粒。

5. 南方特用谷子产区

包括贵州、广西、安徽、广东、云南、江苏。浙江等。该区域雨水充沛，积温充足，谷子春夏播均可。常年谷子播种面积25万亩（1.7万公顷）左右，占全国的2%左右，年总产3.0万吨左右，占全国的1.5%，平均亩产150千克（公顷产2250千克）左右。该区域谷子以糯质品种为主，主要用于小米鲊、糯小米酒等特色食品加工，部分粳性品种用于熬粥，对全国谷子产业影响力很小。主要的资源限制因素是降雨量大，谷子湿涝灾害时有发生。生产主要问题是草害严重，品种类型单一，农家品种为主，产量潜力不足。

第三节 国内外谷子资源搜集、保存概况

一、国内谷子种质资源收集与保存

我国对谷子品种资源的研究可追溯到20世纪20年代，

但当时只限于少数地区。1958 年全国第一次普查统计，共有谷子品种资源 23932 份，以后又经过多次征集补充、整理合并与创新，至 2000 年，全国共整理编目了谷子资源 27059 份（含国外材料 386 份），其中粳质材料 24225 份，占 89.5％；糯质材料 2834 份，占 10.5％。这些种质资源均保存在我国国家长期种质库中。2009 年国家谷子糜子产业技术体系成立后，又进行一次育成品种的征集入库，目前我国保存谷子种质资源 28915 份，保存量居世界第一位，占世界总量的 73％。除我国的国家种质库外，我国谷子主产区山西、河北、河南、山东等省的地方种质库，也保存有地方的种质资源。

以往我国谷子种质资源征集中的问题一是只收集谷子品种，没有调查整理近缘种属；二是国外谷子资源搜集整理的偏少，且农家品种的征集没有覆盖全国。野生近缘种和国外资源均是种质资源的重要组成部分，加强这方面的工作势在必行。国家谷子糜子产业技术体系成立后，中国农业科学院作物科学研究所在 2010 年组织了一次谷子近缘种的搜集整理，获得了全国各生态区的青狗尾草等近缘种样本 1560 份，现正在对这部分材料进行整理和入库。

二、国外谷子种质资源的搜集与保存

虽然谷子的研究主要在我国，国际上很多国家对谷子资源搜集和保存很重视，根据发表的文章数据整理，设在印度的国际干旱半干旱农业研究所保存有谷子资源 1474 份，孟加拉国 510 份、印度 1300 份、日本 1286 份、法国 3500 份、美国 776 份，韩国 960 份，其他国家或国际组织也搜集保存了一批谷子资源，但数据不详。在野生近缘种方面，美国搜集了覆盖全世界的各地的资源，特别是非洲的一些资源，并在狗尾草属系统分类上开展了一些工作。随着谷子和青狗尾草正在发展成为禾本科和 C_4 光合作用研究的模式作物，谷子和青狗尾草资源的研究越来越受到重视，美国多家大学和研究机构正在全面收集美国及世界的青狗尾草，并利用现代遗传学方法进行遗传多样性和群体结构研究。

三、谷子种质资源的研究利用

1. 谷子资源的综合鉴定

20 世纪 80 年代，我国开展了大规模的谷子种质资源鉴定评价工作，对 5138 份资源材料进行了抗白发病、黑穗病、谷瘟病、谷锈病、线虫病、抗粟芒蝇、抗玉米螟等性状的鉴定，对 17313 份材料进行了耐旱性等性状的鉴定。另外对部分品种也进行了营养品质和食用品质等方面的研究。鉴定出一批耐旱、抗病等优异资源材料。主要鉴定结果如下：

蛋白质含量：≥16％，79 份；≥20％，5 份，最高 20.82％。

脂肪含量：≥5％，203 份；≥6％，4 份，最高 6.93％。

赖氨酸含量：≥0.35％，15 份；≥0.38％，3 份；≥0.4％，1 份，最高 0.44％。

耐旱性：2 级以上，465 份；1 级，231 份。

抗谷瘟病：R 级以上，640 份；HR 级 137 份。

抗谷锈病：MR 级以上，40 份；R 级 5 份。

抗黑穗病：R 级以上，86 份；HR 级 23 份。

抗白发病：R 级以上，713 份；HR 级 286 份。

抗线虫病：≤1％，5 份；≤5％，57 份；≤10％，178 份。

抗玉米螟：MR 级以上，42 份；R 级 4 份。

其中，对 2 种以上病害抗性达 R 级以上的材料 123 份；对 2 种以上病害抗性达 HR 级的材料 8 份；对 3 种以上病害抗性达 R 级以上的材料 3 份；1 级耐旱且对 2 种以上病害抗性达 R 级以上的材料 14 份；蛋白质含量：≥16%，且对 2 种以上病害抗性达 R 级以上的材料 3 份。从上述结果可以看出，我国谷子品种资源中不乏抗白发病、抗谷瘟病和耐旱材料，但缺乏抗谷锈病、抗线虫病、抗玉米螟、高脂肪、高赖氨酸的材料，更缺乏抗纹枯病、抗粟芒蝇和多抗材料。即使已有的上述材料，多数农艺性状也较差，难以直接在育种中应用。

20 世纪 90 年代以来，我国越来越重视谷子种质材料创新研究，"九五"期间，"谷子育种材料与方法研究"列入国家科技攻关课题，培育出抗锈的"石96355""郑035"，抗黑穗病的"94-57"、耐旱的"915-216"、抗倒伏的"石97696"等一批农艺性状较好的抗性材料。"十五"以来，河北省农林科学院谷子研究所针对当时纹枯病逐渐上升的形势，又将抗纹枯病作为育种材料创新的主攻目标，并育成"石98622""石02-66"等抗纹枯病、农艺性状优良的育种材料。同时，针对商品经济条件下人们需求的多元化，创制出一批米色乳白、灰、青等不同米色的育种材料。

鉴定、创新出的优异种质资源和新材料在我国谷子育种中发挥了积极作用。"八五"以来，培育出了一批高产、优质、多抗的谷子新品种，例如，高抗白发病、高抗倒伏、中抗谷锈病和纹枯病的高产多抗新品种"冀谷14号"；优质、兼抗谷锈病和纹枯病、1 级耐旱、1 级抗倒伏的优质多抗新品种冀谷 19；抗倒伏、抗锈病的豫谷 9 号；优质抗白发病的晋谷 35 号；高产抗谷瘟病的公谷 68 号、龙谷 31 号等，由于这些新品种的推广应用，使在华北夏谷区一度严重流行的谷锈病和春谷区流行的白发病、谷瘟病得到较好的控制，产量明显提高。

2. 核心种质构建和遗传多样性分析

核心种质是用最小的样本数量来最大程度地代表资源遗传多样性，是资源深入研究的基础。目前全世界完成了两个谷子核心种质的构建，一个由中国农业科学院作物科学研究所构建谷子应用核心种质，是根据中国国家种质库中各类各地资源的数量和类型，在进行田间性状和分子标记分析的基础上构建的，包括了 499 份中国的农家品种、331 份中国的育成品种和 111 份国外品种，共 916 份材料，利用低倍重测序发掘的 85SNP 标记对该核心种质进行分析，发现其序列多样性参数（π）为 0.0010，介于籼稻的 0.0016 和粳稻的 0.0006 之间，说明这个核心种质的遗传多样性很丰富。利用 SSR 标记对这个核心种质的农家品种部分进行遗传多样性分析，发现其单位点遗传变异数为 21.4348 个，而育成品种的变异数为 17.8701 个，也说明了中国资源的丰富遗传多样性。另一个核心资源是设在印度的国际干旱半干旱农业研究所，根据其保存的来自世界 23 个国家的 1474 个品种的农艺性状表现，构建了一个 155 份材料的核心种质，但对该核心种质的遗传多样性分析尚未进行。

3. 谷子野生资源的研究利用

已有的谷子野生种质的成功利用主要是从青狗尾草中

转移抗除草剂的基因。在法国、美国和加拿大农场中发现了多起青狗尾草和法氏狗尾草等发生的抗除草剂突变，河北省农林科学院谷子研究所王天宇（1993）、程汝宏（2006）采用杂交、回交方法，将青狗尾草抗除草剂突变基因转入栽培谷子中，创制出抗拿捕净、阿特拉津、氟乐灵、咪唑乙烟酸、烟嘧磺隆 5 种类型的抗除草剂谷子育种材料，并培育出系列谷子抗除草剂品种。另外，谷子野生近缘种资源也是细胞质雄性不育和质核互作雄性不育的重要来源，通过谷子和法式狗尾草（吴权明等，1990），谷子和青狗尾草（智慧等，2004）进行远缘杂交，在后代中选育出了表现一定雄性不育的材料。随着谷子育种技术的进步，还可以从狗尾草等野生种质中发掘抗旱耐盐等抗逆相关基因，谷子野生种质的利用必将进一步加强。

第四节　我国谷子育种科技的发展历史和现状

一、古代育种简史

我国谷子品种选育历史悠久，在长期的劳动生产中，中国农民自发地培育了各种类型的谷子品种。在古文献中最早提及谷子品种的是距今已有 2200 多年秦代的《吕氏春秋》（公元前 239 年），该书提及早熟或晚熟的谷子品种。最早描述谷子品种选择方法的古书是公元前一世纪的汉代农书《氾胜之书》。最早正式介绍谷子品种的古书是晋代的《广志》一书，该书介绍了 11 个谷子品种。北魏时期的《齐民要术》

（公元 534 年）对谷子品种做了更详细的介绍，不仅介绍了86 个品种，还对品种进行了分类："早熟、耐旱、免虫的有十四个"，"有毛耐风、免雀暴的有二十四个"，以及"味美的四个，味恶的三个，易春的三个"，等等。清朝的农书《授时通考》（公元 1736 年）记载的谷子品种多达 251 个。

千百年来，尽管中国的谷子育种都是农民自发的行为，但却培育出了千姿百态的谷子品种，其名称民俗化、形象化，例如十石准、乌黑金、压塌车、猫蹄谷、一窝蛇、半夜来、饿死牛、黄鞭鞘、媳妇笑、气死风等。还育成了许多品质优异的品种，如号称"四大贡米"的"沁州黄""桃花米""金米""龙山米"等。流传至今仍广为种植的古老农家品种很多，例如，地处太行山区的河北涉县，由于深山区小气候独特，至今仍有许多农民种植着"来吾谷""大白谷"等古老的农家品种。

二、我国现代谷子育种简述

1. 育种手段发展历史

（1）自然变异选择育种

谷子的自然变异选择育种是一种简便易行，经常采用的有效方法，育种周期短，一般在选株后通过 1～2 年的株行试验即可进入产量试验。缺点是变异源有限，变异幅度一般较小，难以出现较大突破。我国谷子大规模进行系统育种始于 20 世纪 50 年代后期至 70 年代中期，多数推广品种都是采用系统法选育的，对于提高谷子产量发挥了重要作用。选择育种以在推广品种和新育成品种中选株效果最好。

自然变异选择育种有两种基本的选择方法：一种是单株

选择法，第二种是混合选择法。以往推广的公谷 6 号、长农 1 号、衡研 130、鲁谷 2 号等都是由单株选择法育成的。即便是在杂交育种主导的今天，也有可能选择出好的变异，如从长农 35 中，选择出来长生 07，长生 07 在产量和抗性上较长农 35 有显著提高。以往推广的华农 4 号、白沙 971、昌潍 69、鲁谷 4 号等都是用混合选择法选出来的。

（2）杂交育种

杂交育种是通过品种间有性杂交创造新变异而选育新品种的方法，是目前我国谷子育种中普遍采用的、成效最显著的育种方法。1956 年，任惠儒、陈家驹研究了谷子温汤去雄方法。1959 年，河南省新乡地区农科所张履鹏等在世界上首先采用杂交方法育成了谷子新品种"新农冬 2 号"。20 世纪 70 年代以后，采用杂交方法育成的品种逐步增多。20 世纪 80 年代以来，我国 70% 的谷子推广品种是采用杂交方法育成的。

（3）诱变育种

我国谷子诱变育种始于 20 世纪 60 年代，目前在育种中应用广泛且成效显著。1963 年，张家口地区坝下农科所用 $^{60}Co\gamma$ 射线照射农家品种"红石柱"干种子，从中选育出新品种"张农 10 号"，这是我国也是世界上第一个诱变育成的谷子品种。到 20 世纪 70 年代，谷子理化诱变育种在我国广泛开展起来。50 多年来，共育成 60 多个新品种，许多品种在生产中发挥了重要作用，如冀谷 14 号、辐谷 3 号、龙谷 28 号、鲁谷 7 号、赤谷 4 号、晋谷 21 号等均成为生产上的主栽品种，其中，冀谷 14 号曾创每公顷单产 8649 千克的高产纪录。

（4）杂种优势利用

1967 年，我国首次发现谷子雄性不育现象，并相继利用自然突变、人工杂交、理化诱变等手段选育出了多种类型的雄性不育系，如，核隐性高度雄性不育系，Ms 显性核不育系，核隐性全不育系，以及细胞质不育系等。目前，核隐性高度雄性不育系已用于两系杂交种生产，Ms 显性核不育系、光敏隐性核不育系的研究也取得了进展。

①核隐性雄性不育系及其应用 1969 年，河北省张家口市坝下农科所崔文生等从红苗蒜皮白谷田中发现了雄性不育株，1973 年冬育成了不育率 100％，不育度 95％的高度雄性不育系蒜系 28，其不育性受一对隐性主效基因控制，一般可育材料均是其恢复系。由于修饰基因的作用，不育株有 5％左右的自交结实率，产生的种子仍为雄性不育，因此，省去了保持系。此后，许多单位先后通过品种间杂交、理化诱变等手段育成了数十个核隐性高度雄性不育系。

到目前，我国已利用谷子核隐性雄性不育系测配出多个优势杂交组合，如河北省张家口市坝下农科所组配的"蒜系 28×张农 15"，河北省农林科学院谷子研究所组配的冀谷 16 号（1066A×C445），黑龙江农科院作物育种研究所组配的龙杂谷 1 号（丹 1×南繁 1 号）等，这些杂交种较常规对照品种增产 17.2％～33.42％。

利用核隐性雄性不育系进行谷子两系杂交种选育的关键是不育系和恢复系的选育，不仅要求不育系和恢复系综合性状优良、配合力高、遗传稳定，同时要求不育系柱头外露、易接受外来花粉且异交结实率高；要求恢复系花粉多、开花持续时间较长、与不育系花期接近、恢复能力强、株高略高于不育系。由于雄性不育系具有 5％左右的自交结实能力，因此，应用杂交种时，需在苗期拔除假杂种，这就要求真、假杂种在苗期要有明显的区别。20 世纪 70 年代到 90 年代主要通过两种途径实现，一是利用基部叶鞘颜色作指示性状，如，不育系为绿叶鞘，恢复系为紫叶鞘，由于紫色对绿色为显性，真杂种为紫叶鞘，假杂种为绿叶鞘。另一种途径是培育矮秆不育系，恢复系采用中高秆类型，由于矮秆类型在苗期发育缓慢，间苗时留大苗去小苗即可去除绝大部分假杂种。进入 21 世纪后，由于从青狗尾草将抗除草剂的基因转育到谷子中，培育出抗除草剂的谷子品种，利用抗除草剂的谷子品种做恢复系，可以很简单地在生产田将假杂种不育系杀除，这种技术促进了谷子两系法杂交优势的利用，目前谷子生产上成功应用的杂交种都是这种模式。进一步将这种技术改进，用相应的除草剂处理用高度雄性不育系配制的杂种种子，可免除在出苗后喷施除草剂的操作。

②*Ms* 显性核不育系及其应用 1984 年，内蒙古赤峰市农科所胡洪凯等从杂交组合"澳大利亚谷×吐鲁番谷"的 F_3 "78182"穗行中发现了"Ms^{ch}"显性雄性不育基因，随后选育出显性核不育纯合系，纯合一型系只含一种 *MsMs* 基因型。大量测交结果表明，在普通谷子品种中难以找到 *Ms* 显性雄性不育系的恢复系，通过与原组合中同胞系进行同胞交配，发现了抑制显性雄性不育基因表达的"*Rf*"上位基因，得到特殊的恢复系"181-5"。*Ms* 纯合不育株的花药内有 11.7％左

右的正常花粉，但在北方花药不开裂，自交结实率仅 0.6%
左右；而在海南、湛江不育株部分花药开裂，自交结实率
6%～10%，自交后代仍为纯合不育，从而解决了纯合不育系
的繁种保持问题。此外，$MsMs$ 杂合不育株自交后代中的隐
性纯合可育株与不育株形态相似，与纯合一型不育系杂交得
到的杂合一型系育性仍保持 100% 不育，这种杂合一型系用
作杂交种制种的母本系，解决了不育系繁种问题。Ms 显性
核不育系应用于杂交种选育的主要障碍是上位恢复系选育，
恢复源狭窄大大制约了组合测配的数量，增大了优势组合选
育的难度，理论上可行，实际操作中太过繁琐，实际生产上
至今没有应用。

③光敏隐性核不育系及其应用　1987 年，河北省张家口
市坝下农科所崔文生等从杂交组合"材 5×测 35-1"F_5 群体
中发现一不育株，经海南岛到张家口连续选育，于 1989 年
育成了在海南岛可育，在张家口不育的光敏核隐性不育系
292A，为谷子杂优利用又开辟了一条新途径。经遮光处理研
究表明，该不育系在长日照下（14.5 h）为不育，不育率 100%，
不育度 99.4%，在短日照下（11.2 h）为可育，结实正常，且
育性转换稳定。光敏隐性核不育系不育基因易转育，不育系
易繁种，具有广泛的恢复源，同时，避免了其他类型不育系
因细胞质单一、遗传基础狭窄造成的抗性的脆弱性。但是，
现有的光敏隐性核不育系，育性除受光照长度控制外，还具
有一定的温敏特性，气温变化易引起育性不稳定，因此，在
实际应用中还有一定的难度，目前还没有实现谷子光温敏不
育系的生产应用。

④其他类型的不育系 1967 年，陕西省延安市农科所在"宣化竹叶青"品种的繁种田中发现雄性不育现象，并育成了不育率、不育度均为 100% 的延型不育系。经研究，其不育性受一对隐性基因控制，属全不育类型。1968 年，中国科学院遗传研究所用化学诱变方法处理谷子品种"水里混"，育成了水里混不育系。该不育系育性和遗传行为与延型不育系相同。核隐性全不育系育性易恢复，但缺少保持系。

1985 年，陕西省农科院粮食作物研究所以轮生狗尾草四倍体种为母本，与谷子同源四倍体种进行种间杂交，再以谷子二倍体种进行 9 代回交，育成了不育率 100%，不育度 99%～100% 的 Ve 型异源细胞质不育系，但未能选育出相应的恢复系。

1989 年张家口市坝下农科所还从"澳大利亚谷×中卫竹叶青"后代中选育出在长日照下（14.5 h）表现高不育（不育度 99%～100%），在短日照下（11.2 h）为低不育的光敏显性核不育系光 A_1。但是，一般品种对光敏显性核不育系不具恢复能力，到目前，仅通过同胞交配找到一个光敏显性核不育系的恢复源。

（5）多倍体与非整倍体在谷子育种中的应用

①多倍体在谷子育种中的应用 我国谷子多倍体始于 20 世纪 70 年代，内蒙古农科院等单位通过人工诱变育成毛谷 2 号、乌里金、佳期黄、朝阳谷等同源四倍体品种；陕西省农科院利用同源四倍体谷子品种与法氏狗尾草进行远缘杂交，获得异源四倍体谷子材料。四倍体谷子染色体数目为 $2n=4x=36$，其特征是叶片变宽、变短、变厚，表面呈泡泡纱

状，皱缩、表面粗糙，气孔保卫细胞和花粉粒变大，花和籽粒明显变大，生育期延长，植株高度降低，穗子变紧变短，一般结实率降低，生产中难以利用。

②**非整倍体在谷子育种中的应用**非整倍体是指整倍体细胞染色体数目的任何偏离，所谓偏离，一般是指一条或一条以上完整染色体、染色体区段的添加或丢失。这是由于多倍体在减数分裂过程中染色体产生无规律分裂，体细胞中增加或丢失了某些染色体的结果。非整倍体主要包括单体、缺体、三体、四体等。

目前在谷子遗传育种中应用较多的是三体，其细胞中某一组染色体为 3 条，其中一条为超数染色体，以 $2n+1=19$ 表示。谷子三体的类型包括初级三体、次级三体、三级三体、端体三体和补偿三体。河北省农林科学院谷子研究所王润奇等（1993 年）以豫谷 1 号四倍体为母本与二倍体杂交得到三倍体，三倍体再与二倍体或四倍体杂交，经细胞学鉴定，建立了谷子初级三体系列。谷子初级三体有 9 种类型，根据超数染色体的顺序号而命名，例如，三体I即第 1 号染色体有 3 条，其中一条为超数染色体，三体II即第 2 号染色体有 3 条，其中一条为超数染色体。

（6）谷子育种新技术的研究与应用

①**组织培养育种技术研究**组织培养是转基因等生物技术的基础，以 N6、MS 等为基本培养基，添加 2mg/L 的 2,4-D，2mg/L 的 KT，50g/L 的蔗糖，以谷子的成熟胚、萌发种子或幼穗为外植体，很容易诱导出愈伤组织。刁现民等（1999）通过研究认为，谷子体细胞无性系 R_2 变异频率达

10%，变异涉及性状包括株高、出苗至抽穗天数、旗叶长、穗长、出谷率、千粒重和穗粒重等，变异的方向是双向的，既有正的也有负的，但负向的为多。在 R_1 表现半不育或高不育的单株，其 R_2 出现变异的频率高于 R_1 代结实正常的单株。河北省农林科学院谷子研究所利用体细胞无性系变异，已培育出一些农艺性状得到改进的新品种、新品系，如矮秆大穗新品种"冀张谷6号"于1996年通过河北省审定，还有一些中秆紧凑型创新材料已提供给育种工作者应用。

②花药培养、细胞悬浮培养和原生质体培养 日本学者 Ben 等（1971）在添加酵母提取物的 Miller 培养基上，对处于四分体到单核小孢子期的花药进行培养，通过转换培养基，成功地诱导出愈伤组织，并完成植株再生。以后许多学者以幼穗（许智宏等，1983；Rao 等，1988；Reddy 等，1990）或幼叶（Osuna-Avila 等，1995）为外植体，均获得了大量成熟再生植株；董晋江等（1989）用成熟种子为外植体，获得了原生质体再生植株，赵连元等（1991）对谷子原生质体培养技术进行了改进，建立了易操作、重复性高的培养技术，获得了大量原生质体再生植株。

细胞悬浮培养和原生质体培养一般以幼穗为外植体诱导的愈伤组织为材料，采用添加 2mg/L 的 2,4-D，5% 的椰子汁及适量水解酪蛋白的 UM 培养基或 MS 液体培养基，在 150 rpm 的摇床上，较易建立谷子的胚性细胞悬浮系。悬浮细胞再经由液体到固体的培养基转换，即可完成植株再生。用胚性愈伤组织或悬浮胚性细胞系为材料，在含有 2% 纤维素酶（cellulase）和 0.1% 果胶酶（pectolyase）的酶液中酶解即可分离得到原生质体，原生质体在培养 2 d 后形成细胞壁并开始分裂。通过继代和转换培养基可形成细胞团并完成植株再生。

目前谷子花药培养和原生质体植株再生虽已成功，但方便实用的技术体系仍需进一步完善。

③谷子转基因技术研究　1990 年以来，河北省农林科学院谷子研究所开展了谷子转基因育种研究，目前，已建立完善了基因枪转化谷子的技术体系，双质粒平行转化、农杆菌共培养转化方面也取得显著进展。

在基因枪转化谷子的技术研究方面，以 GUS 基因的瞬时表达为指标，建立并完善了基因枪转化谷子的以下各项操作参数：质粒 DNA 加入量为 3 μg/mg 钨粉，$CaCl_2$ 浓度 1.5 M，亚精胺浓度 30～50 mM，JQ-700 基因枪样品室高度为 7 cm，粗弹头为微弹载体，每皿愈伤组织用量为 1～2 g，钨粉用量 50 μg，轰击前高渗处理 4 小时，轰击后处理 16～20 小时，然后转入正常培养基进行培养。采用该方法已获得了抗性稳定的抗除草剂（bialaphos）材料。但基因枪法转化的最大问题是获得的转基因植株往往具有多个拷贝的目的基因，造成遗传不稳定和转入的基因沉默，现在的应用越来越少。

在根癌农杆菌共培养转化方面，初步建立了谷子农杆菌共培养转化技术体系：以谷子幼穗诱导的愈伤组织为转化材料，农杆菌浓度 OD_{600} 为 0.5，乙酰丁香酮为 100 μM，浸菌附加超声波或真空处理，22℃共培养 2～3 d 后水洗 2 遍，于含羧苄西林钠和头孢唑林钠各 250mg/L 的 0.1％甘露醇浸泡 30 min 除菌，接于选择培养基上进行筛选并继代和再生，最后于 1/2 MS 中生根成为完整的小植株。用含 Bt 基因的双元载体农杆菌 LBA4044 和 EHA101，按所建立的转化程序，对一些优良品种的愈伤组织进行了转化，已获得 35 株抗性再生植株。中国农业大学和中国农业科学院作物科学研究所合作，近年来已在谷子农杆菌转化方面取得了突破，已经建立了一套以幼穗为外植体的稳定转化技术，转化率可达 20%；巴西的一个甘蔗研究小组，以青狗尾草为转化受体，获得了高达 29% 的转化成功率。遗传转化技术不仅对利用转基因技术培育新品种至关重要，对谷子功能基因组的深入研究和谷子发展成为功能基因研究的模式作物起决定作用，发展高效稳定的转化技术仍是谷子遗传和育种研究要攻克的一个技术。

④**分子标记辅助育种技术** 分子标记辅助育种是现代生物技术在育种上成功利用的一个标志，也是将来育种的一个重要手段，但其成功应用取决于对育种目标性状相连锁的标记的开发，这有赖于很多前期的基础性工作。一些很容易选择和表型明显的性状没有必要利用分子标记辅助育种来选择，如对除草剂的抗性、株高等。但很多重要农艺性状的表现受环境影响，需要特殊的环境才表现，如抗病、抗旱性等；很多产量性状受多基因控制，不同等位基因的贡献是不同的，且是多基因集体的作用。在这种情况下分子标记辅助育种就很有限。由于谷子育种相对落后，目前可用于分子标记辅助育种的基因还很少，主要包括产量相关性状和耐旱相关性状，其操作技术是利用分子标记在杂交后到中选择具有目标基因的个体。分子生物学技术近年来飞速发展，谷子的基

因组测序已完成，并构建了高密度的单倍型标记图谱，可以相信，在不久的将来，谷子分子标记辅助育种和其他生物技术会在谷子育种中广泛应用。

2. 育种目标的变化

（1）高产育种阶段

从 20 世纪 50 年代到 80 年代，由于粮食短缺，谷子育种的主要目标是高产，代表品种有跃进 4 号、昭谷 1 号、豫谷 1 号等，特别是 1981 年育成的豫谷 1 号，该品种使我国谷子产量登上了一个新台阶，小面积单产突破了 500 千克/亩（7500 千克/公顷），且抗倒伏、抗旱耐瘠，适应性广泛，年推广面积曾达 40 万公顷，在适宜范围内覆盖率达 70％以上。由于这些品种的推广应用，全国的谷子平均单产由 1949 年的 56.5 千克/亩（847.5 千克/公顷），提高到 1985 年的 120 千克/亩（1800 千克/公顷），提高幅度达 112％。

（2）高产、多抗兼顾优质阶段

20 世纪 80 年代中期到 20 世纪末，谷子育种的目标是高产、多抗兼顾优质。这个阶段的初期，由于豫谷 1 号的抗谷锈病能力丧失，谷子锈病在谷子主产区特别是华北夏谷区严重流行，导致谷子产量水平大幅度下滑，年际间起伏很大。为此，谷子育种目标主要是培育抗病高产品种，并先后育成和推广了豫谷 2 号、冀谷 14 号等一批抗病高产品种，到 1992 年，谷锈病流行得到有效控制，新品种的抗倒伏能力也大幅度提高，产量水平随之明显上升，到 1996 年，全国谷子平均单产达到 157 千克/亩（2355 千克/公顷），较 1985 年提高了 31.1％。随着粮食紧缺状况的缓解，人们对小米的品质提出了新的要求，使得优质育种逐步得到重视，"七五"和"八五"期间开展了优质专用品种选育工作，并育成了一批优质专用新品种，如"冀特 2 号（金谷米）""晋谷 21 号"等优质米用类型，"冀特 1 号"等高蛋白、高维生素加工专用类型，"冀特 4 号"等长穗鸟饲类型等。到 1994 年召开了三届全国性的"优质食用粟品质鉴评会"。但这个阶段生产上仍以高产品种为主，优质专用品种多数存在着产量水平偏低或抗性差等问题，应用开发情况并不理想，导致"九五"期间优质专用谷子品种选育工作落入低谷，"优质食用粟品质鉴评会"也出现了六年停顿。

（3）优质、高产并重，抗除草剂育种起步阶段

2000 年至 2008 年，伴随我国告别了粮食短缺和世界性杂粮热的兴起，优质农产品成为市场的热点，谷子育种目标随之转变为优质、高产并重，并出现了多元化的发展趋势。在优质育种方面，经过近 10 年的探索，优质品种在产量、抗性等方面有了较大提高，育成了与高产对照产量持平的"小香米"和较高产对照增产 10% 左右的"冀谷 19""晋谷 35 号"等一批品质好、产量水平高的优质品种。在高产育种方面，育成了"谷丰 2 号"等产量潜力达 600 千克/亩（9000 千克/公顷）的新品种。在专用品种选育方面，育成了富硒保健专用品种"冀谷 18"等。2001 年至 2008 年，连续召开了 4 届"全国优质食用粟品质鉴评会"，29 个品种被中国作物学会粟类作物专业委员会评为一级优质米，约占审（鉴）定谷子品种总数的 30%，一批优质高产新品种进入了实质性的产业化开发阶段，小米加工与内外贸易形成了一项不可忽视

的产业，有力地促进了优质品种选育工作。此期间，抗除草剂育种、杂交种选育方面取得突破性进展，6 个抗除草剂品种和杂交种通过鉴定，并首次实现了大面积应用。

优质代表性品种：冀谷 19、长农 35。河北省农林科学院谷子研究所育成的冀谷 19 和山西省农业科学院谷子研究所育成的长农 35，突破了优质与高产的矛盾，不仅品质一级，而且在区域试验中产量较高产对照增产 10%，成为主栽品种和优质小米开发主导品种，并分别成为国家区试华北夏谷组和西北中晚熟组对照品种，冀谷 19 产量潜力达 600 千克/亩（9000 千克/公顷），年最大推广面积 78 万亩（5.2 万公顷），2004 和 2005 年推广面积分居全国谷子良种面积第二、三位。冀谷 19 还具有较好的配合力，全国先后以冀谷 19 及其衍生品种为亲本育成 30 多个新品种。

抗除草剂代表性品种：冀谷 25、张杂谷 3 号。谷子本身不抗除草剂，1993 年河北省农林科学院谷子研究所与法国、加拿大合作，采用抗除草剂青狗尾草自然突变体与栽培谷子远缘杂交，到 1998 年创制出一批抗拿捕净和抗阿特拉津 2 种类型的谷子抗除草剂材料，2004 年至 2008 年，全国第一批抗除草剂品种张杂谷 1 号、张杂谷 3 号、张杂谷 9 号、冀谷 24、冀谷 25、冀谷 29 先后通过全国农业技术推广服务中心组织的品种鉴定，其中，冀谷 25、张杂谷 3 号得到大面积应用。冀谷 25 由河北省农林科学院谷子研究所育成，该品种实现了抗除草剂、优质、高产的统一，2008 年推广面积达 60 万亩（4 万公顷），居当年全国谷子良种面积第二位；张杂谷 3 号由张家口市农业科学院育成，实现了两系杂交种大面积应用，2008 年推广面积 28 万亩（1.9 万公顷），居当年全国谷子良种面积第六位。

（4）优质、抗除草剂、适合机械化生产为主要目标，广适性品种取得突破

2009 年至 2015 年，在国家谷子产业技术体系支持下，谷子育种目标聚焦于适合产业化生产的优质、抗除草剂、适合机械化生产品种选育，并在广适性品种选育方面取得显著突破。此期间，有 95 个谷子品种通过全国农业技术推广服务中心组织的品种鉴定，其中包括 35 个一级优质品种，占 36.8%，28 个抗除草剂品种和杂交种，占 29.5%，其中冀谷 31 在 2013 年推广面积 106 万亩（7.07 万公顷），居当年全国谷子良种面积第一位；张杂谷 3 号杂交种 2015 年应用面积达 95 万亩（6.3 万公顷），居当年全国谷子良种面积第二位。

①优质、抗除草剂代表性品种：冀谷 31。2009 年，河北省农林科学院谷子研究所育成的冀谷 31 通过鉴定，该品种实现了优质、抗除草剂、高抗倒伏、适合机械化生产等优良性状的聚合，年最大推广面积 106 万亩（7.07 万公顷），2011 年至 2014 年连续 4 年居全国谷子良种面积前两位，2013 年居第一位。该品种具有较好的配合力，全国先后以冀谷 31 及其衍生品种为亲本育成 20 多个抗除草剂新品种。该品种的育成与应用，极大地推动了谷子抗除草剂育种和全国谷子机械化规模化生产，2009 年至 2015 年全国鉴定了 28 个抗除草剂品种

②优质、广适代表性品种：豫谷 18。2012 年，河南安阳市农业科学院育成的豫谷 18 通过鉴定。该品种突破了谷子

品种对光温反应敏感的局限，能在全国全部 4 个谷子生态区应用，而且优质高产，在全国谷子区域试验华北夏谷组 2010 年至 2011 年较对照冀谷 19 增产 14.88％，此后先后参加了西北春谷区中晚熟组、早熟组和东北春谷区试验，均表现优异，2016 年取代冀谷 19 成为全国谷子区域试验华北夏谷组对照品种。豫谷 18 中矮秆、抗倒伏，适合机械化收获；该品种不足之处是不抗除草剂，在规模化生产中应用受到限制。豫谷 18 最大的贡献在于具有较好的配合力，到目前全国先后以豫谷 18 及其衍生品种为亲本育成 20 多个优质广适和抗除草剂新品种，成为当前和今后一段时间的骨干亲本。

（5）优质、广适、抗除草剂、适合机械化生产等优良性状实现聚合，加工专用品种正在起步，分子育种得到应用

2016 年以来，在"十三五"国家产业技术体系支持下，谷子育种目标进一步明确，实现优质、广适、抗除草剂、适合机械化生产等优良性状聚合成为主要目标，抗除草剂育种显著加快，2017 年新育成并参加全国谷子品种区域适应性联合鉴定 4 组试验的 48 个谷子品种中，有 24 个品种为抗除草剂品种/杂交种，占 50％，2019 年参加全国谷子品种区域适应性联合鉴定 4 组试验谷子品种中抗除草剂品种占 70％，特别是华北夏谷组，参试品种 100％为抗除草剂类型。冀谷 39、冀谷 40、冀谷 42、冀谷 45、豫谷 32、豫谷 33、豫谷 35、济谷 24、济谷 25、济谷 28、中谷 9、赤优抗谷 1 号、金苗 K1、赤谷 K2、赤谷 K3、榆谷抗 1、峰红 4 号、张杂谷 13、张杂谷 16 号、张杂谷 18、长农 51 号等实现优质、广适、抗除草剂、适合机械化生产等优良性状聚合，其中金苗

K1、冀谷 45、中谷 9 号育成品质上与传统主栽优质品种黄金苗相当，榆谷抗 1、长农 51 号、张杂谷 13 与传统主栽优质品种晋谷 21 相当，而且抗除草剂、产量和抗性优于黄金苗和晋谷 21。传统优质品种正在被新育成的优质、广适、抗除草剂、适合机械化生产的新品种所取代，谷子品种正处在品种类型更换的关键时期。同时，新型抗除草剂品种取得显著进展。河北省农林科学院谷子研究所育成了国内外第一个抗烟嘧磺隆同时兼抗拿捕净和咪唑啉酮的兼抗三种除草剂品种冀谷 43。

在专用品种选育方面，育成了低脂肪高淀粉的冀谷 39、高谷蛋白的冀谷 T6 等适合主食加工的品种；高抗性淀粉品种冀谷 T7。在延长谷子加工食品保质期的高油酸品种、适合冷冻食品加工的高冻融稳定性品种选育方面也育成了苗头品种，2020 年将参加区域适应性鉴定。

分子育种开始在育种中得到应用，克隆了抗除草剂、抗谷锈病和谷瘟病、小米黄色素、高谷蛋白、隐性核不育等基因，开发了分子标记；攻克了谷子的遗传转化难关，遗传转化成功率达到 20% 以上；基因编辑育种也取得初步进展。

①代表性品种之一：冀谷 39。冀谷 39 由河北省农林科学院谷子研究所育成，2018 年通过农业部非主要农作物品种登记。兼抗拿捕净和咪唑啉酮 2 种除草剂，在大豆、花生等使用咪唑啉酮类除草剂的后茬种植谷苗不会产生药害，中矮秆适合机械化生产；米色金黄，克服了以往夏谷品种籽粒小、出米率低、米色浅的不足，商品性适口性均突出，2017 年在全国第十二届优质米评选中评为一级优质米；对光温反应不

敏感，适应性广，不仅适合华北夏谷生态区麦茬夏播，还可在西北、东北年有效积温2800℃以上地区春播种植。2018年至2019年参加全国农业技术推广服务中心组织的登记品种展示，在山西晋中市试点春播较对照晋谷21号增产46.7%。在内蒙古敖汉旗试点春播较对照赤谷10号增产6.2%。生产示范最高亩产600千克（公顷产9000千克）。2018年推广面积达36万亩（2.4万公顷），居全国谷子良种面积第五位，2019年全国谷子良种面积正在统计中，预期冀谷39达50万亩（3.3万公顷）以上。该品种得到种植户、小米经销企业、消费者的广泛认可，推广面积还在继续扩大。

②代表性品种之二：金苗K1。金苗K1是赤峰市农牧科学研究院采用传统优质品种黄金苗育成的优质抗除草剂品种，在品质上与主栽优质品种黄金苗相当，但在产量和抗性上优于黄金苗，株高显著降低、抗倒性显著提高，而且抗除草剂，适合机械化生产。2018年育成后受到种子企业青睐，迅速实现了品种经营权转让，并受到优质小米企业欢迎，市场推广潜力很大。

第五节　我国谷子育种新进展

一、谷子种质资源研究取得显著突破，在野生种、农家品种和育成品种三个层次上理清了我国谷子种质资源的遗传本底

我国是谷子和糜子起源国，有着异常丰富的资源，我国

资源库保存有谷子资源 28915 份，保存量居世界第一位，占世界总量的 73%。但对这些作物资源的遗传学本底一直缺乏深入，本底不清一直影响了资源的有效利用。在国家现代农业产业技术体系、国家支撑计划和国家自然科学基金委员会的支持资助下，中国农业科学院作物科学研究所等单位，采用荧光 SSR 标记结合毛细管电泳技术，系统鉴定了 288 份谷子近缘野生种青狗尾草（*Setariaviridis*）、250 份我国谷子地方品种及 348 份育成品种的遗传结构和多样性。厘清了我国各地来源的青狗尾草资源的种质遗传基础，可分为南北两个亚群，并进一步明确了谷子驯化与改良过程中受到的选择瓶颈效应，以及栽培种与野生种间的基因漂流情况，初步锁定了谷子驯化过程中受到显著选择压力的 5 个基因组区段，为认识和发掘谷子近缘野生种携带的有益功能基因奠定了材料基础，并搭建了技术平台；同时明确了我国的谷子地方品种资源的遗传多样性及地理区划，将我国的谷子地方品种资源分为了东北早春播群（ESR），西北春播群（SR），华北夏播群（SSSR）和南方群（SCR）共 4 个类群，为我国谷子育种提供了系统详尽的种质基础信息，为杂交育种的亲本选择组配及优势群的划分提供了基础数据和理论依据；此外，通过研究阐明了谷子育种基础主要分为"春谷"和"夏谷"，年代演替揭示了我国农作物种植结构调整对谷子新品种选育偏好的影响及"春谷"改"夏谷"的品种演化趋势，构建了清晰的品种间系谱关系，并发现了谷子微进化过程中受选择基因组位点多为微效基因。研究成果在三个基因池层面上阐明了谷子遗传资源的本底及多样性，填补了该领域的研究空白，为深入开展谷子遗传资源的利用奠定了坚实理论基础。

二、谷子全基因组测序的完成、单倍型图谱的构建和 47 个农艺与植物学性状的关联分析奠定了谷子功能基因组分析的基础，首届国际谷子遗传学会议的召开促进了谷子和青狗尾草发展成为黍亚科及 C_4 光合作用研究的模式作物

2012 年，由美国联合基因组研究所（JGI）和我国华大基因研究院（BGI）分别独立开展的谷子全基因组测序同时完成，研究人员分别以 Yugu1 和 Zhanggu 为测序材料，分别采用 BAC-by-BAC Sanger 测序及 illumina 二代鸟枪测序的方法成功拼接出了 400M 和 423M 的谷子基因组序列，覆盖了超过 80％的谷子基因组和 95％的基因区，注释结果显示谷子中约有 30000 到 40000 个基因。2013 年，中国农业科学院作物科学研究所等单位完成了对 916 份世界各地来源的谷子资源的全基因组重测序，构建完成了具备超过 200 万个 SNP 标记及 50 万个 InDel 标记的第一代谷子单倍型物理图谱和基因组变异图谱，并以此为基础，采用全基因组关联分析（Genome Wide Association Study，GWAS）在 5 个不同纬度环境下系统鉴定出了 512 个与株型、产量、花期、抗病性等多个农艺性状紧密相关的遗传座位。此外，还鉴定出了 36 个谷子品种改良过程中受到选择的基因组位点和 14 个与谷子生育期适应性分化相关的位点，这是迄今为止国际上关于谷子基因组变异及主要性状遗传基础的最深入、最系统的研究，为谷子的遗传改良及基因发掘提供了海量的基础数据信息，极大丰富了禾谷类作物比较遗传学、功能基因组学的研究内容和体系架构，也对禾谷类农作物品种改良及近缘能源

作物的遗传解析具有极大推动意义。

三、基础前沿取得重大进展，谷子功能基因发掘平台基本构建，提出并带领世界发展谷子模式体系，提高了原始创新能力

"十三五"期间，在谷子基因组测序、单倍型图谱构建、高通量转化技术、品质育种等基础研究方面取得了显著进展。完成并公布了高质量谷子参考基因组序列，构建了首个谷子单倍型图谱，构建了世界领先的谷子高通量遗传转化技术体系。谷子由于其生育期短一年可多代繁殖、植株小方便实验室操作、二倍体基因组小和 C_4 光合作用等特征，是理想的单子叶植物新的模式作物。目前已完成了全基因组测序、重测序、单倍型图谱构建和突变体库构建等工作。利用对谷子核心种质的筛选鉴定，找到了易于转化的基因型，并利用该基因型构建了谷子高通量遗传转化技术体系，遗传转化成功率达到20％以上，攻克了谷子的遗传转化难关，实现了谷子遗传转化真正的突破，为谷子成为核心模式植物搬掉了最后一块挡路石。该体系的建立促进了谷子基因编辑技术和其他生物技术育种的快速发展，从而提升谷子的产业水平和国际竞争力，也使我国在谷子遗传育种领域继续处于国际领跑的地位。

参考文献

[1] 程汝宏，杜瑞恒. 谷子育种新途径－氮离子注入诱变育种[J]. 河北农业大学学报，1993，16（4）：257-260.

[2] 程汝宏，刘正理. 谷子育种中几个主要性状选育方法的探讨[J]. 华北农学报，2003，18：145-149.

[3] 程汝宏，刘正理. 我国谷子育种目标的演变与发展趋势[J]. 河北农业科学，2003，7：95-98.

[4] 程汝宏，师志刚，刘正理，等. 谷子简化栽培技术研究进展与发展方向[J]. 河北农业科学，2010，14（11）：1-4.

[5] 程汝宏，师志刚、刘正理，等. 抗除草剂简化栽培型谷子品种冀谷25的选育及配套栽培技术研究[J]. 河北农业科学，2010，14（11）：8-12.

[6] 师志刚，夏雪岩，刘正理，等. 谷子抗咪唑乙烟酸新种质的创新研究[J]. 河北农业科学，2010，14（11）：133-136.

[7] 崔文生，孔玉珍，杜贵，等. 谷子光敏型显性核不育材料"光A1"选育研究初报[J]. 华北农学报，1991，6（增刊）：47-52.

[8] 崔文生，孔玉珍，赵治海，等. 谷子光敏型隐性核不育材料"292"选育初报[J]. 华北农学报，1991，6（增刊）：177-178.

[9] 刁现民，陈振玲，段胜军，等. 影响谷子愈伤组织基因枪转化的因素[J]. 华北农学报，1999，14（3）：31-36.

[10] 刁现民，段胜军，陈振玲，等. 谷子体细胞无性系变异分析[J]. 中国农业科学，1999，32（3）：21-26.

[11] 董晋江，夏镇澳. 小米原生质体再生植株[J]. 植物生理学通讯，1989，2：56-57.

[12] 高俊华，毛丽萍，王润奇. 谷子四体的细胞学和形态学研究[J]. 作物学报，2000，26（6）：801-804.

[13] 高俊华，王润奇，毛丽萍，等. 安矮3号谷子矮秆基因的染色体定位[J]. 作物学报，2003，29（1）：152-154.

[14] 胡洪凯，马尚耀，石艳华. 谷子显性雄性不育基因的发现[J]. 作物学报，1986，12（2）：73-78.

[15] 金善宝，庄巧生，等. 中国农业百科全书. 农作物卷（上、下册）[M]. 北京：农业出版社，1991：481-482，489-495.

[16] 李东辉. 谷子新品种选育技术[M]. 西安：天则出版社，1990：119-125，132-136，179-181.

[17] 李荫梅. 谷子育种学[M]. 北京：农业出版社，1997.

［18］牛玉红，黎裕，石云素，等. 谷子抗除草剂"拿扑净"基因的 AFLP 标记[J]. 作物学报，2002，28（3）：359-362.

［19］山西省农业科学院. 中国谷子栽培学[M]. 北京：农业出版社，29-39，191-174，1989.

［20］王润奇、高俊华，王志兴，等. 谷子初级三体的建立[J]. 植物学报，1994，36（9）：690-695.

［21］王润奇，高俊华，王丽萍，等. 谷子粳糯、矮秆及青米性状基因的染色体定位[J]. 云南大学学报（自然科学版），1999，21（增刊）：111-112.

［22］王润奇，高俊华，毛丽萍，等. 谷子雄性不育系 1066A 不育基因和黄苗基因的染色体定位. 植物学报[J]. 2002，44（10）：1209-1212.

［23］王天宇，杜瑞恒，陈洪斌，等. 应用抗除草剂基因型谷子实行两系法杂种优势利用的新途径[J]. 中国农业科学，1996（4）.

［24］王天宇，辛志勇. 抗除草剂谷子新种质的创制、鉴定与利用[J]. 中国农业科技导报，2000，2（5）：62-66.

［25］王天宇，杜瑞恒，陈洪斌. 应用抗除草剂基因型谷子实行两系法杂种优势利用的新途径[J]. 中国农业科学，1996，29（4）：96.

［26］王永芳，李伟，刁现民. 根癌农杆菌共培养转化谷子技术体系的建立[J]. 河北农业科学，2003，7（4）：1-5.

［27］许智宏，卫志明，杨丽君. 谷子和狗尾草的幼穗培养. 植物生理学通讯. 1983（5）：40.

［28］俞大绂. 粟病害[M]. 北京：科学出版社，1-147，1978.

［29］赵连元，纪芸，段胜军，等. 高效谷子原生质体培养体系的建立[J]. 华北农学报，1991，6（增刊）：53-58.

［30］Ben Y, Kokuba T, Miyaji Y. Production of haploid plant by anther culture of Setaria italica, Bull Fac. Agri. Kogoshima Univ., 1971, 21: 77-81.

［31］Darmency, H. & Pernes（程汝宏译）. 应用种间杂交方法进行谷子驯化的遗传研究[J]. 粟类作物，1992，2：24-28.

［32］Norman R M, Rachie K O. The Setaria Millet, A Review of the World Literature. Neb. USA: Experiment Station, University of Nebraska College of Agriculture, 1971.

［33］Rao A M, Kavi Kishor P B, Ananda Reddy L. et al. Callus induction and high frequency plant regeneration in Italian millet (Setaria italica). Plant Cell Reports. 1988, 7: 557-559.

［34］Reddy L A, Vaidyarath K. Callus formation and regeneration in two induced mutants of foxtail millet (Setaria italica). J. Genet. and Breed. 1990, 44: 133-

138.

[35] Riley KW, Gupia SC, Seetharam A, et al. Advances in Small Millets. New Delhi. India: 1993.

[36] Till-Bottrand 等（王天宇译）. 谷子与青狗尾草种内与种间杂交某些孟德尔因子的遗传[J]. 粟类作物，1992, 2: 8-16.

[37] Wang Z M, Devos K M, Liu C J, et al. Construction of RFLP-based maps of foxtail millet, Setaria italica. Theor Appl Genet. 1998, 96: 31-33.

[38] Bennetzen J L, Schmutz J, Wang H, et al. Reference genome sequence of the model plant Setaria. Nature biotechnology, 2012, 30: 555-561.

[39] Jia G, Huang X, Zhi H, Zhao Y, Zhao Q, Li W, Chai Y, Yang L, Liu K, Lu H, Zhu C, Lu Y, Zhou C, Fan D, Weng Q, Guo Y, Huang T, Zhang L, Lu T, Feng Q, Hao H, Liu H, Lu P, Zhang N, Li Y, Guo E, Wang S, Wang S, Liu J, Zhang W, Chen G, Zhang B, Li W, Wang Y, Li H, Zhao B, Li J, Diao X, Han B, A haplotype map of genomic variations and genome-wide association studies of agronomic traits in foxtail millet (Setaria italica). Nature Genetics, 2013, 45: 957-961.

[40] Diao X, Schnable J., Bennetzen J. L., Li J, 2014, Initiation of Setaria as a model plant, Front. Agr. Sci. Eng. 1(1): 16-20.

[41] 刁现民. 谷子杂种优势利用研究的问题和发展前景[M].//盖均镒. 作物杂种优势利用. 北京：高等教育出版社，2014，pp 94-97.

[42] Zhang S, Tang C, Zhao Q, Li J, Yang Li, Qie L, Fan X, Li L, Zhang N, Zhao M, Liu X, Chai Y, Zhang X, Wang H, Li Y, Li W, Zhi H, Jia G, Diao X, Development and characterization of highly polymorphic SSR (Simple Sequence Repeat) markers through genome-wide microsatellite variants analysis in Foxtail millet [Setaria italica (L.) P. Beauv.], BMC Genomics, 2014, 15: 78.

[43] 王晓宇，刁现民，王节之，等. 谷子 SSR 分子图谱构建及主要农艺性状 QTL 定位[J]. 植物遗传资源学报，2013，14（5）：871-878.

[44] Zhao M, Zhi H, Doust A N, Li W, Wang Y, Li H, Jia G, Wang Y, Zhang N, Diao X, Novel genomes and genome constitutions identified by GISH and 5S rDNA and Knotted 1 genomic sequences in the genus Setaria, BMC Genomics, 2013, 14: 244.

[45] Jia G, Shi S, Wang C, Niu Z, Chai Y, Zhi H and Diao X, Molecular diversity and population structure of Chinese green foxtail (Setaria viridis (L.) Beauv.) revealed by microsatellite analysis, Journal of Experimental Botany, 2013,

64(12): 3645-3655.

［46］Wang C, Jia G, Zhi H, Niu Z, Chai Y, Li W, Wang Y, Li H, Lu P, Zhao B and Diao X, Genetic diversity and population structure of Chinese foxtail millet (Setaria italica (L.) Beauv.) landraces, G3(Genes, Genomes, Genetics), 2012, 2: 769-777.

［47］Qian J, Jia G, Zhi H, Li W, Wang Y, Li H, Shang Z, Doust A N., Diao X，Sensitivity to gibberellin of dwarf foxtail millet (Setaria italica L.) varieties，Crop Science, 2012, 52: 1068-1075.

［48］刁现民、张喜文、程汝宏，等. 中国谷子产业技术发展需求调研报告[M].//刁现民. 中国谷子产业与产业技术体系. 中国农业科技出版，2011，（7）：3-19.

［49］刁现民. 中国谷子产业与未来发展[M]//刁现民. 中国谷子产业与产业技术体系. 中国农业科技出版社，2011，（7）：20-30.

［50］智慧，王永强，李伟，等. 利用野生青狗尾草的细胞质培育谷子质核互作雄性不育材料[J]. 植物遗传资源学报，2007，8（3）：261-264.

［51］Andrew N, Doust, Katrien M., Devos, Michael D, et al. Genetic control of branching in foxtail millet[J]. Proc. Nat. Acad. Sci. (USA), 2004, 101: 9045-9050.

［52］Doust Andrew N,Devos Katrien M, Gadberry Mike D. The genetic basis for inflorescence variation between foxtail and green millet (Poaceae)[J]. Genetics, 2005, 169: 1659-1672.

［53］Doust, A.N., E.Z. Kellog, K.M. Devos, and J.L. Bennetzen. Foxtail millet: A sequence-driven grass model system. Plant Physiol, 2009, 149:137-141.

［54］Doust, A.N., and E.A. Kellogg. Effect of genotype and environment on branching in weedy green millet (Setaria virdis) and domesticated foxtail millet (Setaria italica) Poaceae). Mol. Ecol. 2006, 15: 1335-1349.

程汝宏，男，1963年出生，硕士学位，研究员，中共党员，现为河北省农林科学院谷子研究所所长，兼国家谷子改良中心主任，国家谷子高粱产业技术体系遗传改良研究室主任、夏谷育种岗位科学家。享受国务院特殊津贴专家，河北省省管优秀专家，国家科学技术奖评审专家。

1987年以来一直在河北省农林科学院谷子研究所从事谷子遗传育种与栽培推广工作，1994年11月至1995年5月作为访问学者赴印度旁遮普农业大学植物育种系工作学习，2005年11月至2006年5月赴加拿大麦吉尔大学进修。曾主持、副主持国家重点研发、国家"863"、国家科技支撑计划、河北省重大技术创新专项等。主持育成谷子新品种26个；在国内外首创了2种抗除草剂谷子育种材料；获省级以上科技奖励16项，其中国家科技进步二等奖1项，河北省科技进步一等奖1项，二等奖3项；获发明专利5项，其中"简化栽培谷子品种选育及配套栽培方法"发明专利实现了谷子化学间苗、化学除草，使谷子单户生产能力大大提高；主编和参编著作10部，发表论文58篇。

邮箱：rhcheng63@126.com

刁现民，男，1963 年生，博士，国家谷子糜子产业技术体系首席科学家，美国加州大学伯克利分校访问学者，中国农业科学院作物科学研究所研究员，博士生导师，农业部小宗粮豆专家组组长。历任河北省农林科学院谷子研究所生物技术室主任、主持工作副所长、国家谷子改良中心主任、河北省杂粮研究重点实验室主任、国家谷子品种鉴定委员会主任、中国作物学会粟类作物专业委员会主任委员等学术职务。从事谷子等杂粮作物研究 30 年，主持完成国家基金重点课题 1 项和面上课题 4 项、国家 863 和国家科技支撑课题等 20 余项；获国家和省部级奖励 8 项，以第一作者或通讯作者在 Nature Genetics、PLOS Biology、Journal of Experimental Botany、BMC Genomics 和《作物学报》等杂志发表代表性论著 110 篇，组织了首届国际谷子遗传学会议，作为国际领头人之一推动谷子成为禾谷类作物基因组研究的模式作物。构建了谷子野生资源基因库，明晰了不同狗尾草野生种的进化关系，首次发现了高等植物核基因水平转移例证，率先建立了有 85 万 SNP 构成的谷子单倍型物理图谱，构建了以谷子基因组测序品种豫谷 1 号为基础的 EMS 突变体库，联合建立了谷子高效遗传转化体系，克隆了一批谷子重要基因，培育出优质丰产适合轻简栽培的中谷 2、中谷 9、中杂谷 5 等品种，在谷子遗传和功能基因组研究领域具备丰厚的研究积累。

邮箱：diaoxianmin@caas.cn

第二章

杂交谷子高产品种的发明和开发研究

赵治海

第一节　光温敏两系谷子杂交种品种选育

一、不育材料的发现及选育进程

杂种优势利用是提高农作物产量的有效途径。近 30 年来，玉米、水稻、高粱、蔬菜等杂交种的广泛应用，产量有大幅度提高，这充分证明作物杂交种在产量方面的超亲现象是存在的，同时也可说明作物杂种优势是生物界的普遍现象。玉米最早实现了杂种优势的利用，原因是玉米雌雄花异位，人工摘除雄穗，操作简单易行，因此玉米最早实现了杂种优势利用。玉米杂交种比常规种可增产 20％以上，充分说明了利用杂种优势可提高单产。而谷子是自花授粉作物，花器小，且雌雄蕊在一起，没法人工去雄，想要实现谷子的杂种优势利用，就得有可利用的雄性不育系。因此谷子育利工作者为实现谷子杂优利用，便开始了不育系的寻找工作。

20世纪60年代，全国各地各级农业科研院所的科研人员通过自然变异、人工诱变和杂交方法，先后发现了一批谷子不育材料。如，1967年延安市农科所从宣化竹叶青品种中首先发现了谷子不育株[14]；1968年中国科学院遗传研究所用化学诱变的方法育成水里混雄性不育株；1969年崔文生又在赤城刁鄂公社"红苗蒜皮白"中也发现了谷子雄性不育株[14]。1972年春，在山西长治召开的全国谷子科研工作座谈会上，酝酿组织全国谷子杂优协作组。1972年冬，延安市农科所、张家口市坝下农科所、中国科学院遗传所太原分所在海南共同主持召开了谷子杂优研究座谈会。1973年，在农业部领导下由延安市农科所和张家口市坝下农科所牵头组成了全国谷子杂优协作组，全国有20个省（市、区）30多家科研单位参与此项工作。1974年年会统计，雄性不育材料已有40多个。1975年张家口坝下农科所利用自育不育材料选育出不育系"蒜系28"、黄系4等高度雄性不育系。之后，一些科研单位从品种间杂交和理化处理中又育成了几十个隐性核高度雄性不育系，如不育1号、338A、1066A、长10A、大莠、金大A、丹1等。1978年，胡洪凯在澳大利亚谷和吐鲁番谷的杂交后代中发现雄性不育材料[19]。选育出了受显性核不育基因的控制的Ch型不育系[18,19]，育成Ms^{ch}显性核不育系，并在其姊妹系中找到抑制显性基因表达的上位基因，研究得到纯合一型系。20世纪80年代，内蒙古赤峰市农科所开展了"显性核互作三系法"研究，因恢复源单一、选配优势组合难度大、技术条件复杂而未能应用。1987年坝下农科所在杂交组合（材5×测35-1）后代群体中发现不育株，经过 3 年连续南北选育，育性转换基本稳定。1989 年 9 月 27 日通过省级鉴定，认为该不育材料表现出明显的光温敏感型雄性不育特征，定名为 292 谷子光敏雄性不育源，该不育系在长日照 14.5 小时以上，夜间温度在 12～15℃之间，表现雄性不育，不育度达到 99%～100%，自交结实率 0%～5%；不育系在短日照在 11.2 小时以下，昼夜温度在 19～29℃之间，育性恢复可育，自交结实率达 40%～60%。1989 年谷子光温敏雄性不育源 292[23]通过鉴定。1991 年崔文生等又选育出了光温敏不育系光 A1[24]，以后又出现"光 A2""光 A3""光 A4""光 A5"五个材料。1991 年朱光琴等选育出 Ve 雄性不育系，其是以轮型狗尾草四倍体为母本，以谷子同源四倍体为父本进行杂交、回交转育而成的异源细胞质雄性不育系。经遗传分析认为该不育系为质型雄性不育系。1995 年赵治海等以 292 谷子光敏雄性不育源，选育出了光温敏不育系 821[21]，该光温敏不育系的育性变化是由光周期控制的，在长日照条件下种植，表现雄性不育；在短日照条件下种植，表现雄性可育。

研究人员创制了显性核不育系、隐性核不育系、光温敏不育系和质型雄性不育系四类谷子不育系。大量研究工作者利用这些不育系进行了大量研究及大量的测配工作，以水稻三系为模式进行了大量的研究工作，但都没选出核质互作的"三系"，均没有成功利用的报道[15]。同时期，研究者们也尝试直接利用不育系和恢复系的两系法，以达到谷子杂优利用的目的，有的能制得杂交种，但不育系达不到繁种系数，无法生产足量不育系，或不育系接收花能力低，制种产量上不去，也有制出杂交种无法识别自交苗而不能满足生产需要。如 1975 年张家口坝下农科所利用自育不育材料选育出不育系蒜系 28 和黄系 4 配制出"黄系 4"×1007 和"蒜系 28"×张农 10 号的谷子杂交种，虽在生产上进行了示范，但是，因全不育系作为母本繁殖难度大、产量达不到繁种系数，而无法满足制种需要，并且 F1 代杂交种需人工识别杂交苗和自交苗，除去自交苗的问题得不到解决而没能得到推广。1996 年赵治海等为了更好地利用这些不育系，利用光温敏型雄性不育系 821 与 1066A 通过回交转育方法育成了生产性状好、抗性强、配合力高的谷子光温敏不育系 A2，该不育系的农艺性状优良，苗色为黄色，配合力强，育性受光温条件控制，不育系对光周期和温度的育性敏感时期在幼穗生长锥伸长至雌雄蕊原基分化期，温度敏感期在花粉母细胞四分体时期。A2 不育系光周期在 14 小时以上，夜间温度在 12～15℃之间，表现不育，不育度达到 95%～100%，自交结实率 0%～5%；A2 不育系在光周期在 13 小时以下，昼夜温度在 19～29℃之间，育性恢复可育，自交结实率达 40%～60%。A2 不育系的不育基因受一对隐性核基因控制，一般品种都能使其恢复育性作为恢复系。

1995 年山西省农科院谷子所从张家口坝下农科所引进谷子光温敏不育材料 683，开始了不育系的选育，已选育出晋汾 1 A、10A[25]等不育系。这一时期选育成的高度雄性核隐性不育系和光温敏不育系，在杂交种制种过程中会无法避免地产生部分不育系自交结实的种子，这部分自交种混在杂交种中。种植这种杂交种就会有自交苗出现，但是可通过人工观察苗色区分真假杂交种，间苗过程中人工要去除这些自交苗，区分困难，用工较多，成为这一时期控扰杂交谷子发展的一大难题。

综上所述，大量谷子育种工作者们创制了显性核不育系、隐性核不育系、光温敏不育系和质型雄性不育系四类谷子不育系，同时摸索了利用这些不育系的配制谷子杂交种的制种方法。为谷子杂种优势利用的发展奠定了良好基础。

二、谷子杂交种的育成

2000 年河北省张家口市坝下农科所采用自己首创的谷子光（温）敏两系法，以 A2 为母本，以冀张杂谷 1 号为父本配出第一个两系杂交种"张杂谷 1 号"，该杂交种表现抗旱性强、适应性广、米质优良、商品性好，非常适合在我国北方干旱、半干旱地区种植。产量比当地品种增产 30％左右，最高亩产达到 517 千克（公顷产 7755 千克）。但张杂谷 1 号不抗除草剂，生产上仍需要在苗后人工识别黄绿苗，黄苗为自交苗，绿苗为杂交苗，间黄苗留绿苗。在生产上间苗费工费力难度较大。在 1998 年王天宇等通过远缘杂交等技术创制出抗拿捕净、氟乐磷和阿特拉津的谷子新种质，并提出了利用抗除草剂种质进行生产杂交谷子种的新方法[31]。2000 年张家口市农业科学院从中国农科院引进具有抗除草剂基因谷子新种质。之后赵治海等利用这些抗除草剂基因谷子新种质，通过杂交手段把抗除草剂基因导入到谷子杂交种的恢复系中。从此选育出的杂交种具有抗除草剂的特性，能利用除草剂除去假杂交苗，这样使谷子杂交种除去假杂交苗变得简便易行。2003 年在张杂谷 1 号的父本基础上选育出第一个抗拿捕净的谷子恢复系 1481-5，并配制组合 A2×1481-5，该品种 2005 年通过国家品种鉴定，定名张杂谷 3 号。张杂谷 3 号成为第一个抗除草剂谷子杂交种，该杂交种实现了利用除草剂去除假杂交苗，解决了人工区分去除假杂交苗的难题。使谷子杂交优势的利用取得了突破性进展。从此后抗除草剂杂交谷子迅速发展，到目前张家口市农业科学院先后选育出适合水地、旱地、春谷区和夏谷区种植的抗除草剂谷子杂交种"张杂谷"系列品种 20 个，这些谷子杂交种在全国 17 省市区示范推广，效果显著，尤其是张杂谷系列以高产、抗旱、穗大深受用户欢迎，种植热情空前高涨，受到社会各界的广泛关注。截止到 2016 年，张杂谷系列品种在全国示范推广面积累计达到 2000 余万亩（133.3 余万公顷）。"张杂谷"已经成为谷子杂种优势利用上的重大突破，是当前谷子育种界的一个亮点。其他谷子育种单位也有新的杂交种育成，如山西省农业科学院谷子所于 2003 年选育出两系杂交谷子长杂 2 号，成为第一个适宜我国谷子中晚生态区种植的抗除草剂谷子杂交种。内蒙古赤峰市 2011 年在内蒙古认定品种赤杂谷 1 号，但都没有推广面积报道。

现将张家口市农业科学院选育成的主推的几个光（温）敏两系谷子杂交种及适宜种植区域介绍如下：

（1）张杂谷 3 号

2005 年通过国家品种鉴定，2005 年在全国第六次小米鉴评会上评为优质米。该杂交种绿苗绿鞘，生育期 115 天，单株有效分蘖 0～2 个，成株株高 170.4 厘米，茎粗 0.63 厘米，穗长 26.4 厘米，穗粗 2.7 厘米，棍棒穗型。穗谷码 99.5

个。单株粒重 16.0 克，千粒重 3.23 克，出谷率 82.0%，谷草比为 1.02，黄谷黄米。表现抗逆性较强、高抗白发病、线虫病，抗旱、抗倒，适应性强、适应面广、高产稳产，米质优、适口性好。适宜推广范围：河北、山西、陕西、甘肃、内蒙古等省（区）≥10℃、积温 2600℃以上的地区均可种植。

（2）张杂谷 5 号

该杂交种绿苗绿鞘，生育期 125 天，单秆无分蘖。成株茎高 118.7 厘米，穗长 32 厘米，穗粗 2.0 厘米，棍棒穗型。单株粒重 29.1 克，千粒重 3.1 克，出谷率 74.8%，谷草比为 1.51，白谷黄米。表现抗逆性较强、高抗白发病、线虫病，抗旱、抗倒，适应性强、高产稳产、米质特优，适口性好，一般亩产 500 千克（公顷产 7500 千克）。2006 年在张家口市下花园区武家庄示范的 10 亩（0.67 公顷）张杂谷 5 号，平均亩产 508.5 千克（公顷产 7627.5 千克），最高亩产 811.5 千克（公顷产 12172.5 千克），创造了国内谷子高产新纪录。2005 年在全国小米鉴评会上评为一级优质米。适宜推广范围：河北、山西、陕西、甘肃、内蒙古等省（区）北部≥10℃、积温 2800℃以上、肥水条件好的地区均可种植。

（3）张杂谷 6 号

该杂交种幼苗为绿色，鞘为绿色。成株高 152.2 厘米，穗长 25.6 厘米，棍棒穗型，穗谷码 105 个左右，小穗小花排列松紧适中，结实性好。单穗粒重 22.4 克，千粒重 3.1 克。生育期为 108 天。表现抗旱、抗倒、抗病。黄谷黄米，小米品质优适口性好，在 2002 年全国小米鉴评会上评为优质米。产量表现为高产田亩产可达 600 千克（公顷产 9000 千克），旱地亩产 350～400 千克（公顷产 5250～6000 千克）。适宜推广范围：≥10℃、积温 2500℃以上地区。

（4）张杂谷 8 号

2004 年育成，为春夏播兼用的杂交种，经品尝达到一级优质米标准。张杂谷 8 号根系发达，茎秆粗壮，叶片宽厚，生长势强。株高 100～120 厘米，穗头大，穗长一般 25～33 厘米，穗粒重达 50 克。生长期 90 天，适宜夏播和晚春播。抽穗至成熟长达 40 天，灌浆时间长。生长势强，产量高，需肥较多，特别是抽穗后缺肥易早衰。因此要重视穗肥，结合追肥进行浇水。产量表现为高产田亩产可达 600 千克（公顷产 9000 千克）。

（5）张杂谷 10 号

该杂交种于 2008 年通过全国农技推广中心品种鉴定，2009 年在全国第八届优质食用粟评选中被评为一级优质米。该杂交种生育期 132d，株高 110.9cm，穗长 23.9cm，穗重 21.9g，穗呈棍棒型，松紧适中，穗粒重 16.6g，出谷率 75.8%，千粒重 3.0g，黄谷黄米。综合性状表现良好，适应性强，稳产性好，抗病抗倒，熟相好，抗除草剂，2 级耐旱，熟相好。一般亩产 400kg（公顷产 6000kg），最高亩产 750kg（公顷产 11250kg）。留苗密度一般亩留苗 0.8 万～1.2 万株（公顷留苗 12～18 万株）。适宜区域：建议在河北、山西、陕西、甘肃、内蒙古等地的北部谷子早熟区春播种植。

（6）张杂谷 13 号

该杂交种是目前培育出的米质最佳、市场认可度最高的品种。该品种春播生育期 115 天。幼苗绿色，叶鞘绿色，株高 121.0 cm，穗长 26.3 cm，棍棒穗型，松紧适中。单穗重 24.2g，穗粒重 18.3g，出谷率 75.6%，出米率 79.8%，千粒重 3.10g，白谷黄米。单株有效分蘖 2～4 个，粮用粗蛋白 11.73%，粗脂肪 4.15%，总淀粉 78.7%，支链淀粉 17.8%，赖氨酸 0.22%。中抗谷瘟病，中抗谷锈病，白发病 0.07%，虫蛀率 0.41%。适宜在河北、山西、陕西、甘肃的北部及宁夏、新疆、吉林、内蒙古、辽宁、北京、黑龙江≥10℃、积温 2450℃以上的地区春播。

（7）张杂谷 16 号

该杂交种于 2015 年通过全国农技推广中心品种鉴定，2019 年在全国小米鉴评会上被评为一级优质米。春播生育期 127 天，夏播生育期 89 天，因其抗病优质耐密，尤其适合夏播区种植。幼苗绿色，叶鞘绿色，株高 132.0cm，穗长 23.1cm，棍棒穗型，松紧适中。单穗重 17.5g，穗粒重 14.6g，出谷率 83.4%，出米率 77.4%，千粒重 2.74g，黄谷黄米，单株分蘖 2～4 个。适宜山东、河北中南部、山西中南部、北京、河南等≥10℃、积温 3000℃以上的地区夏播；河北东部、辽宁、内蒙古、甘肃、宁夏、新疆、吉林等≥10℃、积温 3100℃以上的地区春播。

（8）张杂谷 18 号

该杂交种于 2016 年通过全国农技推广中心品种鉴定，2019 年在全国小米鉴评会上被评为一级优质米。该杂交种抗病优质耐密，夏播生育期 88 天。幼苗绿色，叶鞘绿色，株高 126.2cm，穗长 23.6cm，棍棒穗型，松紧适中。单穗重 18.4g，穗粒重 14.6g，出谷率 79.4%，出米率 77.4%，千粒重 2.89g，黄谷黄米，单株分蘖 2～4 个。适宜山东、河北中南部、山西中南部、北京、河南等≥10℃、积温 3000℃以上的地区夏播。

（9）张杂谷 19 号

该杂交种可以根据土壤水分条件自调分蘖数目，是目前培育出的抗旱性最强，水分利用率最高的品种。该杂交种适宜稀植穴播，春播生育期 116 天，幼苗绿色，叶鞘绿色，株高 121.99cm，穗长 25.3cm，棍棒穗型，松紧适中。单穗重 25.20g，穗粒重 18.27g，出谷率 72.5%，出米率 79.5%，千粒重 3.01g，白谷黄米，单株分蘖 3～10 个。适宜于内蒙古、陕西、吉林、黑龙江、辽宁、河北等省（自治区）≥10℃、积温 2450℃以上地区春播种植。

（10）张杂谷 21 号

该杂交种具有耐盐碱、抗倒、丰产、适应性强等特征。春播生育期 122 天，幼苗绿色，叶鞘绿色，株高 125.0cm，穗长 26.3cm，棍棒穗型，松紧适中，单穗重 25.2g，穗粒重 19.6g，出谷率 77.8%，出米率 79.5%，千粒重 3.21g，白谷黄米，单株分蘖 2～4 个。适宜河北、山西、辽宁、内蒙古、吉林等省（区）≥10℃、积温 2500℃以上地区轻盐碱地种植。

参考文献

[1] 李荫梅. 谷子育种学[M]. 中国农业出版社，1997.

[2] 山西省农业科学院. 中国谷子栽培学[M]. 北京：农业出版社，1987.

[3] 齐玉志，相德臻. 谷子高产栽培[M]. 北京：金盾出版社出版，1992.

[4] 古兆明，古世禄. 山西谷子起源与发展研究[M]. 北京：中国农业科学技术出版社，2007

[5] 管延安. 我国谷子科研与生产概况[J]. 园艺与种苗，1994（5）：16-19.

[6] 程汝宏. 我国谷子育种与生产现状及发展方向[J]. 河北农业科学，2005，9（4）：86-90.

[7] 黄瑞冬，方子山，赵凤喜. 无公害谷子生产与加工技术[M]. 北京：中国农业科学技术出版社，2006.

[8] 赵治海. 国家谷子产业技术体系（河北）调研报告[J]. 现代农村科技，2009，20，45-47

[9] 杜国平. 浅析我国谷子育种与生产现状及发展方向[J]. 吉林农业，2012（11）：100-101.

[10] 刁现民. 谷子产业化发展的现状与未来[J]. 农产品加工，2008，3：10-11.

[11] 刁现民. 中国谷子生产与产业发展方向[R]. 第二届全国杂粮产业大会论文集，2010.

[12] 张雪峰. 浅析我国谷子产业现状及对策分析[J]. 时代经贸，2011（2）：6-6.

[13] 赵喜魁. 谷子杂种优势的分析[R]. 吉林省农业科学院作物所，1985.

[14] 黄长岭. 玉米小麦谷子杂种优势[M]. 北京：中国农业科学技术出版社，2009

[15] 邱风仓，冯小磊. 我国谷子杂优利用回顾、现状与发展方向[J]. 中国种业，2013（3）：11-12.

[16] 李会霞，王玉文，田岗. 对山西省谷子杂种优势利用研究的实践与思考[J]. 山西农业科学，2011（10）：1035-1039.

[17] 曹尔福，连仲薇. 谷子质核互作型雄性不育系选育研究初报[J]. 粟类作物，1991（1）：1-3.

[18] 胡洪凯. 谷子"CH 型"显性核不育基因的发现[J]. 作物学报，1986，12（2）：73-78.

[19] 胡洪凯，石艳华，王朝斌. "CH 型"谷子显性核不育的遗传及其应用研究[J]. 作物学报，1993，19（3）：208-217.

[20] 李东辉. 夏谷核型高度雄性不育系的研究与利用[M]. 谷子新品种选育技术，西安：天则出版社，1990，13-17.

[21] 赵治海，崔文生，杜贵，等. 谷子光（温）敏不育系 821 选育及其不育性与光、温关系的研究[J]. 中国农业科学，1995，29（5）：23-31.

[22] 崔文生，孔玉珍，赵治海，等. 谷子光敏型隐性核不育材料"292"选育初报[J]. 华北农学报，1991（S1）：177-178.

[23] 崔文生. 夏谷光敏型隐性核不育材料"292"选育初报[M] //李东辉. 谷子新品种选育技术. 西安：天则出版社，1990：97-99.

[24] 崔文生，孔玉珍，赵治海，等. 谷子光温敏型显性核不育材料"光A1"选育研究初报[J]. 华北农学报，1991（S1）：47-52.

[25] 王玉文，李会霞，王高鸿，等. 谷子高度雄性不育系长 10A 的选育[J]. 甘肃农业科技，1998，12：12-13

[26] 王玉文，王随保，李会霞，等. 谷子光敏雄性不育系选育及应用研究[J]. 中国农业科学，2003，36（6）：714-717.

[27] 田岗，王玉文，李会健，等. 谷子高度雄性不育系研究与利用[J]. 陕西农业科学，2007，2：12-13.

[28] 李会霞，王玉文，田岗，等. 谷子高度雄性不育系不育基因的遗传分析[J]. 河北农业科学，2010，14（11）：96-99，104

[29] 王玉文，李会霞，田岗，等. 谷子高异交结实雄性不育系的创制及应用[J]. 中国农业科学，2010（4）：680-689.

[30] 夏雪岩，刘正理，程汝宏，等. 两个谷子新不育系几个性状的配合力评价和遗传力

分析[J]. 中国农业科技导报，2013，15（1）：116-112.

［31］王天宇，辛志勇. 抗除草剂谷子新种质的创制鉴定与利用[J]. 中国农业科技导报，2000（5）：62-66.

［32］王天宇，杜瑞恒. 谷子高度雄性不育基因在常规品种选育中的应用[J]. 华北农学报，1 994（3）：21-25.

［33］胡洪凯，石艳华，王朝斌，等. "CH 型"谷子显性核不育的杂优利用研究[J]. 内蒙古农业科技，1993（2）：1-4.

［34］白建荣，杜竹铭，周国玉. 谷子不育系及杂交种再生植株性状的表现[J]. 华北农学报，1992，7（2）：51-54.

第二节　杂交谷子配套技术研究

一、亲本繁种及制种技术研究

目前市场上主推"张杂谷"系列品种的母本为谷子光温敏不育系 A2，其育性与光温条件有着密切的关系。光周期在 14 小时以上，夜间温度在 12～15℃之间，表现不育，不育度达到 95％～100％，自交结实率 0％～5％；A2 不育系在光周期在 13 小时以下，昼夜温度在 19～29℃之间，育性恢复可育，自交结实率达 40％～60％。因此，通过选择光、温条件适宜的繁种区域，采用不同的播期、密度、水肥管理措施，去杂去劣，建立不育系繁育技术体系，提高不育系的不育率、不育度以及产量。到目前为止已有不少关于提高其繁种产量的报道[1, 2]。

邱风仓等[2]在海南选择了 10 多个试验点，进行 A2 亲本繁种生产研究。结果显示，海南内陆地区的试点比海边地区的试点结实率低。可能主要原因是陆地上气温日较差大于海洋，且距海愈远日较差愈大。海边地区的试点由于气温日较差小，减少了低温和高温的不利影响，A2 生长及其花粉萌发提供了最适温度。另外，张家口市农科院研究了不同播期、密度、底肥及追肥等对亲本繁育产量的影响，结果显示（表2-1），亲本繁种产量在不同处理间存在明显的差异。在处理3 中亲本繁育产量只有 9.41 千克/亩（141.15 千克/公顷），而处理 18 的产量最高，可以达到 42.51 千克/亩（637.65 千克/公顷），是最低产量的 4.52 倍。

表 2-1　不同栽培处理下亲本繁种产量

处理	播期	密度（万株/亩）	密度（万株/公顷）	底肥（斤/亩）	底肥（千克/公顷）	追肥（斤/亩）	追肥（千克/公顷）	产量（千克/亩）	产量（千克/公顷）
1	11.25	3	45	30	225.00	20	150.00	13.46	201.90
2	11.25	4	60	15	112.50	15	112.50	13.09	196.35
3	11.25	6	90	20	150.00	30	225.00	17.06	255.90
4	11.30	3	45	20	150.00	15	112.50	9.41	141.15
5	11.30	4	60	30	225.00	30	225.00	11.66	174.90
6	11.30	6	90	15	112.50	20	150.00	27.86	417.90
7	12.05	3	45	15	112.50	30	225.00	20.53	307.95
8	12.05	4	60	20	150.00	20	150.00	20.83	312.45
9	12.05	6	90	30	225.00	15	112.50	25.97	389.55
10	12.10	3	45	15	112.50	15	112.50	16.41	246.15
11	12.10	4	60	20	150.00	30	225.00	22.80	342.00
12	12.10	6	90	30	225.00	20	150.00	29.61	444.15
13	12.18	3	45	30	225.00	30	225.00	13.63	204.45
14	12.18	4	60	15	112.50	20	150.00	14.17	212.55
15	12.18	6	90	20	150.00	15	112.5	22.71	340.65
16	12.23	3	45	20	150.00	20	150.00	20.36	305.40
17	12.23	4	60	30	225.00	15	112.50	26.86	402.90
18	12.23	6	90	15	112.50	30	225.00	42.51	637.65

杂交谷子能否在生产中推广应用，关键问题之一是如何提高制种产量，降低种子生产成本，让农民种得起、愿意种。通过选择光、温条件适宜的制种区域，采用不同的播期、父母本行比、密度、水肥、人工授粉等管理措施，并进行严格的去杂去劣，提高杂交种的杂交率及产量，杂交谷子制种产量现已稳定在 150 千克/亩（2250 千克/公顷），制种田产量与

生产田用种比 150：1[3]。由于谷子杂交种选育成功并应用于实际生产时间短，需要建立相应的技术体系。张家口市农业科学院分别于 2011 年和 2012 年制定了河北省地方标准《谷子杂交种制种技术操作规程》和《粮食作物种子：谷子杂交种》[4,5]，规范了谷子杂交种制种技术，保持品种的纯度和优良种性，对推动杂交谷子产业的发展起到了积极的作用。谷子杂交种制种关键技术内容如下：

（1）父母本的行比和行距、父母本的留苗密度、花期的预测和调节以及辅助授粉。父本行距以能走人为宜，母本的行距以能保证正常生长为宜，分别确定为 1 尺和 8 寸（33.3 cm 和 26.7 cm）；行比的确定主要依据父母本的植株高度，以母本行两侧的父本人工辅助授粉时能全部覆盖母本为宜，确定为父本行数：母本行数=2：6。父母本的留苗密度，根据各地制种产量，母本株距以 7～10cm 为宜，父本行距以 10～15cm 为宜，可在此范围内根据地力调整，宜稀不宜稠.

（2）花期的预测可采用拔节后解剖植株的方法，始终掌握母本内部比父本内部少 0.5～1 个叶片或母本生长锥比父本大三分之一的标准来预测花期。如发现花期相遇不好时，要采取早中耕、多中耕、偏水偏肥、根外追肥、喷洒激素等措施，促其生长发育，或采取深中耕断根、适当减少水肥等措施，控制其生长发育，从而达到母本开花后 1～2d，与父本花期相遇。人工辅助授粉曾试验用绳拉或用吹风机吹父本，但效果都不理想，现阶段仍以人工扑打父本让其散粉为主。

另外，省标《粮食作物种子：谷子杂交种》对杂交种的质量要求、检验方法、检验规则和质量判定等进行了规定[5]。表 2-2 和表 2-3 为不育系、恢复系及杂交种质量的要求。

表 2-2　不育系、恢复系质量要求

种子类别		纯度（%）不低于	净度（%）不低于	发芽率（%）不低于	水分（%）不高于
不育系	原种	99.8	98.0	85	13.0
	大田用种	98.0	98.0	85	13.0
恢复系	原种	99.8	98.0	85	13.0
	大田用种	98.0	98.0	85	13.0

表 2-3　谷子杂交种质量要求

种子处理	纯度（%）不低于	净度（%）不低于	发芽率（%）不低于	水分（%）不高于
未经处理	40.0	98.0	85	13.0
经处理	96.0	98.0	34	13.0

二、杂交种栽培技术研究

杂种优势的利用大幅度地提高了谷子的产量、品质及抗性。张家口市农科院已经选育出了适宜春播和夏播不同生态区的早、中及晚熟的系列杂交谷子品种。目前，已有大量关于杂交谷子播期、种植密度、肥料种类、施肥数量、施肥时期及病虫害防治等栽培技术的报道，初步形成了春播、夏播杂交谷子配套栽培技术体系。

与常规谷子相比较，杂交谷子生长旺盛，单株生产潜力大，适宜种植密度宜少不宜多。王晓明等[6]研究结果表明，张杂谷在春播地区一般保苗 0.8 万～1.2 万株/亩（12 万～18 万株/公顷）；而夏播地区，一般保苗 2.0 万～3.0 万株/亩（30

万~45 万株/公顷)。水肥条件较好地块可适当密些,水肥条件较差地块应稀些。樊修武[7]等人对不同水分梯度下张杂谷6 号种植密度进行研究,不同密度之间产量存在着显著的差异。当种植密度为 0.8 万株/亩(12 万株/公顷)时,张杂谷6 号产量均值为 4717.6 千克/公顷;随着密度的增加,产量均值显著增加,当密度为 2 万株/亩(30 万株/公顷)时,产量最高,可以达到 5664.4 千克/公顷。在对夏播区张杂谷 8 号适宜种植密度地研究过程中,其对穗长、穗直径、单位面积穗数和产量有极显著影响,对株高影响不大。在相同密度条件下,随着施肥量的增加,谷子穗长、穗直径和产量增加。最适宜种植密度为 2 万株/亩(30 万株/公顷),产量可以达到6842.86 千克/公顷[8]。夏雪岩[8]等研究了适宜的施肥方式、施肥量与杂交谷子群体和个体发挥的关系,结果显示随着施肥量的增加,产量基本上呈现出上升的趋势。张亚琦[9]研究了钾肥对张杂谷 5 号产量的影响,结果表明:谷子产量与施钾水平有着密切相关。施钾处理谷子生物量比对照增加了12.4%~34.1%,处理间差异显著。杂交谷子产量在钾肥施用量 300 千克/公顷时最高,为 8348.3 千克/公顷。

　　另外,有不少研究对杂交谷子地膜覆盖及灌溉方式进行了报道。姜净卫等对露地平地种植、全膜平铺平地种植、沟植不覆盖地膜、垄膜覆盖膜侧沟植 4 种种植方式下杂交谷子产量进行了研究[10]。结果显示,地膜覆盖处理的杂交谷子产量显著高于不覆盖地膜处理,但无膜沟植处理和露地平种处理的产量没有显著差异。平膜播种的籽粒产量最高,较露地平种可以增产 13.25%,较无膜沟植增产 12.85%,垄膜沟植处理较露地平种增产 7.02%。潘永霞对不同灌溉方式下杂交谷子产量进行了研究[11]，设置膜下滴灌、覆膜微喷灌、覆膜沟灌和露地沟灌 4 种灌水方式，结果表明，膜下滴灌谷子的产量与覆膜微喷灌、覆膜沟灌和露地沟灌相比均有提高，产量为 5956.95 千克/公顷，比覆膜微喷灌、覆膜沟灌和露地沟灌增产都在 25% 以上。另外，杂交谷子水分利用效率也得到了大幅度的提高。

春播区和夏播区杂交谷子栽培关键技术要点内容如下。

（1）春播区杂交谷子栽培技术要点

①适宜播期杂交谷子春播以 4 月下旬至 5 月中旬播种为宜。

②播量亩用种量 0.5～0.75 kg（公顷用种量 7.5～11.25 kg）。

③留苗密度 0.8～1.2 万株/亩（12～18 万株/公顷）。

④中耕第 1 次中耕在 5～6 叶期进行。要求浅锄、细锄，达到灭草不埋苗，同时按规定保苗数留苗。**第 2 次中耕要求深锄、细锄，灭净杂草，并向植株根部培土。**

⑤施肥整个生育期一般要求追肥 3 次。第 1 次追肥在 5～6 叶期，顺垄撒施尿素 75 kg/hm²，结合中耕、定苗，将肥料翻入地表内。第 2 次追肥在拔节期，顺垄撒施尿素 150 kg/hm²，结合中耕、除草，将肥料翻入地表内。第 3 次追肥在孕穗期，趁雨或结合灌溉追施尿素 150 kg/hm²。谷子苗期抗旱力非常强，不需浇水。拔节后遇旱浇水。在抽穗前结合追肥进行浇水。

⑥病虫害防治如同谷子常规管理方法。

（2）夏播区杂交谷子栽培技术要点

①适宜播期杂交谷子夏播以 6 月 15～25 日播种为宜。

②播量亩用种量 0.7～0.8 kg（公顷用种量 10.5～12 kg）。

③行距 33～40 cm。

④留苗密度 2.0～2.5 万株/亩（30～37.5 万株/公顷）。

⑤施肥浇水谷子虽为耐瘠薄作物。但要取得高产，必须追肥。在拔节期，结合深中耕亩追施氯化钾或硫酸钾 15 kg（公顷追施 225 kg）和尿素 10 kg（公顷追施 150 kg），抽穗前亩追尿素 15 kg（公顷追施 225 kg）。谷子灌浆期，可用 2％的尿素溶液喷洒叶面，延长叶片功能期。谷子苗期抗旱力非常强，不需浇水。拔节后遇旱浇水。在抽穗前结合追肥进行浇水。

⑥防止倒伏谷子长到 3～5 片叶子时，每亩用一支助壮素（每公顷用 15 支），兑两喷雾器水，均匀喷到谷苗上。可以降低株高，防止倒伏。

⑦病虫害防治杂交谷子的主要虫害是谷子钻心虫和粘虫。钻心虫幼虫侵入谷子茎基部危害，造成谷子倒伏减产。防治时间，在定苗后、拔节期连喷两次药。用"百虫亡"1500倍液或用"铃光玉虫净"3000 倍液喷雾。防治粘虫可用甲维盐、高氯码、吡虫啉三种药液配合使用效果较好。杂交谷子"张杂谷 8 号"的主要病害是穗瘟病。在谷子灌浆期，个别小穗出现白干，这是穗瘟病的主要特征。防治方法是在谷子抽齐穗后开花前，用克瘟散乳油 500—800 倍液或春雷霉素 1000 倍液喷雾。

三、杂交种机械化栽培技术研究进展

机械化栽培技术的推广应用，可以显著地降低人工劳动强度，提高工作效率，为规模种植提供技术基础。杂交谷子机械配合化控集约栽培技术的研究，主要在精量播种、化学除草、施肥及机械收获等方面，而且取得了一定的研究进展。张家口市农科院从 2011 年起，开展谷子艺机一体化技术研究，示范成功了谷子除草剂使用技术，摸清了旱地谷子播种保苗规律，研制成功了小颗粒谷物旱地精播机，引进示范了渗水地膜及其配套的全膜覆土沟播机、全喂入联合收割机秸秆打捆机和谷粒烘干机等系列谷子生产机械，实现了张杂谷生产全程机械化，为张杂谷产业化发展打下了基础[12]。春季结合翻地施腐熟农家肥做底肥，使用灭茬旋耕机平整耙磨土地。秋耕地可用圆盘耙耙磨土地后直接播种。

针对"张杂谷"的品种特性及谷子适宜播期的土壤气候条件，目前生产上成功应用的代表机型有以下几种：2BFG-6 型小颗粒谷物旱地精播机、2BJD-4A 型旱地谷子直播施肥机、2MB-1/4 型谷子全膜覆土沟播机、2BMD-20 膜下滴灌铺管铺膜播种机。采用中耕追肥机可一次性完成除草、碎土、松土和开沟、追肥、培土作业。行距可调。杂草粉碎且覆盖率可达 80%，松土深度可达 10～15 cm。工作效率每小时 3～4 亩（0.2～0.3 公顷）。采用谷子联合收割机全喂入联合收割机能一次完成谷子收割、脱粒和秸秆揉丝作业。具有轻便实用、损失率小、功效高等特点。利用 MF3040 型秸秆打捆机，可自动完成作物秸秆的捡拾、压捆、捆扎和放捆一系列作业，适应各种地域条件作业。生物质移动式烘干机以生物质燃料

为热源，自动化、智能化程度高。

参考文献

［1］　邱风仓，苏旭，宋国亮，等. 光温敏谷子不育系 A2 南繁高产栽培技术[J]. 中国种业，2012（9）：47-52.

［2］　邱风仓，冯小磊. 南繁工作中对谷子不育系 A2 的几点认识[J]. 农业科技通讯，2012（8）：158-159.

［3］　王晓明，宋国亮，王峰，等. 光温敏两系谷子杂交种制种生产技术. 河北农业科学[J]. 2012，16（3）：15-17.

［4］　张家口市农业科学院. 谷子杂交种制种技术操作规程（DB13/T 1438-2011）. 河北省地方标准，2011 年 7 月 29 日发布，2011 年 8 月 15 日开始实施.

［5］　张家口市农业科学院. 粮食作物种子谷子杂交种（DB13/T 1606-2012）. 河北省地方标. 2012 年 9 月 5 日发布，2012 年 9 月 15 日开始实施.

［6］　王晓明. 谷子杂交品种标准化栽培技术[J]. 现代农村科技，2012，13：10-11.

［7］　樊修武，池宝亮，张冬梅，等. 不同水分梯度和种植密度对谷子杂交种产量及水分利用效率的影响[J]. 山西农业科学，2010，38（8）：20-23，26.

［8］　夏雪岩，马铭泽，杨忠妍，等. 施肥量和留苗密度对谷子杂交种张杂谷 8 号产量及主要农艺性状的影响[J]. 河北农业科学，2012，16（1）：1-5.

［9］　张亚琦，李淑文，杜雄，等. 施钾对杂交谷子水分利用效率和产量的影响[J]. 河北农业大学学报，2014，37（6）：1-6.

［10］　姜净卫，董宝娣，司福艳，等. 地膜覆盖对杂交谷子光合特性、产量及水分利用效率的影响［J］. 干旱地区农业研究，2014，32（6）：154-158，194.

［11］　潘永霞，田军仓. 不同灌水方式对覆膜谷子农艺性状及生理指标的影响[J]. 灌溉排水学报，2016，35（5）：15-21.

［12］　任全军，奚玉银，付永斌，等. "张杂谷"生产全程机械化技术[J]. 现代农村科技，2014（19）：13-14.

第三节　杂交谷子生产应用及产品转化

一、杂交谷子国内生产应用情况

自 2007 年开始，张家口市农科院与成立于 1999 年的宣化巡天种业新技术有限责任公司合作，在全国推广该院育成的国际领先科技成果"张杂谷"系列品种。2012 年 12 月，经股权重组，宣化巡天种业新技术有限责任公司与张家口市农科院共同成立河北巡天农业科技有限公司，注册资本 1 亿元，固定资产 6309 万元，为农业部批准的全国杂交玉米育、繁、推一体化企业。如今河北巡天公司拥有 7 个子公司和 10 个分公司，为推广"张杂谷"走出一条产出高效、产品安全、资源节约、环境友好的可持续发展之路。近 10 年来，在政府的良种补贴政策和扶贫、科技等部门的支持和推动下，"张杂谷"累计在北方干旱半干旱地区推广 2000 万亩（133 万公顷）以上，占谷子总面积的 10%。节约水资源 40 亿立方（相当于 400 个小型水库），为国家增产粮食 150 万吨以上，为农民增收 600 亿元；开展杂交谷子制种 10 万亩（0.67 万公顷）以上，通过杂交制种为农民增收超过 1 亿元。

1. 节水高产、优质耐瘠等诸多优势使"张杂谷"种子连续呈现产销两旺

通过 10 年来的生产实践证明，"张杂谷"具有许多作物不能比拟的优势，突出体现在：一是节水，一亩杂交谷子平均用水 200 方左右（3000 方/公顷），比种植玉米节水一半以上，比种植小麦节水三分之二；二是高产，2009 年山西忻州创造了亩产 843 千克（公顷产 12645 千克）的高产纪录，2014 年至 2016 年多地平均亩产突破千斤（公顷产突破 1.5 万斤）；三是优质，达到国家优质米标准；四是抗除草剂，解决了人工除草的问题，可实现大规模、集约化种植；五是耐瘠薄，在山西忻州没有浇灌条件的山坡旱地，"张杂谷"亩产达到 650 千克（公顷产 9750 千克）以上，在新疆和硕县的戈壁滩上，2000 亩（133.3 公顷）连片种植平均亩产 370 千克（公顷产 5550 千克），比种植玉米每亩纯增收入 1000 元以上（每公顷纯增收入 1.5 万元）；六是耐盐碱，通过在河北黄骅和吉林白城等盐碱地试验，"张杂谷"耐盐碱性强，不仅可以正常出苗，而且产量不低于普通地块，且种出的谷子口感好，味香黏滑。正是由于"张杂谷"的这些突出优势，使广大种植户十分认可。特别是进入 2013 年下半年以后，随着谷子价格的持续上涨，"张杂谷"种植户实现了历史上的高效益，2014 年"张杂谷"在北部丘陵山区和黑龙港流域都喜获丰收，平均亩收入达到 3000 元以上（公顷收入 45000 元），最高达到 4000 元（公顷收入 60000 元），是种植玉米的 3 倍以上。最为典型的是在山西忻州一带，老百姓种植一亩玉米和一亩谷子亩产量都是 500 千克（7500 千克/公顷），但玉米价格是每千克 2 元，而谷子价格是每千克 6 元以上，每亩增收 2000 多元（每公顷 30000 多元）。正因如此，这两年尽管公司不断增加制种面积，但依然不能满足市场需求，2015 年和 2016 年一些地方甚至出现了"一种难求"的情况。

2. 在干旱半干旱雨养农业地区大力推广"张杂谷"，符合我国现代农业发展战略

我国是农业大国，北部地区"十年九旱"，是传统的老旱区；黑龙港流域由于过度超采已经出现严重的漏斗区；东北地区大量的盐碱地若加以利用，既增加了耕地面积，也保障了粮食安全。这些地区加起来面积超过两亿亩（0.13 亿公顷），发展"张杂谷"潜力巨大。生产实践证明，"张杂谷"在上述地区春播或夏播种植，平均单产 500 千克以上，不仅比种玉米和小麦节水，而且产值也将近翻了一番。现在这些地区的种植户种植热情很高，特别是沧州、衡水等控水地区，老百姓不种小麦的首选就是种植"张杂谷"。

3."张杂谷"在新疆发展大有作为

"张杂谷"在新疆发展空间巨大。其主要原因：一是棉花结构性调减面积，需要一个能够规模化种植、效益良好的农作物替代；二是当地实行农地用水限量供应，每亩仅给水 50方（750 方/公顷），因此必须种植高抗旱农作物；三是这里的盐碱地、戈壁滩面积有 7.4 亿亩（0.49 亿公顷），杂交谷子的耐盐碱和耐瘠薄特点在这里得以充分发挥；四是新疆属于半计划经济，特别是保留着建设兵团的建制，如果可以规模化种植，效益良好，杂交谷子推广有一亿亩（0.07 亿公顷）以上的空间；五是自治区政府高度重视杂交谷子示范推广，并给予很大支持。2015 年 3 月，赵治海研究员以全国人大代表的身份给自治区政府写了一封在新疆推广杂交谷子的建议，并亲自到新疆考察、向自治区农业厅领导汇报，得到自治区领导的高度重视。

二、杂交谷子国外生产应用情况

杂交谷子作为一种既不会对我国种质资源造成危害，又能够增加非洲等干旱地区粮食产量的作物，必将借助"一带一路"机遇在国际舞台上发挥更大的作用。首先，谷子在我国种植面积仅有 2000 万亩（133.3 万公顷），高产的杂交谷子问世，更加使得这种作物出现了"产能过剩"，把这种高科技引入非洲，可以解决非洲的粮食危机，树立我们负责任大国的形象，扩大国家在非洲的影响力。其次，谷子由狗尾草进化，而非洲就是狗尾草的发源地，把我国的谷子与非洲当地同属资源进行杂交，可以拓宽我国谷子的遗传图谱，保持我国生物多样性。再次，在非洲种植杂交谷子可以提升我国作物耕作与栽培学科的研究广度和深度，不仅可以研究大小雨季种植、一季两茬种植，还能探索沙漠化气候节水栽培技术。最后，杂交谷子走进非洲由张家口市农科院推动，作为科研单位虽然在市场运营方面较企业有所欠缺，但是也具有企业不具备的优势。目前，一些科研院所和国际机构都把"张家口市农科院推动杂交谷子走进非洲"作为一个"中国农业'走出去'"的成功模式进行系统研究。所以，支持杂交谷子走进非洲，不仅包括支持杂交谷子在非洲的育种、栽培和示范等基础科技工作，更应该支持非洲杂交谷子研究中心建设和杂交谷子产业链构建。

张家口市农业科学院研究成功的具有自主知识产权的杂交谷子高产、抗旱、耐瘠，最高亩产达到810千克（公顷产12150千克），具有很高的技术水平。全球缺粮地区主要集中在非洲国家，在非洲种植杂交谷子可以帮助非洲国家增加粮食产量，减少非洲国家对国际粮食进出口市场的依赖，有利于降低世界粮价，有效应对世界粮食安全问题。并且通过在非洲种植杂交谷子合作可以引进国外的种质资源，拓宽我国种质的遗传图谱，为我国谷子育种可持续发展提供遗传基础。

杂交谷子在非洲种植，也得到了国际社会广泛关注。2009年，前联合国粮农组织总干事雅克•迪乌夫专程到张家口考察杂交谷子，当场表示要将"张杂谷"杂交谷子作为中国政府与粮农组织"南南合作"的核心项目在全球推广，并建议成立"国际杂交谷子培训中心"。

1. 杂交谷子在非洲推广进展

（1）埃塞俄比亚从 2008 年开始在埃塞俄比亚推广杂交谷子。杂交谷子产量较当地主栽作物手指谷、苔麸增加 1 倍以上。不仅如此，杂交谷子在埃塞俄比亚种植比玉米种植更具优势，因为杂交谷子需要三个月生育期而玉米则需要 7 个月的生育期，种植一季玉米可以种植两季杂交谷子，使杂交谷子产量远远超出玉米产量，并且小生育期作物可以更加灵活有效地适应埃塞俄比亚的降雨条件，播种时期和播种范围更为广阔，受到当地广大农户的欢迎。2011 年品种 E7 和 E10 通过国家品种委员会的注册，完成了在埃塞俄比亚合法推广经营的法律程序。2014 年张家口市农科院和埃塞俄比亚农业部签署了合作备忘录，引进适合埃塞俄比亚生产力水平的小农机进行种植示范，大规模设施农业和大型农机具在非洲普遍推广难度较大，必须推广适宜非洲生产力水平的农业技术，逐步发展非洲农业。张家口农科院在非洲推广杂交谷子栽培技术非常注重技术的实用性，达到普通农民也能使用的程度。2015 年，张家口市农科院和中地海外集团合作在埃塞俄比亚成立了"中非（埃塞俄比亚）杂交谷子联合研究中心"，标志着杂交谷子非洲研发推广平台的正式成立，利用该平台进行科研、培训、宣传、下游产品开发和产业链构建工作。"张杂谷"的出色表现得到了当地政府和民众的肯定，出现了粮商收购谷子后加工成小米出售的初级产业链。

（2）乌干达2013 年"张杂谷"在乌干达试种成绩骄人，受到了当地专家和农民的欢迎，中国驻乌干达大使馆经济商务处的网站及当地多家媒体报道了这一消息，我国农业部相关领导也给予高度重视。乌干达还组织代表团于 2013 年 8 月来到河北省张家口市农科院进行了实地考察。为了进一步提高中国杂交谷子在乌干达的影响力，2014 年张家口市农科院派遣技术人员赴乌干达参与"南南合作"项目，技术人员联合乌干达政府生产和市场部官员 Louis Oluge 在乌干达 Lira 开展示范种植试验 50 亩（3.3 公顷）。参试品种为张杂谷 8 号、常规品种 E7 和当地手指谷共三个品种。试验结果表明：张杂谷 8 号生育期 78 天，E7 生育期 76 天，当地手指谷 109 天，不施肥地块杂交谷子产量达到 3700 千克/公顷，施肥地块杂交谷子产量达到 6500 千克/公顷，分别比当地手指谷增产 65.43％和 87.77％。另外，杂交谷子生育期比当地手指谷提前 1 个多月，对于乌干达一年多季种植，提高粮食产量意义重大。

（3）尼日利亚　2013 年至今，隶属于中地海外尼日利亚有限公司的绿色农业西非有限公司推动杂交谷子在尼日利亚推广种植，并且和张家口农科院签订了合作协议，绿色农业西非有限公司提供费用物资，张家口市农科院提供技术支持。2015 年，张家口市农科院和中地海外集团合作在尼日利亚成立了"中非（尼日利亚）杂交谷子联合研究中心"，依托该中心进行谷子品种选育和杂交种繁制。截至 2019 年已经选出的 3 个谷子品种 NX2、NX6 和 ND8，亩产超过 300 千克（公顷产 4500 千克），远远高于尼日利亚对比作物产量。

（4）纳米比亚　2013 年签署了《纳米比亚大学、张家口市农业科学院、纳米比亚运输合作公司三方科研合作协议》。

2013 年 12 月 12 日至 13 日纳米比亚国土资源部部长亲临张家口市农科院考察杂交谷子项目。从 2013 年 12 月开始至今，张家口市农科院排遣二名技术人员赴纳米比亚大学开展试种试验，工作重点是品种引种试验，为今后谷子在纳米比亚的合法经营铺平道路。2016 年 12 月 9 日，纳米比亚副总统 NickeyLyambo 来到了 Omahenene 农业研究所，参观了杂交谷子试验田，对杂交谷子表现出来的抗旱高产特性深感振奋，表示一定要充分利用合作机会，把杂交谷子尽快推广到纳米比亚的千家万户，这标志着杂交谷子进入了市场化阶段。纳米比亚中资企业中江国际纳米比亚有限公司和北京高科公司也与张家口市农科院签订了合作协议，共同致力于在纳米比亚推广杂交谷子。

（5）**苏丹**苏丹也迫切希望"张杂谷"引入苏丹。2014 年 4 月苏丹农业部长哈米德率团访华期间，邀请张家口市农科院赵治海研究员座谈，当场决定把"张杂谷"引入苏丹作为一项重要农业项目。随后 2014 年 9 月下旬，苏丹国家农科院院长受哈米德委托，来到张家口市对"张杂谷"特性进行了深入调研，并与张家口市农业科学院签订了筹建"中非杂交谷子研发中心"的合作备忘录。2014 年 11 月苏丹国家农科院派遣专家来海南三亚进行为期 4 个月的谷子培训。张家口市农科院工作人员于 2015 年 8 月 10 日至 14 日赴苏丹参加苏丹驻华使馆组织的促进中苏农业会议活动，取得圆满成功。2015 年，杂交谷子在苏丹西达尔富尔地区的引种试验获得成功。

（6）**南非** 2016 年 5 月 30 日，张家口市农科院随同河北省农业厅组织的考察团赴南非国家外贸中心出席由非洲裔农业家联合会主办的双边商贸洽谈公务活动，张家口市农科院与南南合作下属企业签订了合作备忘录。另外，杂交谷子受到了南非非洲裔农业家联合会主席布塔列基博士和南非食品专家、南非伊柏技术有限公司 CEO 贝首·伊兰斯多夫博士的重视，杂交谷子被看作这次南非之行最具成功可能性的项目。之后，2016 年 7 月 19 日，"中国河北省——南部非洲人才项目暨产能合作对接会"在石家庄举办。在这次会议上，张家口市农业科学院张斌院长与南非新品联盟威克士主席签订了《关于在南非引种张杂谷合作意向书》。备忘录中明确了由中方提供技术支持，南非方配合项目实施，双方共同在南非推动杂交谷子的研发与推广。会后，南非非洲裔农业家联合会技术顾问威力·曼格纳博士、南非伊柏技术有限公司 CEO 贝首·伊兰斯多夫博士以及南非新品联盟（政府和科研单位联合组织）的两位专家威克士博士和贝尔纳博士一行 4 人对张家口市农科院进行了友好访问，对杂交谷子做了详尽的考察，来访嘉宾在参观之后纷纷表示，张家口市农科院的杂交谷子技术十分先进，是非洲市场亟待合作的对象，回国后来访嘉宾把中国的杂交谷子向南非农业部进行了汇报，目前，南非农业部已经立项把引进杂交谷子作为增加本国作物种类的重点项目支持。

（7）布基纳法索 2018 年布基纳法索与中国复交，8 月 12 日至 16 日，受中国农业农村部国际合作司的委托，张家口市农科院赵治海研究员一行赴布基纳法索调研小米种植和产业状况。在此期间，拜访了布基纳法索农业与水利治理部和农业科学院，与该国农业部主管领导、相关司局领导以及小米专家进行了深入会谈，并到布基纳法索北部小米主产区 Zondoma 省 Gourcy 市实地调研，了解布基纳法索农业现状和小米发展状况，签署了合作备忘录。随后在 2018 中非合作论坛北京峰会之后，布基纳法索农业官员代表团访问张家口市。从 2019 年开始，在中国农业农村部国际合作司指导下，杂交谷子开始在布基纳法索种植和推广，彰显了中国支援布基纳法索建设的高效和决心。

2. 杂交谷子走进非洲较其他作物的优势

无论是在非洲的中资企业还是科研单位，均表示中国农业走进非洲最大的技术制约因素是农田水利设施。但是投资基础设施建设对于公司而言，成本太高，回收周期太长。大家纷纷表示希望从国家层面在农田基础设施方面给予援助。杂交谷子是一种高产节水作物，在非洲大部分地区可以依靠旱作雨养种植，不仅产量比当地作物高，并且能够克服水稻、玉米、小麦等作物遇到的水利设施瓶颈问题。谷子在中国有 8000 多年的耕作历史，从人力、畜力发展到今天的机械化耕作，我们有着适应不同生产力水平的耕作技术，不仅能给为大型农场杂交谷子种植提供技术服务，也能为当地小农户种植提供适宜的技术支持。同时，伴随着 8000 多年的耕种文化，中华文明也应运而生，杂交谷子走进非洲的这几年，工作人员走到了田间地头，与基层的劳动者打成一片，在传播技术的同时，促进了中非文化的融合。

3. 创新科研单位推动农业走出去模式

张家口市农科院是一家事业单位，这就决定了其在推动杂交谷子走进非洲的过程中不是以经济利益为首要目的，派驻非洲的员工也都是技术人员。项目前期，由于引种试验、配套技术、饮食习惯、推广模式等课题都处于摸索阶段，当时没有企业愿意介入。利用微薄的研究经费，支撑了8年，为两个品种进行了注册，总结出了适宜当地自然条件和社会条件的耕作制度、开发出了适合当地民众口味的食品，并且探索出了一套在非洲发展的杂交谷子产业化模式。通过积极沟通，在最近几年，陆续有企业与张家口市农科院签订合作协议，张家口市农科院也会一如既往地支持企业推动杂交谷子在非洲的产业化发展。

4．主要成效和经验

（1）**广泛合作**　与企业合作，吸引具有丰厚农业资源基础和丰富市场运营经验的企业介入，可以为项目的可持续发展提供保障。示范成功后，企业将对杂交谷子进行市场化经营，为我国农业走向世界做贡献；与当地机构合作，可以打破该地区的地方保护壁垒，使杂交谷子种植更加深入人心，早日完成杂交谷子在非洲国家的注册程序，为我国杂交谷子走进非洲奠定基础；与我国驻外机构开展工作，最大地发挥资源优势，帮助杂交谷子走进非洲。

（2）**发展适应非洲社会发展和生产力水平的种植模式**　引进小型农机具，逐步提高成产水平。目前，非洲大多数国家依靠农民小规模小农生产农产品。生产力水平低，农民不富裕，不能普遍推广大型农机具应用于农业生产。中国的谷子伴随了中华文明几千年的发展，可以适应各种生产力条件的种植技术，所以前期应该引进小型农机具，逐步提高生产水平。

（3）探索适宜当地社会条件的推广模式构建杂交谷子产业链：着力于上游技术研发和下游产品转化，中间种植部分交给当地农民，带动当地发展（自己不建立大型农场）。具体实施：与企业开展合作，为其提供科研技术，联合探索适合当地条件的推广模式，如土地入股分红、给农民免费提供种子收获后付费、回收粮食以及寻找或组建加工企业回收谷子等推广技术带动农民种植。

三、杂交谷子产品转化

1. 突出小米营养特色，推动谷子回归主粮，有效拉动"张杂谷"市场消费

（1）小米营养均衡小米原产我国，在河北磁山新石器时代遗址中发现过大量碳化的粟粒或粟壳。由此可知，我们的祖先早在距今 7000～8000 年前已经培育出粟品种，并在我国北方广大地区普遍种植，曾是我国五谷之首，孕育了中华文明的产生。

表 2-4　中国主要谷物营养成分/100 克

谷物	碳水化合物（g）	蛋白质（g）	脂肪（g）	钙（mg）	磷（mg）	铁（mg）
小米	74.62	9.28	3.68	21.80	268	6.00
大米	77.60	6.76	1.18	16.60	161	3.02
小麦粉	72.90	9.40	1.90	43.00	330	5.90
玉米粉	70.06	8.38	4.94	29.20	343	3.45

小米也是健康食品，《本草纲目》说，小米"治反胃热痢，煮粥食，益丹田，补虚损，开肠胃。"如表 2-4 所示，"张杂

谷"小米的营养价值很高，每 100 克小米含蛋白质 9.28 克，比大米高，并且低过敏高消化率，适合孕妇和婴儿食用；脂肪 3.68 克，不饱和脂肪酸占 85%，其中亚油酸占 70%，油酸占 13%，亚麻酸占 2%；碳水化合物 74.62 克，不低于稻、麦，并且直链淀粉高抗淀粉含量高，膳食纤维含量也是水稻的 2.5 倍。

小米的矿物质和维生素含量均衡，有利于人体健康，一般粮食中不含有的胡萝卜素，小米每 100 克含量达 0.12 毫克，维生素 B1 的含量位居所有粮食之首。目前，市场上主要以小米籽粒食用，其实小米面粉的营养价值尤其是矿物质含量远远高于其他面粉，如图 2-1。

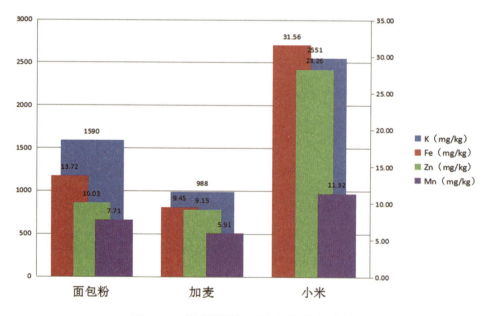

图 2-1　不同面粉主要矿物元素比较

（2）小米主粮化回归　通过对市场调研，之所以出现了连续多年的小米价格居高不下，其原因不是种植面积的减少，也不是因为受灾减产，而是人们对健康的重视和对小米营养价值的认知回归。吃小米可以健胃养胃、提高免疫力、增强体质等概念在黄河流域的北方人中根深蒂固，如今受微信和媒体的传播，小米的营养价值也逐渐被南方人接受，加上谷子种植不打药、用肥少、大部分种植地区为环境较好的山区等特点，因此人们对小米的安全健康重新认识，增加了消费；同时，有证据表明，西方国家也逐渐认识到小米对健康的作用，他们从小米喂鸟叫声洪亮、毛色鲜艳得到启发，也开始食用小米，逐年增加了从中国进口小米的数量。这就为谷子产业特别是"张杂谷"产业提供了巨大的发展空间。

为此，从弘扬民族产业、提高全民身体素质的理念出发，我们应该引导中国人特别是"1980年后"出生的年轻人回归吃小米的传统习惯，引导更多人群由喝小米粥向吃小米饭和小米面食转变。目前，河北巡天农业科技公司投资800万元建设了一个米业加工厂，用大米和小米按2:1混合，做成"金银米"在全国推广。据资料显示，我国大米每年的食用消费量为1.5亿吨，假如加入三分之一小米消费后，每年应增加谷子种植1000万公顷（1.5亿亩），近10年全国谷子年种植面积仅为80万公顷左右。

2. 推进谷牧结合，发展循环经济，把"张杂谷"活贮在牛羊嘴边

（1）优质粗饲料需求现状

优质粗饲料在奶牛日粮中占有至关重要的地位。我国奶牛饲养所用干草主要有苜蓿、羊草以及燕麦草。国内种植苜蓿及燕麦草干草品质普遍较差，因此常需从国外进口，造成饲料成本增加。2014 年中国进口干草累计 100.49 万吨，同比增 25.87％；其中进口苜蓿草总计 88.40 万吨，同比增长 16.99％。而燕麦草在 2015 年和 2016 年的中国奶牛养殖行业中异军突起，成为继苜蓿草之后又一大量进口的牧草。2015 年燕麦草进口量比 2014 年增长 25.3％，2016 年 1 月至 4 月，燕麦草进口量同比增 59.96％。而随着我国奶业的发展，对优质的干草需求将更加巨大。

（2）谷草转化面临问题

2011 年由于"张杂谷"产量激增，造成了大量谷子积压。为了解决谷子的出路问题，张家口市农科院和河北巡天农业科技有限公司开始向下游市场开拓，尝试在饲料原料市场上寻找出路。因为养殖行业有着巨大的市场容量。用 38％的谷子替代育肥阶段猪饲料中的玉米，猪日增重提高 10.56％，料重比降低了 4.07％，取得了可喜的结果。

表 2-5 长城乳业使用谷子秸秆替代羊草奶牛产奶情况

时间	主要粗饲料	平均奶产量/日·头
谷草引入前	玉米秸+黄贮玉米	17.5 千克
2013 年开始使用	谷草+黄贮玉米+进口苜蓿	21.5 千克
2014 年稳定使用	谷草+糯玉米青贮+进口苜蓿	27.0 千克
2015 年成熟使用	谷草+糯玉米青贮+进口苜蓿	29.0 千克
2016 年在长城乳业做发酵的全株张杂谷草替代燕麦试验，试验组日产奶量已达到 37.52 千克		

但是，由于谷子价格的不稳定，饲料企业不敢使用。历史上谷草一直是出重力的大牲口的饲草。如今由于农村都实行了农业机械化，农民很少饲养马、骡、驴等大牲口，而牛羊等是需要优质牧草的反刍动物，却因谷秆太硬咬不动，特

别是结节处，硬的像竹节，许多地区的谷子秸秆成了负担，成了焚烧的对象。当然，也有人把谷草粉碎后与其他饲草混合使用取得了较好的效果，例如：张家口长城乳业公司，该牧场采用奶牛全混合日粮（TMR）技术，从 2013 年开始利用谷草替代羊草，取得了非常好的效果，如表 2-5 所示。

（3）谷草转化进展迅速

看到成功的案例，分析了谷子的特点和优势及反刍家畜营养特征后认识到，将谷草作为反刍动物的优质牧草，是将其优势发挥到淋漓尽致的最佳方案。2014 年 7 月，在张家口市政府组织下，张家口市农科院与河北巡天农业科技有限公司共同召开了"全国谷牧结合循环经济发展研讨会"。与会专家从理论到实践上都一致肯定了"张杂谷"进入饲草料行业的可行性和必要性，明确了"张杂谷"由粮食作物向饲料作物转化的广阔前景。

据检测，张杂谷的蛋白质、维生素、矿物质等含量均高于其他谷草。"张杂谷"秸秆蛋白质含量 5％～7％，常规谷子 3％～4％，玉米 2％～4％，抽穗期全株蛋白质含量达 14％，接近国产苜蓿品质，且全株谷草的氨基酸种类丰富，维生素和矿物质含量高，营养平衡。产量优于苜蓿。

2014 年 9 月至 2016 年 3 月，中国农业大学李胜利老师团队历时一年半的《"张杂谷"谷草饲喂奶牛生产性能评价试验》报告指出：早期收割且经发酵处理后的"张杂谷"，化学营养组分优于一般的羊草及秸秆类饲草，与优质燕麦草营养组分相似。以化学组分为评定指标，可作为奶牛日粮的一种新型优质牧草。近两年，用北京好友巡天生物技术有限责任公司研发的"谷草专用发酵剂"发酵的"张杂谷"全株谷草和谷子秸秆，不仅应用在国家奶牛技术体系试验基地、河北农林科学院奶牛中心的试验中（使用发酵谷草替代苜蓿、玉米、羊草、青储玉米、燕麦草），取得了显著的效果，被专家定性为优质牧草，也在市场上也取得了养殖者的好评，该项成果已被农业部饲料行业主管部门认可。

（4）产业化发展前景广阔

①率先推动杂交谷子种子产业发展

为了把杂交谷子迅速在生产上推广，协助宣化巡天农业公司成长为农业部育繁推亿元公司；先后与国内 200 家企业合作，从种子示范销售到种植收获全程技术服务，培育了张杂谷种子品牌，年推广面积达 200 多万亩（13.3 多万公顷），是最大面积的谷子品种。山西省全部种植张杂谷，增产34%～95%，在山西、内蒙古、河北等 14 个省区累计推广2000 万亩（133.3 万公顷）以上，为国家增产粮食 20 多亿千克。为农民增收 80 多亿元，成为国家供给侧结构性改革的高效节水作物。成为国家实施精准扶贫战略中首推作物，以"小谷粒变成金疙瘩"作为科技部"科技扶贫 100 个典型案例"之首，入选中组部"精品党课 100 讲"。

②首位推广杂交谷子到非洲

非洲干旱缺粮，中国政府启动了对非农业援助项目。杂交谷子作为重要农业科技成果被引进埃塞俄比亚，产量比当地苔麸增产 1 倍。乌干达、纳米比亚、尼日利亚都把杂交谷子作为本国第二主粮作物。联合国粮农组织原总干事 Jacques Diouf 建议成立国际杂交谷子培训中心，把杂交谷子作为"南

南合作"的核心项目在全球推广。在承担商务部科技部对 20
多个发展中国家 300 余名高级农业官员和技术人员培训项目
后，与 5 个国家签订杂交谷子合作协议，在非洲 4 个国家种
植 2 万公顷，成为农业科技与非洲合作的一张靓丽名片。

③**赵治海所创立的杂交谷子理论与技术，被国内同行认
可并采用，**安阳农科院等利用该技术培育 7 个杂交谷子新品
种（品系）。谷子低不育度不育系利用途径拓展了杂种优势利
用的空间，类似作物可借鉴。杂交水稻提高了水地的粮食产
量，杂交谷子提高了旱地的粮食产量。在全球气候变暖、降
水减少，地下水严重超采、粮食生产面临威胁情况下，杂交
谷子的研究成果将会在世界干旱地区粮食生产中发挥巨大
作用，在我国降水量 400mm 以下雨养地区至少有一亿亩
（0.07 亿公顷）的种植潜力。

④**近年农业部发布《关于北方农牧交错带农业结构调整
的指导意见》，**提出大力发展粮改饲、发展杂粮产业和畜牧
业，并且特别指出用 5～10 年时间，北方农牧交错带畜牧业
增加值占农业增加值的比重达到 50％左右，农牧民家庭经营
性收入来自畜牧业和饲草产业的比重超过 50％。北方农牧交
错带，指的是河北、山西、内蒙古、辽宁、陕西、甘肃、宁
夏 7 省（区）的 146 个县。其中长城沿线沙化退化地区。主
要包括辽宁朝阳、阜新，山西大同、朔州，内蒙古赤峰、乌
兰察布以及陕西榆林等 77 个县市。利用张杂谷秸秆是优质
牧草的优势，谷草进入饲草饲料市场，秸秆可就地转化。谷
子市场行情好时仅用秸秆做饲草，谷子价格低迷时整株谷子
发酵用做牧草。由于贫困地区大都与恶劣的自然环境相伴

（包括干旱、盐碱地），许多作物难以生产，而"张杂谷"高产、耐旱、耐瘠、抗盐碱、粮饲兼用的优势，可使贫困地区农民实现"种养结合"，增产增收，留在家乡脱贫致富。同时，解决了农村留守老人、留守儿童的社会问题，增强社会和谐，让实现美丽乡村成为可能。

第四节　赵治海课题组杂交谷子创新技术总结

一、理论突破

1. 首创谷子光温敏两系法杂交理论

针对谷子质核互作三系法研究一直没有进展，开展了光温敏两系法研究，发现谷子光温敏不育性受一对隐性核主效基因（msms）控制，育性与光温条件的关系是：日照≥14 h表现不育；10 h 日照下，结实率（y，%）与抽穗前后 5 天内的温度（x，℃)呈线性正相关（y=-141.88+5.83x），揭示了谷子不育系长日照低温不育短日照高温可育的育性转换机理，首创谷子光温敏两系法杂交理论，培育出世界上第一个谷子光温敏核不育系"821"，为谷子杂优利用开辟了新途径。

2. 创立光温生态差异型亲本配制体系

通过对谷子生态类型、地理远缘及同工酶活性等与杂种优势关系的研究，发现光温反应有差异的父母本杂交产生强优势杂交种规律，创立利用光温反应差异型亲本配制杂交种方法，解决了自花授粉作物选育强优势杂交种难度大问题。以光温反应不敏感的 821 衍生系 A2 为母本，光温反应敏感的恢复系为父本，选育出两系杂交种张杂谷 1 号在国家区试中增产 19.8%；张杂谷 3 号创单穗粒重 89.4 克，单株穗粒重 339.1 克的纪录，是常规谷子的 5 倍。该理论为培育强优势杂交种奠定了基础。

3．首次破译谷子基因组

在国内外首次对谷子进行全基因组测序，相关成果发表在 *Nature Biotechnology*（IF=35.7）上。构建了首个高密度谷子遗传连锁图谱，克隆了谷子光温敏核不育和抗拿捕净基因，定位了与产量性状、制种产量等紧密连锁位点。对国内外谷子种质资源进行了基因分型，清晰划分 4 个群体。完成了世界首个谷子全基因组 SNP 检测芯片，为谷子杂种优势利用提供理论和技术支撑。

二、技术特色

1．培育出集中开花不育系，谷子自花授粉，异交授粉难度大，制种产量低

通过对谷子柱头长短、花期时长、散粉规律的研究，发现集中开花影响异交授粉，且与内源 NAA 相关。据此，培育出 NAA 含量高、开花集中（60% 左右小花开花集中在 4～6 天）的不育系 A2，其杂交授粉结实率从 20% 提高到 70%，制种产量从每亩 7～20 千克（每公顷 105～300 千克）提高到 100～150 千克（每公顷 1500～2250 千克），制定了河北省地方标准《谷子杂交种制种技术操作规程》，首次解决了杂交谷子产业化制种关键技术问题。

2．首创混合种利用技术，成功解决谷子杂种优势利用难题

A2 不育系配合力高、制种产量高、不育度低，制种存在 20％～30％自交结实，杂交 F1 代为杂交和自交混合种，不便生产应用。将抗拿捕净种质资源应用在杂交种保纯上，混合种用拿捕净种衣剂拌种处理，自交种不出苗，杂交种正常出苗，出苗后杂交种纯度达 99％以上，突破了低不育度不育系的杂种优势利用技术问题，首次将混合杂交种应用于生产。

3．发明旱地谷子"间棵节水种植"技术，实现作物耐旱技术新突破

谷子为密植作物，一般春播区 2～3 万株/亩（30～45 万株/公顷）、夏播区 4～5 万株/亩（60～75 万株/公顷），常遇"卡脖旱"严重减产。针对该问题，研究出"间棵节水种植"技术。在极干旱地区（敦煌市年降水量 42.2 mm、蒸发量 2505 mm），只灌出苗水，用"间棵节水种植"技术，每亩 2964 株（穴）（每公顷 44460 株），地膜覆盖、135 天生育期内无灌溉，DH2（张杂谷 19 号）表现极耐旱，单株有效穗 7～9 个，单株穗粒重 113.7 克，亩产 338.3 千克（公顷产 5074.5 千克），获发明专利"一种极度干旱地区谷子杂交种节水种植的方法"，并制定了河北省地方标准《极度干旱地区谷子杂交种节水种植技术规程》。目前，该项技术在华北、西北、东北雨养农业区得到广泛应用，是作物耐旱技术的重大创新。

4．培育出张杂谷系列品种，在全国 14 个省（区市）推广

培育出高产优质、适应不同生态区的"张杂谷"系列品种 20 个。张杂谷 6 号适合东北西北冷凉区种植；张杂谷 19

号适合新疆戈壁滩灌区和宁夏、甘肃等 300mm 降水干旱地区推广；张杂谷 8 号、16 号等适合黄淮海夏播地区推广；张杂谷 5 号、15 号等适合西北和东北 400mm 降水半干旱地区推广；张杂谷 13 号含直链淀粉高，适口性好，迎合大众健康消费观念和市场需求。

　　赵治海，男，1982 年河北农业大学毕业，张家口市农业科学院研究员。30 余年扎根基层农业研究单位，长期坚持艰苦研究，在国家组织几次联合攻关进展受阻的情况下，发现了光温敏雄性不育株，育成不育系，选出强配合力恢复系，创立了谷子光温敏两系理论，解决了杂交谷子选育与应用的关键技术问题，培育出适合不同生态区张杂谷系列品种 20 个，创造了谷子亩产 811.9 千克（公顷产 12178.5 千克）的高产纪录。在全国 14 个省区累计推广 2000 多万亩（133 万公顷），增产 20 亿千克。首次把杂交谷子推广到非洲。主持 6 项研究成果居国际领先水平，发表研究论文 85 篇，授权专利 11 项，荣获国家级奖 1 项，省部级一二等奖 6 项，是我国谷子杂种优势利用学术带头人。

　　现任河北省科协副主席，河北省杂交谷子工程技术研究中心主任，国家谷子糜子产业技术体系岗位专家。十一届、十二届、十三届全国人大代表、全国先进工作者、全国"五一劳动奖章"获得者、全国优秀党务工作者等。河北省高端人才、省管优秀专家、省"巨人计划"创新团队领军人才、省十大新闻人物、省十大经济风云人物、省职工道德模范，中国好人等。获 2005 年何梁何利基金农学奖。被评为"全国科技扶贫先进个人"。

河北巡天农业科技公司等单位的"杂交谷子丰产高效技术集成与应用"项目获农牧渔业丰收合作奖一等奖，张家口市农科院等单位的"节水抗旱张杂谷高产栽培技术推广应用"项目获河北省政府农业技术推广合作奖。山西省农业厅等单位的"杂交谷子标准化生产集成技术推广项目"获农业部农牧渔业丰收奖一等奖。

赵治海是我国谷子杂种优势成功应用在生产上第一人。他创造性地采用谷子两系法，发明了拌种法去除自交苗，选育开花整齐的不育系解决了谷子制种产量低的问题，显示了杂交谷子强大的竞争优势。首次提出发挥杂交谷子个体优势，减少种植密度的（稀植大穗）种植技术，解决了杂交谷子高产与适应旱地旱灾频繁发生的问题，保障了谷子高产稳产，是谷子生产上的一大贡献。赵治海研究的杂交谷子研究得到杨焕明、李正名、程顺和、傅廷栋、刘旭、范云六、董玉琛等院士的指导与鼓励，国家有关部委，以及河北、山西、陕西、北京、内蒙古、新疆等省级主管部门给予立项支持。

赵治海在乌干达举办谷子种植培训会

赵治海在乌干达实地指导张杂谷种植

赵治海在实验地指导非洲研究人员

第三章

抗除草剂简化栽培谷子品种的发明和开发研究

程汝宏

　　谷子是小粒半密植作物，精量播种困难，且一般品种缺乏适宜的除草剂，千百年来，谷子生产一直依赖人工间苗、除草，不仅劳动繁重，而且苗期一旦遇到连续阴雨天气，极易造成苗荒和草荒导致严重减产甚至绝收，严重限制了谷子的规模化、集约化栽培。1993 年以来，河北省农科院谷子研究所王天宇、程汝宏先后引进国外的抗除草剂青狗尾草自然突变材料，通过非转基因的远缘杂交手段，在世界上首创了 5 种抗除草剂谷子新种质，包括抗拿捕净类型、抗阿特拉津类型、抗氟乐灵类型、抗咪唑啉酮类型、抗烟嘧磺隆类型，以及兼抗 2~3 种除草剂的多抗材料，解决了谷子除草难、杂交种去杂难等技术瓶颈。2004 年，程汝宏等利用谷子对抗除草剂的抗性差异，在国内外首次提出了"简化栽培谷子育种技术体系及配套栽培方法"，2006 年获得了国家发明专利，应用该技术育成的谷子品种通过采用配套栽培技术，不仅能化学除草，还可以化学间苗，解决几千年来谷子一直依赖人工间苗、人工除草的技术难题，全生育期基本不需要人工间苗和除草，使谷子生产实现一次技术革命。目前，采用该技术河北省农林科学院谷子研究所已育成了一系列可以实现简化栽培的谷子新品种，因其栽培省工省时，生产上又称"懒谷"。

第一节　谷子简化栽培的研究背景

谷子起源于我国，已有 8700 多年的栽培历史，种植面积占世界的80％，是我国的特色作物。建国初期全国谷子年种植面积高达 1.5 亿亩（0.1 亿公顷），在我国农业生产史上曾发挥过举足轻重的作用。谷子具有营养丰富、耐旱耐瘠、粮草兼用等特点，随着人们对健康食品需求的增加、水资源短缺的日趋严重以及畜牧业的发展，谷子势必在农业种植结构调整和国际贸易中占有重要的地位。但是，谷子是小粒半密植性作物，千粒重仅 3.0 g 左右，每千克种子多达 30～35 万粒，而适宜的留苗密度不足 5.0 万株/亩（75 万株/公顷），考虑种子发芽率、出苗率、保苗率的因素，每亩用种量仅为 250g 左右（每公顷 3750g）。国外小粒作物免间苗主要采用机械控制精量播种、种子丸粒化技术、自动化或半自动化机械间苗技术。而在我国，谷子分散种植在丘陵山区，即使在平原地区，由于实行联产承包责任制，难以实现规模种植，每个农户谷子种植面积一般在 3 亩（0.2 公顷）左右，导致机械操作困难。同时，由于谷子多种植在旱薄地，管理粗放，墒情难以保证，千百年来，我国农民形成了根深蒂固的"有钱买种无钱买苗"的思想。因此，谷子精量播种技术一直难以推广，农民种谷子一直采用大播种量（1.0～1.5 千克/亩（15～22.5 千克/公顷））保证全苗，再通过人工间苗达到适宜的留苗密度的栽培方式；同时，普通谷子品种缺乏适宜的除草剂，谷田除草一直靠人工作业。人工间苗、除草不仅是繁重的体力劳动，而且苗期一旦遇到连续阴雨天气，极易造成苗荒和草荒导致严重减产甚至绝收，常年因此减产 30％左右，导致谷子种植面积不断萎缩。

为解决谷子间苗、除草难题，实现简化栽培，国内外谷子科研工作者开展了不懈的探索，并取得了一系列成就。

1981 年以来，法国国家农业科学院的 H. Darmncy 等在谷子的近缘种野生青狗尾草（*SetariaViridis* 2n＝2X＝18）群体中发现了抗除草剂的突变体，经过筛选和遗传研究，得到受细胞质基因控制的抗阿特拉津材料；加拿大从野生青狗尾草中发现受核显性单基因控制的抗拿捕净（Sethoxydime）材料，以及受 2 对连锁的细胞核隐性基因控制的抗氟乐灵材料（Trifuraline）。2002 年，加拿大的贵尔佛大学（University of Guelph）的 FrançoisTardif 以及加拿大农业与农业食品研究所（Agriculture and Agri-Food Canada）的 Hugh Beckie 等杂草专家先后从野生青狗尾草中发现了一系列的抗咪唑啉酮（Imidazolidinone）和抗烟嘧磺隆（Nicosulfuron）除草剂的突变材料，他们的研究表明，这些突变材料具有遗传稳定，抗性强的特点，而且可以兼防禾本科杂草和部分阔叶杂草如谷田常见的苘麻、反枝苋、藜等。1993 年，河北省农林科学院谷子研究所王天宇将法国、加拿大的抗阿特拉津、抗拿捕净、抗氟乐灵狗尾草材料引入我国，2006 年河北省农林科学院谷子研究所程汝宏将加拿大的抗咪唑啉酮和抗烟嘧磺隆狗尾草材料引入。通过非转基因的远缘杂交手段，王天宇、程汝宏等在世界上首创了 5 种抗除草剂谷子新种质，包括抗拿捕净类型、抗阿特拉津类型、抗氟乐灵类型、抗咪唑啉酮类型、抗烟嘧磺隆类型，以及兼抗 2-3 种除草剂的多抗材料，开创了我国谷子抗除草剂育种。但是，单一的抗除草剂谷子品种在生产应用中还存在一些问题：（1）单一的抗除草剂品种不能解决谷子人工间苗的难题。（2）抗氟乐灵类型抗性水平偏低，除草剂浓度不易掌握。（3）抗拿捕净类型虽然抗性水平高，但拿捕净对双子叶杂草无效，除草不彻底。（4）细胞质抗阿特拉津材料除草剂基因是由叶绿体突变产生的，对光合作用有不利影响，应用细胞质抗除草剂基因要在产量上付出代价。同时，细胞质抗除草剂材料存在着抽穗晚、生育期长等不良连锁基因，且杂种后代抗性易出现分离。因此，抗氟乐灵类型和抗阿特拉津类型目前不再应用。

1998 年，南开大学研制出新型除草剂"单嘧磺隆"（商品名 44%"谷友"可湿性粉剂），于谷子播种后出苗前封地使用。该除草剂在推荐剂量下（140 克/亩（2100 克/公顷）），可以防治双子叶杂草和大部分单子叶杂草，但对谷子伴生杂草"谷莠子"无效，且在苗期阴雨较多或使用剂量稍大的情况下，药害明显，对谷苗有明显的抑制作用，应用受到限制，可在低剂量下（60～100 千克/亩（900～1500 千克/公顷））

防治双子叶杂草、控制单子叶杂草。

2001年，山西省农业科学院谷子研究所王节之等采用除草剂对谷种进行处理，使其既能正常发芽出苗、发挥群体顶土出苗的作用，又能在出苗后自行死亡，处理谷种与同品种正常谷种按一定比例混合播种，从而实现谷子免间苗的目的。但是，该方法在生产应用中仍存在较多问题，一是不同墒情条件下播种量不好掌握，播种过多仍需人工间苗，播种过少或在干旱条件下导致缺苗断垄。二是该方法不能解决人工除草的难题。因此，该方法目前未能大面积推广。

在上述背景下，河北省农林科学院谷子研究所程汝宏等通过多年的研究，2004年在国内外首次提出了"简化栽培谷子育种技术体系及配套栽培方法"，2006年获得了国家发明专利。该方法的核心是综合应用育种和栽培手段，培育抗、不抗或抗不同除草剂的谷子新品种及同型姊妹系或近等基因系，并将抗、不抗或抗不同除草剂的谷子新品种及同型姊妹系或近等基因系按一定比例混配，创制出适宜简化栽培的多系品种，在保证较大的播种量发挥群体顶土作用的前提下，利用其对除草剂的抗性差异，根据出苗情况，通过有选择地喷施特定除草剂达到同时间苗和除草的目的。

谷子抗除草剂基因还有其他两方面的用途：

（1）提高谷子杂交育种和杂种鉴定效率，使谷子回交、复合杂交更具有操作性

谷子是小花自交作物，且单穗小花发育不一致，人工杂交十分困难，杂交率一般只有10%～30%，杂交组合成功率50%左右。真杂种要经验丰富的科技人员利用F1代的杂种优势和遗传显性性状来鉴别，由于父母本性状差异小、单株营养状况、留苗密度等原因，往往将母本株误认为是杂种，导致育种效率不高。因此，目前多数谷子糜子品种都是单交方法育成的，复交、多交、回交很少应用。

采用普通材料为母本，显性抗除草剂材料为父本，F1 代苗期喷施除草剂即可杀掉假杂种，从而大大提高了工作效率。此外，以抗除草剂的 F1 杂种为父本，以不抗除草剂的材料为母本，可实现复交或者回交。

（2）解决了谷子杂种优势利用中存在的去除假杂种难题

谷子杂交种采用两系法，不育系受两对核隐性基因控制，其自身具有 10% 左右的自交结实能力，且自交后代仍不育，所有可育的普通品种均可以做其恢复系，从而实现了谷子杂种优势利用。但是，由于每个谷穗有 3000 个以上的小花，且发育不一致，使得制种时只有一部分小花能够异交结实，收获的种子中只有 30%～50% 是杂交种种子，生产应用时需要人工拔除 50%～70% 的不育系自交苗，导致谷子杂交种难以推广应用。近年来，利用感除草剂的雄性不育系与抗除草剂恢复系杂交培育杂交种，利用除草剂拌种或者出苗后喷施除草剂杀掉不育系自交苗，实现了谷子杂交种的大面积应用。

第二节 简化栽培谷子新品种育种方法

抗除草剂多系谷子品种有两种途径，即同型姊妹系育种法和近等基因系育种法（图 3-1）。一般情况下，主要采用同型姊妹系育种法，该方法不仅简便，而且应用亲本广泛，可以采用单交、多交、聚合杂交等方法，容易聚合优良基因并取得突破；近等基因系主要用于改良某个不抗除草剂的骨干品种，其优点是育种目标明确，育种目标容易实现，但较难取得重大突破。

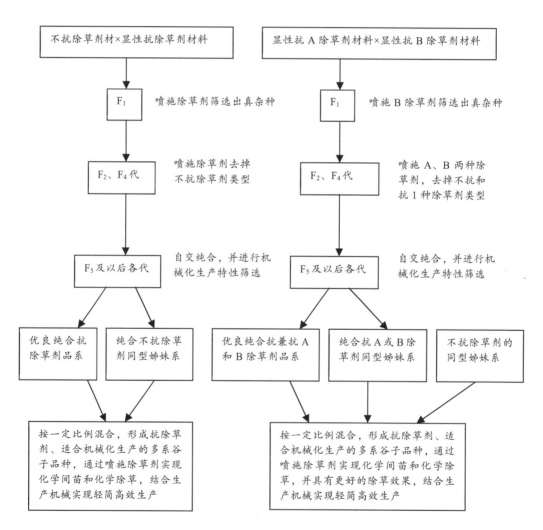

图 3-1　抗除草剂品种培育技术路线图

在育种中，可以培育三大类简化栽培谷子品种，第一种类型是"单抗除草剂品系+不抗除草剂同型姊妹系或近等基因系"，两个系分别繁殖，根据墒情和播种机械按比例均匀混合形成多系品种，3～5叶期喷施相应除草剂，在实现除草的同时，杀掉感除草剂的谷苗，出苗较差的地块不喷除草剂，留下感除草剂的谷苗保证产量。第二种类型为"双抗除草剂品系（兼抗 A、B 除草剂）+单抗除草剂同型姊妹系或近等基因系（抗 A 除草剂或抗 B 除草剂），第三种类型是"双抗除草剂品系+单抗除草剂同型姊妹系或近等基因系+不抗除草剂同型姊妹系或近等基因系"，这两种类型可以实现更灵活的留苗和除草，例如"双抗+ 单抗 A 除草剂"的品种，出苗后若谷苗较多，可喷施 B 除草剂，杀掉单抗 A 除草剂的谷苗，出苗较少的地块，可以喷施 A 除草剂，只除草不间苗；"双抗除草剂 + 单抗 A 除草剂 +不抗除草剂"组成的多系品种，可以实现更灵活的间苗，一般情况下，喷施 A 除草剂，只杀掉不抗除草剂谷苗，若个别地块谷苗较多，可以同时喷施 A、B 两种除草剂，将单抗 A 除草剂和不抗除草剂谷苗全部杀掉。

一、同型姊妹系育种法

1．"单抗除草剂品系+不抗除草剂同型姊妹系"多系品种育种步骤

以抗拿捕净类型为例

（1）以当地骨干常规谷子品种为母本，抗拿捕净谷子亲本为父本进行杂交（反交也可，但 F_1 代鉴定比较麻烦）。

（2）F_1 代 2～5 叶期喷施除草剂，杀死不抗拿捕净的假

杂种，存活的为真杂种。除草剂剂量为：12.5％拿捕净乳油 0.15mL/m²，兑水 45～60mL。

（3）F_2、F_3 代出苗后 2～3 叶期喷施拿捕净，杀死完全不抗除草剂的谷苗；成熟前选择优异单株，并对 F_2 代选出的每个单株收获的部分种子进行苗期抗除草剂鉴定（培养皿内、温室内或大田鉴定均可），重要材料采用分子鉴定复鉴，淘汰完全不抗或全部抗除草剂的单株，留下抗性存在分离的单株。

（4）F_4 及以后各世代苗期不再喷施拿捕净，成熟前在优异的家系内进行大量的单株选择，并对每个单株收获的部分种子进行苗期抗除草剂鉴定，选择抗和不抗除草剂的单株，下一代将抗除草剂、不抗除草剂的株系进行对比选择，直至选育出各性状稳定、综合性状基本一致的抗除草剂、不抗除草剂的姊妹系。将 2 个姊妹系按适宜的比例混合，形成可以简化栽培的多系品种。

2."双抗除草剂品系+单抗除草剂同型姊妹系"多系品种育种步骤

由于拿捕净为高效低毒除草剂，符合绿色食品生产要求，而咪唑啉酮和烟嘧磺隆土壤残留较重，且抗咪唑啉酮和抗烟嘧磺隆突变发生在同一个位点，因此，只能培育兼抗拿捕净和咪唑啉酮类型，或者兼抗拿捕净和烟嘧磺隆类型，但主抗咪唑啉酮的材料对烟嘧磺隆具有中等或弱抗性，主抗烟嘧磺隆的材料对咪唑啉酮具有中等或弱抗性。此处以兼抗拿捕净和咪唑啉酮类型为例。

（1）抗咪唑啉酮亲本与抗拿捕净亲本杂交（正反交均

可），F_1 代 2～5 叶期喷施拿捕净，杀死不抗拿扑净的假杂种，存活的为兼抗两种除草剂的真杂种。或者以优良不抗除草剂品种为母本，兼抗咪唑啉酮亲本和抗拿捕净的材料为父本，F_1 代 2～5 叶期同时喷施拿捕净和咪唑啉酮除草剂，杀死不抗除草剂的假杂种，存活的为兼抗两种除草剂的真杂种。咪唑啉酮除草剂使用方法为，4％甲氧咪草烟水剂 0.15 mL/m²；或 5％咪唑乙烟酸 0.25 mL/m²；或 24％咪唑烟酸水剂 0.05 mL/m²，兑水 45mL。

（2）F_2、F_3 代出苗后 2～3 叶期喷施拿捕净和咪唑啉酮两种除草剂，杀死完全不抗除草剂或单抗一种除草剂的谷苗；成熟前选择优异单株，并对 F_2 代选出的每个单株收获的部分种子进行苗期抗除草剂鉴定（培养皿内、温室内或大田鉴定均可），重要材料采用分子鉴定复鉴，淘汰完全不抗或纯合抗两种抗除草剂的单株，留下抗性存在分离的单株。

（3）F_4 及以后各世代苗期不再喷施除草剂，成熟前在优异的家系内进行大量的单株选择，并对每个单株收获的部分种子进行苗期抗除草剂鉴定，选择兼抗两种除草剂的单株和只抗咪唑啉酮除草剂的单株，下一代将兼抗两种除草剂的单株和只抗咪唑啉酮除草剂的株系进行对比选择，直至选育出各性状稳定、综合性状基本一致的纯合兼抗两种除草剂的品系和纯合只抗咪唑啉酮除草剂的同型姊妹系。将 2 个姊妹系按适宜的比例混合，形成可以简化栽培的多系品种。

3.“双抗除草剂品系+单抗除草剂同型姊妹系+不抗除草剂同型姊妹系”多系品种育种步骤

以兼抗拿捕净和咪唑啉酮类型为例。

（1）抗咪唑啉酮亲本与抗拿捕净亲本杂交（正反交均可），F_1 代 2～5 叶期喷施拿捕净，杀死不抗拿扑净的假杂种，存活的为兼抗两种除草剂的真杂种。或者以优良不抗除草剂品种为母本，兼抗咪唑啉酮亲本和抗拿捕净的材料为父本，F1 代 2～5 叶期同时喷施拿捕净和咪唑啉酮除草剂，杀死不抗除草剂的假杂种，存活的为兼抗两种除草剂的真杂种。咪唑啉酮除草剂使用方法为，喷施 4％甲氧咪草烟水剂 0.15 mL/m²；或 5％咪唑乙烟酸 0.25 mL/m²；或 24％咪唑烟酸水剂 0.05 mL/m²，兑水 45mL。

（2）F_2、F_3 代出苗后 2-3 叶期喷施拿捕净和咪唑啉酮两种除草剂，杀死完全不抗除草剂或单抗一种除草剂的谷苗；成熟前选择优异单株，并对 F_2 代选出的每个单株收获的部分种子进行苗期抗除草剂鉴定（培养皿内、温室内或大田鉴定均可），重要材料采用分子鉴定复鉴，淘汰完全不抗或纯合抗两种抗除草剂的单株，留下抗性存在分离的单株。

（3）F_4 及以后各世代苗期不再喷施除草剂，成熟前在优异的家系内进行大量的单株选择，并对每个单株收获的部分种子进行苗期抗除草剂鉴定，选择兼抗两种除草剂的单株、只抗咪唑啉酮除草剂的单株，以及对两种除草剂均不抗的单株，下一代将三种类型株系进行对比选择，直至选育出各性状稳定、综合性状基本一致的纯合兼抗两种除草剂的品系、纯合只抗咪唑啉酮除草剂的同型姊妹系，以及纯合对两种除草剂均不抗的株系。将 3 个姊妹系按适宜的比例混合，形成可以简化栽培的多系品种。

二、近等基因系育种法

1. "常规谷子品种+单抗除草剂近等基因系"多系品种育种步骤

以抗拿捕净类型为例。用综合性状优良的常规谷子品种与抗拿扑净谷子品种杂交，F_1 代 2～5 叶期喷施拿捕净，杀死不抗拿捕净的假杂种，以存活的抗拿捕净真杂种为父本，常规谷子品种为母本进行回交得到 BC_0 代杂交种，BC_0 代杂交种 2～5 叶期喷施拿捕净，杀死不抗拿捕净的假杂种，存活的为抗拿捕净的 BC_1 代植株，再以抗拿捕净的 BC_1 代植株为父本，常规谷子品种为轮回母本进行回交得到 BC_2 代杂交种，如此往复进行 5～6 代回交，育成与常规品种综合性状相近的抗拿捕净近等基因系，将常规谷子品种与抗拿捕净近等基因系按适宜的比例混合，形成可以简化栽培的"常规谷子品种＋细胞核抗拿捕净近等基因系"的多系品种。

2. "单抗除草剂品种+双抗除草剂近等基因系"多系品种育种步骤

以兼抗拿捕净和烟嘧磺隆类型为例。以抗拿捕净谷子品种 A 为母本，抗烟嘧磺隆亲本 B 为父本，进行有性杂交，F_1 代 2～5 叶期喷施烟嘧磺隆，杀死不抗烟嘧磺隆的假杂种。喷施方法为，采用 4％烟嘧磺隆单剂，例如中国农科院植保所生产的 4％玉京香 0.15 mL/m^2，兑水 60mL，以存活的抗烟嘧磺隆真杂种为父本，抗拿捕净谷子品种 A 为母本进行回交得到 BC_0 代杂交种，BC_0 代杂交种 2～5 叶期同时喷施拿捕净和烟嘧磺隆，存活的为兼抗拿捕净和烟嘧磺隆的 BC_1 代植株，再以 BC_1 代植株为父本，抗拿捕净谷子品种 A 为轮回

母本进行回交得到 BC_2 代杂交种，如此往复进行 5～6 代回交，育成与抗拿捕净谷子品种 A 综合性状相近的兼抗拿捕净和烟嘧磺隆的近等基因系，将抗拿捕净谷子品种 A 与兼抗拿捕净和烟嘧磺隆近等基因系按适宜比例混合，形成多系品种。

3."不抗除草剂品种+单抗除草剂品种近等基因系+双抗除草剂近等基因系" 多系品种育种步骤

以兼抗拿捕净和烟嘧磺隆类型为例。以不抗除草剂的优良谷子品种 F 为母本，兼抗拿捕净和烟嘧磺隆亲本 G 为父本，进行有性杂交。F_1 代 2～5 叶期同时喷施拿捕净和烟嘧磺隆，以存活的真杂种为父本，不抗除草剂的优良谷子品种 F 为轮回母本进行回交得到 BC_0 代杂交种，BC_0 代杂交种 2～5 叶期同时喷施拿捕净和烟嘧磺隆，存活的为兼抗拿捕净和烟嘧磺隆的 BC_1 代植株，再以 BC_1 代植株为父本，不抗除草剂的优良谷子品种 F 为轮回母本进行回交得到 BC_2 代杂交种，如此往复进行 5～6 代回交，最后一次回交后，在回交群体中大量选择优良单株，通过抗除草剂鉴定选择与不抗除草剂的优良谷子品种 F 综合性状相近的兼抗拿捕净和烟嘧磺隆的近等基因系，以及单抗烟嘧磺隆的近等基因系，将不抗除草剂的优良谷子品种 F 与兼抗拿捕净和烟嘧磺隆近等基因系、单抗烟嘧磺隆的近等基因系按适宜的比例混合，形成多系品种。

第三节　简化栽培多系谷子品种播种量、种子配比与除草剂使用方法

一、播种量与种子配比

由于简化栽培品种由 2～3 个同型姊妹系或近等基因系组成，喷施除草剂后不抗除草剂或单抗除草剂的谷苗死亡达到间苗的目的，因此，不同类型的多系谷子品种播种量是不同的，姊妹系的种子配比也是不同的。我们将总播种量分为主体播种量、次主体播种量、辅助播种量。总体而言，抗除草剂多系品种主要有三种类型的配置方法，一是"抗除草剂姊妹系+不抗除草剂姊妹系"，二是"双抗除草剂姊妹系+单抗除草剂姊妹系"，三是"双抗除草剂姊妹系+单抗除草剂姊妹系+不抗除草剂姊妹系"。

对于第一类型，抗除草剂姊妹系的播种量为"主体播种量"，不抗除草剂姊妹系的播种量为"辅助播种量"；

第二种类型，双抗除草剂姊妹系的播种量为"主体播种量"，单抗除草剂姊妹系的播种量为"辅助播种量"；

第三种类型，双抗除草剂姊妹系的播种量为"主体播种量"，单抗除草剂姊妹系的播种量为"次主体播种量"，不抗除草剂姊妹系的播种量为"辅助播种量"。

总播种量不仅和品种所需留苗密度有关，还和各姊妹系种子配比有关。辅助播种量越大，总播种量越大，对播种机精度要求越低，但是不抗除草剂的谷苗连续出现的概率越高，喷施除草剂后越容易出现断苗现象，反之，辅助播种量

越小，总播种量越小，对播种机精度要求越高。因此，要根据播种机精度调整主体播种量与辅助播种量的比例。

主体播种量计算公式如下：

主体播种量（克/亩）＝适宜留苗密度（株/亩）÷发芽率（%）÷

出苗率（%）÷保苗率（%）×千粒重（克）÷1000

按夏谷区亩留苗 4.0～5.0 万株（公顷留苗 60～75 万株），国标种子发芽率 85%，出苗率 70%，保苗率 85%，千粒重 2.8g 计算，则有：

主体播种量＝40000～50000 株/亩÷发芽率 85%÷出苗率 70%÷

保苗率 85% ×2.8÷1000＝221～276 克/亩（3315～4140 克/公顷）

多年的研究表明，由于谷子主要种植在旱地上，墒情难以保证，加上发芽率有时难以达到国标 85%的要求，主体播种量应适当大于理论播种量，以 250～300 克/亩（3750～4500 克/公顷）为宜，采用精量播种机播种时，第一、二类型的品种，主体播种量与辅助播种量的比例掌握在 2:1 即可，总播种量控制在 400～450 克/亩（6000～6750 克/公顷），山区小地块采用播种耧或者小型播种机，播种精度不能很好控制时，主体播种量与辅助播种量的比例以 2:3、总播种量 600～700 克/亩（9000～10500 克/公顷）为宜。第三类型的品种，主体播种量、次主体播种量与辅助播种量的比例掌握在 3:1:2，总播种量控制在 400～450 克/亩（6000～6750 克/公顷），山区小地块采用播种耧或者小型播种机，播种精度不能很好控制时，主体播种量与辅助播种量的比例以 3:1:5、总播种量 600～700 克/亩（9000～10500 克/公顷）为宜。

二、除草剂使用方法

1. 抗拿捕净+不抗除草剂类型

杂草 2～3 叶期喷施 12.5％拿捕净 100 毫升/亩（1500 毫升/公顷），混合喷施氯氟吡氧乙酸异辛酯 40～50mL，兑水 40kg。或者播种后出苗前喷施 44％"谷友" 100 克/亩（1500 克/公顷），兑水 50kg，杂草 2～3 叶期每喷施 12.5％拿捕净 100 毫升/亩（1500 毫升/公顷）。

2. 抗咪唑啉酮类型+不抗除草剂类型、兼抗拿捕净和咪唑啉酮+抗拿捕净类型

主要用于除草剂分解较快的夏谷区。杂草 2～3 叶期喷施 4％甲氧咪草烟水剂 100 毫升/亩（1500 毫升/公顷），或 5％咪唑乙烟酸 150～200 毫升/亩（2250～3000 毫升/公顷），兑水 50kg。

3. 抗烟嘧磺隆类型+不抗除草剂类型、兼抗拿捕净和烟嘧磺隆+抗拿捕净类型

主要用于除草剂分解较快的夏谷区。杂草 2～3 叶期喷施烟嘧磺隆单剂，例如中国农科院植保所生产的 4％玉京香 100 毫升/亩（1500 毫升/公顷），兑水 50kg。墒情较差时先喷灌再喷施除草剂。

4. 兼抗拿捕净和咪唑啉酮+抗拿捕净类型+不抗除草剂类型

主要用于除草剂分解比较慢的冷凉区，这些区域的大豆、花生田经常使用咪唑啉酮类除草剂除草，由于气温较低，土壤中咪唑啉酮类除草剂残留较重，后茬种植一般的谷子品种容易死苗。为了缓解土壤中咪唑啉酮类除草剂残留，这类

谷子品种一般情况下仍然采用基本没有残留的拿捕净和氯氟吡氧乙酸异辛酯除草、间苗，谷苗较多的地块，采用拿捕净和咪唑啉酮除草剂联合除草和间苗，但每种除草剂均按单一使用时的剂量7折减量使用，即杂草2～3叶期每亩混合喷施喷施12.5％拿捕净70毫升/亩（1050毫升/公顷）+4％甲氧咪草烟水剂70毫升/亩（1050毫升/公顷）或5％咪唑乙烟酸100～150毫升/亩（1500～2250毫升/公顷）。

5. 兼抗拿捕净和烟嘧磺隆+抗拿捕净类型+不抗除草剂类型

主要用于除草剂分解比较慢的冷凉区，这些区域的玉米经常使用烟嘧磺隆除草，由于气温较低，土壤中烟嘧磺隆残留较重，后茬种植一般的谷子品种容易死苗。为了缓解土壤中烟嘧磺隆除草剂残留，这类谷子品种一般情况下仍然采用基本没有残留的拿捕净和氯氟吡氧乙酸异辛酯除草、间苗，个别谷苗较多的地块，采用拿捕净和烟嘧磺隆联合除草和间苗，但每种除草剂均按单一使用时的剂量7折减量使用，即杂草2～3叶期每亩混合喷施喷施12.5％拿捕净70毫升/亩（1050毫升/公顷）+4％玉京香70毫升/亩（1050毫升/公顷）。

6. 兼抗拿捕净和咪唑啉酮+抗咪唑啉酮+不抗除草剂类型

主要用于除草剂分解较快的夏谷区，一般情况下只采用咪唑啉酮类除草剂间苗除草，谷苗较多时采用拿捕净和咪唑啉酮除草剂联合除草和间苗，但每种除草剂均按单一使用时的剂量7折减量使用，即杂草2～3叶期每亩混合喷施喷施12.5％拿捕净70毫升/亩（1050毫升/公顷）+4％甲氧咪草烟水剂 70 毫升/亩（1050 毫升/公顷）或 5％咪唑乙烟酸 100～150 毫升/亩（1500～2250 毫升/公顷）。

7．兼抗拿捕净和烟嘧磺隆+抗烟嘧磺隆+不抗除草剂类型

主要用于除草剂分解较快的夏谷区，一般情况下只采用烟嘧磺隆除草剂间苗除草，谷苗较多时采用拿捕净和烟嘧磺隆联合除草和间苗，但每种除草剂均按单一使用时的剂量 7 折减量使用，即杂草 2～3 叶期每亩混合喷施喷施 12.5％拿捕净 70 毫升/亩（1050 毫升/公顷）+4％玉京香 70 毫升/亩（1050 毫升/公顷）。

第四节　抗除草剂简化栽培谷子品种育种进展

2006 年至 2020 年，河北省农林科学院谷子研究所共育成 20 个抗除草剂简化栽培谷子品种（参见表 3-1），通过与种子企业合作开发或品种经营权转让等形式，到 2019 年累计推广 1616 万亩（107.7 万公顷），引领了全国谷子轻简化、规模化、机械化生产。

2006 年以来，在抗除草剂简化栽培谷子品种育种与示范推广工作中，除草剂的应用逐渐发生变化，品种的特征特性也出现了显著变化。

表 3-1　河北省农林科学院谷子研究所育成的抗除草剂简化栽培谷子品种

序号	品种名称	抗除草剂类型	鉴定或登记时间	推广方式
1	冀谷 24	抗阿特拉津	2006 国家鉴定	与企业合作
2	冀谷 25	抗拿捕净	2006 国家鉴定	与企业合作
3	冀谷 29	抗拿捕净	2008 国家鉴定	与企业合作
4	冀谷 31	抗拿捕净	2009 国家鉴定	与企业合作
5	冀谷 33	抗咪唑啉酮	2013 国家鉴定	与企业合作
6	冀谷 34	兼抗拿捕净和阿特拉津	2013 国家鉴定	经营权转让
7	冀谷 35	兼抗拿捕净和咪唑啉酮	2015 国家鉴定	经营权转让
8	冀谷 36	抗拿捕净	2016 国家鉴定	经营权转让
9	冀谷 37	抗拿捕净	2016 国家鉴定	经营权转让
10	冀谷 38	抗拿捕净	2018 农业部登记	经营权转让
11	冀谷 39	兼抗拿捕净和咪唑啉酮	2018 农业部登记	经营权转让
12	冀谷 40	抗拿捕净	2018 农业部登记	经营权转让
13	冀谷 41	抗拿捕净	2018 农业部登记	经营权转让
14	冀谷 42	抗拿捕净	2018 农业部登记	经营权转让
15	冀谷 43	兼抗拿捕净、烟嘧磺隆和咪唑啉酮	2018 农业部登记	经营权转让
16	冀谷 45	抗拿捕净	2020 农业部登记	经营权转让
17	冀谷 168	抗拿捕净	2020 农业部登记	经营权转让
18	冀杂金 1 号	抗拿捕净	2020 农业部登记	经营权转让
19	冀谷 168	抗拿捕净	2020 农业部登记	经营权转让
20	宫米 1 号	抗拿捕净	2020 农业部登记	经营权转让

一、除草剂的演替

2006 年至 2015 年的 10 年间，育成的 8 个谷子品种之中，4 个属于抗拿捕净类型，由于拿捕净对双子叶杂草完全无效，双子叶杂草主要应用南开大学国家农药中心研制的单嘧磺隆（商品名 44% 谷友）进行封地处理。

2016 年开始，随着对谷子相对比较安全、采用茎叶处理的"氯氟吡氧乙酸异辛酯""二甲四氯"等除草剂的应用，单嘧磺隆应用逐渐减少。特别是兼抗拿捕净和咪唑啉酮的冀谷

35 和冀谷 39 及兼抗拿捕净、烟嘧磺隆和咪唑啉酮的冀谷 43 的育成后，由于咪唑啉酮、烟嘧磺隆具有单双子叶杂草兼杀的作用，避免了单嘧磺隆、氯氟吡氧乙酸异辛酯、二甲四氯等双子叶除草剂使用不当或者遇特殊气候对谷子产生药害的现象。2019 年河北省农林科学院谷子研究所又以对谷子更安全的"二氯吡啶酸"为基础，复配出新型双子叶杂草除草剂，并申报了发明专利。

二、抗除草剂谷子品种特征特性的演变

1. 品质的演变

在抗除草剂育种初期，育种目标主要集中在抗除草剂、抗倒伏、适合机械化生产，在品质方面重点是食味品质，育成的抗除草剂品质冀谷 24、冀谷 25、冀谷 29、冀谷 31、冀谷 33、冀谷 34、冀谷 36、冀谷 37、冀谷 38 虽然食味品质很好，但小米商品性没有突破，除冀谷 31、冀谷 37、冀谷 38 被部分小米开发企业作为优质小米进行开发应用外，其他品种均按普通小米进入市场。"十二五"之后，随着优质小米产业化开发、供给侧结构调整的深入，生产和市场发生了深刻变化，谷子育种目标进一步明确。在抗除草剂、适合机械化生产的前提下，将小米商品品质、食味品质列为主要目标。在育种过程中，注重选择商品品质、食味品质兼优的亲本，并进行多个优质亲本的聚合杂交或阶梯式杂交，从低世代就注重商品性选择，中高世代增加食味品质检测，从而使育成品种的品质发生了根本性转变。例如冀谷 39 的小米呈金黄色，而且粒大出米率高，与夏谷代表性品种冀谷 19 比较，千粒重由 2.7g 提高到 3.08g，色差仪检测，冀谷 39 的 B 值

（代表小米黄色素含量）达 77.57，远高于冀谷 19 的 59.94，同时冀谷 39 的食味品质也很好，2017 年在全国第十二届优质米评选中评为一级优质米。冀谷 39 推广后，通过产销对接，被多省市小米开发企业认可，成为优质小米开发的骨干品种，实现了订单式生产。此后育成的冀谷 40、冀谷 42、冀谷 45、冀谷 168、冀杂金苗 1 号、宫米 1 号均实现了商品性、适口性兼优，均评为一级优质米。特别是冀谷 45，品质上与内蒙古知名的主栽优质品种"黄金苗"相当，而且抗除草剂、产量和抗性均优于黄金苗，为谷子产业转型升级与高质量发展提供了品种支撑。

2. 适应性的演变

谷子是短日高温作物，对光照时长、温度反应比较敏感。而我国的谷子主要种植在旱薄盐碱和冷凉丘陵区，主产区跨越 10 个纬度，海拔相差 1200 米，积温相差 1 倍，这就决定了需要多类型的品种才能满足复杂多样的生态区。由于光温反应比较敏感，只能在特定主产区应用，导致谷子种业规模较小，种业发展亟须广适、优质、高产的突破性大品种。实践证明，谷子资源中存在光温反应不敏感的广适性资源和品种，例如 2010 年由河南安阳农科院育成的谷子品种豫谷 18，能在全部四个谷子生态类型区表现高产，只是不抗除草剂难以实现广泛应用。此外，通过适应性鉴定筛选，发掘出冀谷 24、冀谷 25、冀 32、冀谷 35、冀谷 36、南和金米等也具有广泛的区域适应性。2010 年之后，河北省农林科学院谷子研究所采用这些广适性亲本，通过优良基因挖掘和聚合，辅以分子标记选择和多生态区鉴定，育成的冀谷 39、冀谷 40、冀谷 41、冀谷 42、冀谷 45、冀谷 168、冀杂金苗 1 号、宫米 1 号均突破了适应区域的限制，同时可在华北、西北、东北三大主产区种植，而且实现了抗除草剂、优质、广适、适合机械化生产诸多优良性状的聚合。

三、几个主要品种简介

1. 冀谷 25

育种单位：河北省农林科学院谷子研究所

品种来源：WR1×冀谷 14 号

鉴定时间：2006 年通过全国谷子品种鉴定委员会鉴定

鉴定编号：国品鉴谷 2006003

突出特点：由抗拿捕净、不抗拿捕净的同型姊妹系混合组成，喷施拿捕净能实现化学间苗，化学除草，中矮秆，适合机械化生产。

特征特性：冀中南夏播生育期 86 天，株高 114.0cm，纺锤形穗，松紧适中，穗长 17.6 cm；单穗重、穗粒重分别为 12.6 g、10.6 g；黄谷黄米，千粒重为 2.8 g。经连续两年区域试验自然鉴定，抗倒性为 2 级；抗旱性、耐涝性均为 1 级；对谷锈病抗性为 2 级；对谷瘟病、纹枯病抗性均为 1 级；抗白发病；红叶病、线虫病发病率很低。食味品质优良，经农业部谷物品质检验检测中心化验，小米含粗蛋白 12.99%，粗脂肪 4.27%，直链淀粉 21.15%，胶稠度 90 mm，碱消指数（糊化温度）3.0 级，维生素 B1 7.4 mg/kg，赖氨酸含量 0.28%。

产量表现：2004 年国家谷子新品种区域试验中，平均亩产 349.26 kg（公顷产 5238.9 kg），较常规对照豫谷 5 号增产

9.62%。2005 年生产试验亩产 362.78 kg（公顷产 5441.7 kg），较对照增产 8.28%。

适宜区域： 主要适宜冀鲁豫夏谷生态区夏播种植，也可在冀东、辽宁西南部、晋中春播种植。

推广应用情况： 2006 年至 2012 年，冀谷 25 在河北省累计推广种植面积 253.3 万亩（16.89 万公顷），2008 年种植面积 61 万亩（4.1 万公顷），居当年全国谷子良种面积第二位、夏谷良种面积第一位。

2. 冀谷 31

育种单位： 河北省农林科学院谷子研究所

品种来源： 冀谷 19×1302-9

鉴定时间： 2009 年通过全国谷子品种鉴定委员会鉴定

鉴定编号： 国品鉴谷 2009010

突出特点： 由抗拿捕净、不抗拿捕净的同型姊妹系混合组成，喷施拿捕净能实现化学间苗，化学除草，鸟害轻，中矮秆、高抗倒伏、群体自我调节能力强，亩留苗 3～6 万株（公顷留苗 45～90 万株）产量差异不显著，适合机械化生产。

特征特性： 幼苗绿色，夏播生育期 89 天，株高 120 cm。纺锤型穗，平均穗长 21 cm，最大穗长 35 cm，平均单穗重 13.2 g，穗粒重 10.4 g，千粒重 2.8 g；1 级高抗倒伏，1 级抗旱，抗褐条病，中抗谷瘟病、纹枯病和白发病，中感谷锈病。谷粒褐红色，较黄色籽粒品种鸟害轻。米色金黄，煮粥黏香省时，在全国第八届优质小米鉴评中被评为一级优质米。

产量表现： 在国家谷子新品种区域试验中，冀鲁豫三省 17 个试验点平均亩产 345.6 kg（公顷产 5184 kg），生产示范最高亩产 600 kg（公顷产 9000 kg）。

适宜区域： 主要适合河北中南部及河南、山东夏播种植，也可在北京以南、河北省太行山区以及山西晋中、运城及陕西中南部春播种植。

推广应用情况： 2009～2018 年河北省累计推广 466.93 万亩（31.129 万公顷），年最大面积 106.2 万亩（7.08 万公顷），居当年全国谷子良种面积第一位。

3. 冀谷 39

育种单位： 河北省农林科学院谷子研究所

品种来源： 安 09-8525×[安 4585×(冀谷 24×2010-M1445)]

登记时间： 2018 年 2 月通过农业部非主要农作物品种登记

登记编号： GPD 谷子（2018）130025

突出特点： 兼抗拿捕净和咪唑啉酮类除草剂，由双抗除草剂姊妹系和单抗拿捕净或单抗咪唑啉酮同型姊妹系混配组成，能化学间苗、除草，能与喷施咪唑啉酮的大豆、花生接茬种植。商品性和适口性均明显好于现有的夏谷品种，成为众多小米企业认可的优质骨干品种。

特征特性： 在华北两作制地区夏播生育期 93 天，平均穗长 17.8 cm，株高 120 cm，单穗重 18.1 g，穗粒重 15.9 g，千粒重 3.08 g；在辽宁吉林春播生育期 115～125 天；株高 131 cm，区域试验自然鉴定，高抗倒伏，1 级抗旱，抗谷瘟病、谷锈病、褐条病和白发病，白发病、红叶病、线虫病发病较轻。米色金黄、食味好，色泽一致，煮粥省火黏香，2017 年在全国第十二届优质米评选中评为一级优质米。籽粒脂肪

含量 2.9%，淀粉含量 67.13%，符合国家谷子糜子产业技术
体系规定的籽粒淀粉低于 3.5%、淀粉含量高于 65% 的适合
主食加工的指标要求。

产量表现：2014 年至 2015 年三省夏播联合鉴定试验平
均亩产 387.1 kg（公顷产 5806.5kg），较对照冀谷 31 增产
9.37%；2016 年至 2017 年全国谷子品种区域适应性联合鉴
定东北春谷组试验，平均亩产 360.1 kg（公顷产 5401.5kg），
与不抗除草剂的对照九谷 11 产量持平。2018 年参加全国农
业技术推广服务中心组织的登记品种展示，在石家庄藁城试
点亩产 397.3 kg（公顷产 5959.5kg），较对照增产 10.27%；
在山西晋中试点亩产 328.5 kg（公顷产 4927.5kg），较对照增
产 46.7%。2019 年登记品种展示在内蒙古敖汉旗试点亩产
327.8 kg（公顷产 4917kg），较对照赤谷 10 号增产 6.2%。

适宜区域：适宜河北中南部、河南、山东及新疆南疆麦
茬夏播或丘陵旱地晚春播；适宜辽宁中南部、吉林东南部、
陕西中部、山西中部、新疆等无霜期 150 天、年有效积温
2800℃以上地区春播种植。

推广应用情况：2017 年开始大面积生产应用，2018 年
36.06 万亩（2.404 万公顷），2019 年达 65.45 万亩（4.363 万
公顷），目前推广面积还在进一步扩大。

4．冀谷 42

育种单位：河北省农林科学院谷子研究所

品种来源：安 4585×（石 98622×1310－2）

登记时间：2018 年通过农业部非主要农作物品种登记

登记编号：GPD 谷子（2018）130044

突出特点：由抗拿捕净、不抗拿捕净的同型姊妹系混合组成，喷施拿捕净能实现化学间苗，化学除草，鸟害轻，中矮秆、高抗倒伏、群体自我调节能力强，亩留苗 3～6 万株（公顷留苗 45～90 万株）产量差异不显著，适合机械化生产。米色金黄、商品性和适口性均明显好于现有的夏谷品种，成为小米企业认可的优质骨干品种，低脂肪、高油酸适合食品加工。

特征特性：华北两作制地区夏播生育期 91 天，平均株高 123 cm。在亩留苗 4.0 万（公顷留苗 60 万）的情况下，成穗率 92.74%；纺锤穗，穗子松紧适中；穗长 21.21 cm，穗粗 2.14 cm，单穗重 18.3 g，穗粒重 14.4 g；千粒重 2.73 g；黄谷黄米，2017 年在全国第十二届优质米评选中评为一级优质米。谷子脂肪含量 2.03%，亚油酸与油酸比值 3.7，比一般品种降低 32.7%，小米不容易氧化变质，耐储藏，适合食品加工。熟相较好。田间自然鉴定抗旱性 2 级，耐涝性 1 级，抗倒性 1 级，谷锈病抗性 2 级，谷瘟病抗性 3 级，纹枯病抗性 2 级，白发病 1.5%，红叶病 0.3%，线虫病 1.1%。

产量表现：2015～2016 年冀鲁豫三省夏播多点鉴定，平均亩产 380.5 kg（公顷产 5707.5 kg），较对照豫谷 18 增产 6.7%；2017 年至 2018 年全国谷子新品种联合鉴定夏谷组试验，平均亩产 376.65 kg（公顷产 5649.75 kg），较不抗除草剂对照豫谷 18 增产 1.01%。2018 年参加全国农业技术推广服务中心组织的登记品种展示，石家庄试点亩产 395.9 kg（公顷产 5938.5 kg），较对照冀谷 38 增产 9.88%；晋中市平均亩产 446.8 kg（公顷产 6702 kg），较对照晋谷 21 号增产 99.4%。

2019 年登记品种展示在内蒙古敖汉旗试点亩产 358.0 kg（公顷产 5370 kg），较对照赤谷 10 号增产 16%。

适宜区域：适合冀中南、河南、山东麦茬夏播或丘陵旱地晚春播；还可在辽宁、吉林、山西、陕西、内蒙古、新疆等年有效积温 2800℃以上地区春播种植。

推广应用情况：2017 年开始大面积生产应用，到 2019 年累计应用 59.7 万亩（3.98 万公顷），目前推广面积还在进一步扩大。

5. 冀谷 43

育种单位：河北省农林科学院谷子研究所

登记时间：2018 年通过农业部非主要农作物品种登记

登记编号：GPD 谷子（2018）130162

突出特点：兼抗拿捕净、烟嘧磺隆和咪唑啉酮除草剂，由三抗除草剂姊妹系、抗烟嘧磺隆和咪唑啉酮双抗同型姊妹系、不抗除草剂姊妹系混配组成，能与使用烟嘧磺隆除草剂的玉米、使用咪唑啉酮类除草剂的豆科作物接茬种植，不会产生药害。

特征特性：生育期 91 天，平均株高 121.8 cm，穗长 19.8 cm；纺锤形穗，穗子松紧适中，单穗重 23.1 g，穗粒重 21.87 g，黄谷黄米，米色鲜黄，煮粥省火黏香，适口性较好，2019 年被评为二级优质米。小米粗蛋白 9.5%，粗脂肪 3.2%，总淀粉 68.7%，赖氨酸 0.27%，适合食品加工。中抗谷瘟病，中感谷锈病，中抗白发病。

产量表现：在河北省夏谷区多点鉴定第 1 生长周期亩产 362.0 kg（公顷产 5430 kg），比对照豫谷 18 增产 1.7%；第

2 生长周期亩产 365.4 千克（公顷产 5481 千克），比对照豫谷 18 增产 2.3%。2019 年参加全国谷子新品种联合鉴定东北春谷区试验，在辽宁、吉林，黑龙江、及内蒙古通辽的 10 个试点平均亩产 343.95 kg（公顷产 5159.25 kg），较对照九谷 11 增产 8.55%。2019 年全国谷子新品种联合鉴定西北春谷中晚熟组试验，在辽宁朝阳、河北承德、陕西杨凌和延安平均亩产 325.7 kg（公顷产 4885.5 kg）较对照长农 35 增产 7.09%。

适宜区域：适合冀中南、河南、山东麦茬夏播或丘陵旱地晚春播；还可在辽宁、吉林、黑龙江、陕西、内蒙古、新疆等年有效积温 2800℃以上地区春播种植。

推广应用情况：2019 年首次在生产上示范。

参考文献

[1] 李荫梅. 谷子育种学[M]. 北京：中国农业出版社，1997：22-31.

[2] 山西省农业科学院. 中国谷子栽培学[M]. 北京：农业出版社，1987：289-291.

[3] 张活展. 谷子间苗防荒[J]. 农业技术，1965，（5）：13.

[4] 刘杰等. 春谷五喜五怕的增产稳收经验[J]. 中国农报，1964，（7）：23-24.

[5] 许怀高. 种好谷子争取全苗[J]. 山西农业科学，1980，（4）：30.

[6] 刘忠民. 旱地谷子播种保苗技术[J]. 宁夏农业科技，1985，（2）：52.

[7] 刘沅湘. 旱地谷子保苗技术[J]. 农业科技通讯，1985，（1）：11.

[8] 常古宝. 缺苗是昭盟地区谷子低产的主要原因[J]. 新农业，1979，（9）：7.

[9] 胡凤强. 谷子机播产量高[J]. 辽宁农业科学，1978，（1）：28.

[10] 刘凤亭. 谷子机播大有潜力[J]. 辽宁农业科学，1979，（3）：28-29.

[11] 聂希安. 谷子机械簇播栽培法的理论与实践[J]. 黑龙江农业，1980，（1）：40-41.

[12] 山西农大谷子组点播机研制组. 谷子点播机试验成功[J]. 山西农业科学，1980，（2）：27.

[13] 朱光琴. 谷子二次文献专辑[M]. 西安：陕西师范大学出版社，1991：288-304.

[14] DHANAPAL, D.N. 筛选旱地作物除草剂的大田研究[J]. Mysore Journal of Agricultural Science，1987，21（1）：87-88.

[15] Norman R.M. & Rachie K.O. The Setaria Millet, A Review of the World Literature[M]. Experiment Station, University of Nebraska College of Agriculture, Neb, U.S.A., 1971.

［16］ 杜瑞恒. 谷田化学除草技术[J]. 河北农业科技，1989，（7）：6-7.

［17］ H.Darmncy, J.Pernes, Agronomic Performance of Atruzine Resistant Foxtail Millet (Setariaitalica (L.) Beav.) [J]. Weed Research, 1989, 29(2): 147-150.

［18］ H.Darmncy & J.pernes, Use of Wild Setariaviridis (l.) Beauv. to Improve Triazine Resistance in Cultivated S.italica (L.) by Hybrridization[J]. Weed Research, 1985, Vol.25: 175-179.

［19］ Tianyu wang & H.Darmncy, Inheritance of Sethoxydim Resistance in Foxtail Millet, Setariiaitalica (L.) Beav, Euphytica 1997, 94: 69-73.

［20］ 王天宇，辛志勇. 抗除草剂谷子新种质的创制、鉴定与利用[J]. 中国农业科技导报，2000，2（5）：62-66.

［21］ 周慧，闫天成，王秀华. 谷子新品系抗除草剂试验[J]. 杂粮作物，2002，22（2）：119-120.

［22］ 赵治海，杜贵，朱学海，等. 抗除草剂谷子新品种坝谷214的选育[J]. 中国种业，2003（5）.

［23］ 王天宇，赵治海，闫洪波，等. 谷子抗除草剂基因从栽培种向其近缘野生种漂移的研究[J]. 作物学报，2001，27（6）：681-687.

［24］ 王天宇，杜瑞恒，陈洪斌，等. 应用抗除草剂基因型谷子实行两系法杂种优势利用的新途径[J]. 中国农业科学，1996，（4）.

［25］ 籍贵苏，杜瑞恒，高占成. 胞质抗除草剂谷子发育及与敏感型常规品种的差异[J]. 中国生态农业学报，2003，11（1）：30-32.

［26］ Z. M. Wang, K. M. Devos, C. J. Liu, R. Q. Wang, M. D. Gale. Construction of RFLP-based maps of foxtail millet, Setariaitalica (L.) P. Beauv. Theoretical and Applied Genetics, 1998, 96: 31-33.

［27］ 牛玉红，黎裕，石云素，等. 谷子抗除草剂"拿捕净"基因的AFLP标记[J]. 作物学报，2002，28（3）：359-362.

［28］ 李香菊，王贵启，李秉华，等. 干旱胁迫对麦田茎叶型除草剂药效的影响[J]. 河北农业科学，2003，7（3）：14-18.

［29］ Cheng R, Liu G, Shi Z, Xia X, Zhang T. Application of Herbicide-Resistant Genes from Green Foxtail Millet in Foxtail Millet Breeding[R]. Plant and Animal Genome. 2016: W858.

［30］ 张婷，师志刚，王根平，等. 华北夏谷区2001—2015年谷子育种变化[J]. 中国农业科学，2017，50（23）：4475-4485.

［31］ 张婷，师志刚，王根平，等. 咪唑乙烟酸对冀谷33生长发育的影响及对后茬作物的安全性，中国农业科学，2015，48：4916-4923.

［32］ 师志刚，程汝宏，刘正理，等. 谷子抗咪唑乙烟酸新种质的创新研究，河北农业科学，2010，14（11）：133-136.

［33］ 程汝宏，梁双波，夏雪岩. 谷子良种及高效栽培关键技术[M]. 北京：中国三峡出版社，2006.

［34］ 刁现民. 中国谷子产业与产业技术体系[M]. 北京：中国农业科技出版社，2011.

［35］ 何中华. Cereals in CHINA[M]. Chapter 7. Breeding and production of foxtail millet in China, Limagrain, CIMMYT, 2010.

［36］ 张婷，师志刚，王根平，等. 咪唑乙烟酸对冀谷33生长发育的影响及对后茬作物的

安全性[J]. 中国农业科学，2015，48（24）.

[37] Cheng R, Liu G, Shi Z, Xia X, Zhang T. Application of Herbicide-Resistant Genes from Green Foxtail Millet in Foxtail Millet Breeding[R]. Plant and Animal Genome. 2016: W858.

[38] 张婷，王根平，贾海燕，等. 抗拿捕净除草剂谷子的快速检测鉴定方法研究[J]. 中国农业信，2016（8）.

[39] 张婷，师志刚，王根平，等. 一种快速鉴定抗咪唑乙烟酸除草剂谷子的培养皿方法[J]. 农业工程，2016，6（4）.

[40] 程汝宏，师志刚，刘正理，等.谷子简化栽培技术研究进展与发展方向[J]. 河北农业科学，2010，14（11）：1-4.

[41] 程汝宏. 产业化生产背景下的谷子育种目标[J]. 河北农业科学，2010，14（11）：92-95.

[42] 程汝宏，师志刚，刘正理，等. 谷子品种冀谷 25 的选育及配套栽培技术研究[J]. 河北农业科学，2010，14（11）：8-12.

[43] 师志刚，程汝宏，刘正理，等. 优质高产谷子新品种冀谷 24 的选育研究[J]. 河北农业科学，2011，15（5）：68-69.

第四章

单嘧磺隆（谷友）除草技术

周汉章

　　谷子起源于我国，是我国北方传统的粮饲兼用作物。我国谷子种植面积占世界的 80%，河北省谷子面积又占全国的 25%，产量占 33%。1952 年，全国谷子年种植面积高达 1.5 亿亩（0.1 亿公顷），河北省多达 2700 万亩（180 万公顷），在我国和河北省农业生产史上曾发挥过举足轻重的作用。2010 年，我国谷子种植面积萎缩至 1200 万亩（80 万公顷），河北省不足 300 万亩（20 万公顷），主要原因之一是谷田草荒苗荒往往导致严重减产。随着人们对健康食品需求的日益增加、水资源短缺的日趋严重，以及畜牧业的快速发展，具有营养丰富、抗旱耐瘠、适应性广、粮饲兼用等特点的谷子在农业种植结构调整和国际贸易中的地位越来越重要。由于谷田杂草种类繁多，特别是单子叶杂草苗期长相与谷苗相似、不易识别、不易防除，极易造成草荒。普通谷子品种均因对除草剂敏感，易发生药害；谷田没有既能兼治单双子叶杂草、又对谷子安全的理想除草剂，又因市场上销售的阿特拉津、扑灭津、2，4-D 等除草剂，都因使用不当造成药害，一直未在谷田大面积推广应用，谷田除草一直靠人工作业。人工除草不仅是繁重的体力劳动，费工、费时，而且苗期一旦遇到连续阴雨天气，不能及时除草，极易造成苗荒和草荒导致严重减产甚至绝收，常年因此减产 30％左右。这些问题严重制约着谷子产业集约化、规模化、现代化生产。

　　在谷子除草剂研究方面，美国等发达国家曾进行大量研究，未能筛选出适宜的谷田除草剂。1992 年南开大学李正名院士课题组发现了第一个具有中国自主知识产权的超高效除草剂"单嘧磺隆"，1998 年，以单嘧磺隆与扑灭津二元混配开发研究的 44％单嘧·扑灭（谷友）WP 获发明专利（"独角隆在谷田中的应用"专利号 ZL98100257.9），2003 年获得国家新农药三证（临时登记证号 LS20031844，产品企业标准号 Q/12NY0140-2001，生产批准证号 HNP12049-C2686），填补了我国谷田专用除草剂的空白。44％单嘧·扑灭（谷友）WP 的常规技术亩用 140 克/亩（2100 克/公顷），对谷田阔叶杂草的防效达 90％以上，对禾本科杂草防效达 80％以上。在示范推广中，发现该除草剂及其使用方法受环境条件影响较大，有时发生药害或药效不佳现象。为解决上述问题，南开大学农药国家工程研究中心李正名院士课题组对单嘧磺隆（谷友）配方及其安全性进行了全面改进升级，河北省农林科学院谷子研究所与南开大学农药国家工程研究中心对 44％单嘧·扑灭（谷友）WP 协作攻关，河北省农林科学院谷子研究所开展了谷田主要杂草的发生规律、危害特点以及 44％单嘧·扑灭（谷友）WP 防除杂草的安全使用技术研究。

一、谷田杂草发生规律及其对谷子的为害规律

在河北平原谷子原产区由于玉米取代了谷子的种植，栽培环境条件发生改变，耕作制度发生改变，杂草群落随之发生演替，需要系统研究谷田杂草特征特性及其发生规律。

1. 谷田杂草发生规律

（1）谷田杂草种类及其优势种 通过对河北 36 个县市、360 个样点、3240 个样方的实地调查，发现河北谷田杂草种类多达 70 种，常见杂草有 38 种，分别归属 15 科，其中单子叶杂草有禾本科、莎草科，双子叶杂草有大戟科、旋花科、茄科、苋科、马齿苋科、藜科、锦葵科、桑科、蒺藜科、茜草科和菊科等。单科种类最多的是禾本科，有 9 种，其次是菊科，有 7 种，大戟科、茜草科、锦葵科、蒺藜科、车前科、马齿苋科和大麻科等各有 1 种（表 4-1）。

表 4-1　冀中南谷田常见杂草名录

科名	种名称	拉丁名	生长习性	繁殖方式
禾本科	稗草	*Echinochloa.crusgalli(L.) Beauv*	一年生	种子
	狗尾草	*Setariaviridis (L.) Beauv*	一年生	种子
	谷莠子	*Setariaviridisvar.major(Gaudin) Pospichol*	一年生	种子
	金色狗尾	*Setaria glauca(L.)Beauv*	一年生	种子
	大狗尾草	*SetariafaberiiHerrm.*	一年生	种子
	牛筋草	*Eleusine indica (L.)Gaerth*	一年生	种子
	芦苇	*Phragmites. Communis Trin*	多年生	根茎
	马唐	*Digitaria sanguinalis (L.) scop*	一年生	种子
	假高粱	*Sorghum halepense (Linn.) Pers*	一年生	种子
莎草科	莎草	*Cyperus rotundus L.*	多年生	种子、根茎
菊科	刺儿菜	*Cirsium segetum Bge.*	多年生	种子、根茎
	苦荬菜	*LxerisdenticulataStebb.*	多年生	种子、根茎

科名	种名称	拉丁名	生长习性	繁殖方式
	苦苣菜	*Lxeris chinensis Nakai*	多年生	种子、根茎
	苍耳	*Xanthium sibiricumpatris*	一年生	种子
	蒲公英	*Taraxacum. mongolicumHand.-Mazt*	多年生	根茎、种子
	臭蒿	*Artemisia hediniiOstenf*	多年生	根茎
	黄花蒿	*Artemisia annua L.*	一年生	种子
藜科	藜	*Chenopodium album L.*	一年生	种子
	杖藜	*Chenopodium giganteum D. Don*	一年生	种子
	小藜	*Chenopodium serotinum L.*	一年生	种子
	灰绿藜	*Chenopodium glaucum L.*	一年生	种子
	碱蓬	*Suaeda glauca*	一年生	种子
	扫帚菜	*KochinatrichophyllaStapf*	一年生	种子
旋花科	田旋花	*Convolvulus srvensis L.*	多年生	种子、根茎
	打碗花	*Calystegiahederceacholsy*	多年生	种子、根茎
十字花科	播娘蒿	*DescurainiaSophia (L.) Schur*	一年生	种子
	荠菜	*Capsell bursa-pastoris medic*	一年越年生	种子
茄科	龙葵	*Solanum nigrum Linn.*	一年生	种子
	曼陀罗	*Dature Stramonium Datura L.*	一年生	种子
苋科	反枝苋	*Amaranthus retroflexus L.*	一年生	种子
	凹头苋	*Amaranthus lividus Linn.*	一年生	种子
大戟科	铁苋菜	*Acalypha australis L.*	一年生	种子
茜草科	猪殃殃	*Galium aparine L.*	一年越年生	种子
锦葵科	苘麻	*Abutilon theophrasti*	一年生	种子
蒺藜科	蒺藜	*Tribulus terresris L.*	一年生	种子
车前科	车前	*Plantago asiatica Linn.*	一年生	种子
马齿苋科	马齿苋	*Portulaca cletacea L.*	一年生	种子
大麻科	葎草	*Humulus scandens (Lour.) Merr*	一年越年生	种子

发生基数较大的种类约 20 种，包括马唐、牛筋草、狗尾草（谷莠子）、稗草、马齿苋、反枝苋、藜、铁苋菜、苘麻

等，但优势杂草只有马唐和马齿苋、狗尾草、牛筋草、反枝苋和藜等少数草种（图 4-1）。在谷子全生育期内，河北春播谷田以双子叶杂草为主，占 60.08％，单子叶杂草占 39.92％；夏播谷田以单子叶杂草为主，占总数的 64.38％，双子叶杂草占 35.62％。对马唐、马齿苋、狗尾草（谷莠子）、牛筋草、稗草、反枝苋、藜、铁苋菜等优势杂草进行 44％单嘧·扑灭（谷友）WP 敏感性试验，初步明确了马齿苋为耐药性杂草，狗尾草（谷莠子）为抗药性杂草，需要配合农业措施才能有效防控。

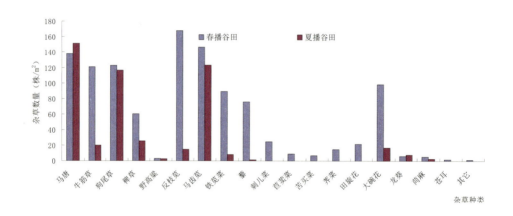

图 4-1　不同播期谷田杂草的种类与数量

（2）谷田杂草消长动态在自然生长状态下，春播谷田播种后，地温较低，双子叶杂草发生量大，单子叶杂草出苗较少，杂草出苗慢；夏播谷田播种后谷田单子叶杂草发生量大，双子叶杂草发生较少，杂草出苗快。由表 4-2 可以看出，春谷田杂草以双子叶杂草为主，单双子叶杂草发生有 3 个高峰期（图 4-2）。

表4-2　谷田单、双子叶杂草不同时间的发生数量

日期（月·日）	春播谷田				夏播谷田				单、双子叶杂草合计	
	单子叶		双子叶		单子叶		双子叶		春播	夏播
	(株/m²)	(%)	(株/m²)	(%)	(株/m²)	(%)	(株/m²)	(%)	(株/m²)	(株/m²)
5·05	1.77	1.46	119.87	98.54					121.64	
5·15	30.77	14.62	179.68	85.38					210.45	
5·30	21.73	17.17	104.83	82.83					126.56	
6·08	34.53	33.72	67.87	66.28					102.40	
6·15	84.73	57.23	63.33	42.77					148.06	
6·20	51.18	58.97	35.61	41.03					86.79	
6·30	23.40	54.84	19.27	45.16	38.93	69.85	16.80	30.15	42.67	55.73
7·05	12.53	42.91	16.67	57.09	43.82	59.15	30.27	40.85	29.20	74.09
7·10	51.44	76.72	15.61	23.28	69.70	66.68	34.83	33.32	67.05	104.53
7·15	66.47	78.62	18.08	21.38	86.26	66.49	43.47	33.51	84.55	129.73
7·20	43.30	74.82	14.57	25.18	41.81	64.81	22.70	35.19	57.87	64.51
7·25	13.03	62.17	7.93	37.83	21.94	64.14	12.27	35.86	20.96	34.21
7·30	7.30	58.97	5.08	41.03	8.62	56.76	6.57	43.24	12.38	15.19
8·15	3.47	65.84	1.80	34.16	4.27	56.41	3.50	43.59	5.27	8.03
8·30	1.57	95.73	0.07	0.80	4.53	33.80	1.57	66.20	1.64	2.37
9·15	0.00	0.00	0.50	100.00	0.00	0.00	3.10	100.00	0.50	3.10

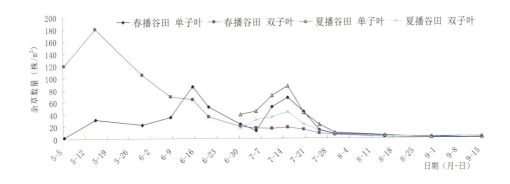

图4-2　不同播期谷田单、双子叶杂草的消长动态

第 1 个杂草出苗高峰期在 5 月中旬，主要是双子叶杂草，占 85.38％，单子叶杂草占 14.62％，是防治的关键时期；第 2 个发生高峰在 6 月中旬，第 3 个高峰在 7 月上中旬，后 2 个发生高峰均以单子叶杂草为主，分别占第 2、第 3 高峰期总株数的 57.23％和 78.62％，双子叶杂草分别占 42.77％

和 21.38%，由于春谷植株高大导致杂草种间竞争优势降低；夏播谷田杂草在 7 月上中旬发生 1 个高峰期，以单子叶杂草为主（占 66.49%），双子叶杂草占该峰期总数的 33.51%，是化学防控的重点。在 8～9 月之间，谷田尚有新生杂草，杂草生长较慢，对谷子生长影响较小。试验表明，春谷适期播种，通过耕地消灭第 1 个发生高峰期的杂草，第 2 个高峰期的杂草正值 44%单嘧·扑灭（谷友）WP 封闭地表之后，除草效果理想；夏谷适期播种，化学除草，适逢杂草幼芽出土之前，除草效果明显。

2. 谷田杂草对谷子的为害规律

（1）谷田杂草与谷子的竞争状态在自然生长状态下，谷田杂草之间、杂草与谷株之间存在着相互竞争、相互影响，优胜劣汰；谷子进入拔节期之后，即进入营养生长旺盛期，表现较强的种间竞争优势，加之较大草株种内竞争优势的影响，常常导致个体较小的杂草因缺乏营养而逐渐死亡，从而使杂草群体株数减少。由表 4-3 可以看出，春播谷田播后 43d 时，单、双子叶杂草群体株数分别由 56.26、172.7 株/m^2 减少 16.67%和 14.28%；播后 79d 时，单、双子叶杂草群体株数分别由 346.01、341.27 株/m^2减少 42.89%和 40%；夏播谷田播后 28d 时，单、双子叶杂草群体株数几乎不减少，播后 55d 时，单、双子叶杂草群体株数分别由 315.61 株/m^2、170.41 株/m^2减少 28.51%和 18.10%。到 8～9 月份，杂草极少发生。

表 4-3　谷田杂草的群体数量（株/m²）

栽培方式	播后天数	杂草种类	组别（调查方式）			株数减少	
			1组	2组	3组	株/m²	%
春播谷田	43d	单子叶	56.26	46.88		9.38	16.67
		双子叶	172.7	148.03		24.67	14.28
	79d	单子叶	346.01		197.61	148.4	42.89
		双子叶	341.27		204.76	136.51	40.00
夏播谷田	28d	单子叶	280.52	279.66		0.86	0.31
		双子叶	148.07	147		1.07	0.72
	55d	单子叶	315.61		225.63	89.98	28.51
		双子叶	170.41		139.56	30.85	18.10

（2）谷田杂草与谷子产量的相关性 在夏谷田杂草发生的自然比例分别为马唐占 33.15%、狗尾草占 5.73%、稗草占 5.16%、牛筋草占 4.50%，马齿苋占 48.65%、铁苋菜占 1.56%、反枝苋占 0.85%、苘麻占 0.40% 的试验条件下，将谷田杂草设为 0 株/m²（ck）、5 株/m²、10 株/m²、20 株/m²、30 株/m²、60 株/m²、90 株/m²、120 株/m²、240 株/m²、360 株/m² 的不同密度，研究杂草对谷子产量的影响。由表 4-4 可见，谷田杂草可导致谷子严重减产。经相关分析，小区产量（kg/20 m²）与谷田杂草密度的相关系数为-0.919，呈极显著负相关，而谷子产量损失率与杂草密度的相关系数为 0.919，呈极显著正相关。这表明夏播谷田随着杂草密度的不断递增，谷子产量呈极显著的递减趋势，产量损失率呈极显著的递增趋势。

表 4-4　谷田杂草不同密度的谷子产量及产量损失率结果

杂草密度 /株·m²	小区产量 / kg·20 m⁻²				产量损失率 / %			
	I	II	III	平均	I	II	III	平均
ck	14.34	14.21	14.38	14.31	—	—	—	—
5	13.95	13.88	14.09	13.97 a A	2.68	2.28	2.02	2.33 i I
10	13.67	13.52	13.64	13.61 b B	4.68	4.86	5.13	4.89 h H
20	12.97	12.89	13.00	12.95 c C	9.52	9.31	9.60	9.48 g G
30	12.38	12.23	12.35	12.32 d D	13.65	13.93	14.10	13.89 f F
60	11.45	11.22	11.22	11.30 e E	20.15	21.01	21.98	21.05 e E
90	10.52	10.45	10.47	10.48 f F	26.62	26.42	27.15	26.73 d D
120	9.66	9.67	9.66	9.66 g G	32.60	31.97	32.81	32.46 c C
240	8.67	8.68	8.74	8.70 h H	39.52	38.93	39.19	39.21 b B
360	7.82	7.91	7.82	7.85 i I	45.45	44.34	45.62	45.14 a A

注：小区产量（kg/20 m²）与谷田杂草密度的相关系数为–0.919，呈极显著负相关，而谷子产量损失率与杂草密度的相关系数为 0.919，呈极显著正相关。

（3）谷田杂草对谷子的为害规律采用田间小区试验和非线性回归分析的方法，对主要的杂草竞争经验模型进行模拟和比较。结果表明，谷田杂草与谷子之间存在着明显竞争，杂草发生可导致谷子严重减产。

谷子产量损失率与杂草密度呈显著正相关，且随着杂草密度的增加呈减速增加的趋势。根据谷田杂草与谷子产量损失的实测值，通过模型模拟与比较，

对数曲线模型 $Y=a+b\ln d$　　　　　　　　公式①

双曲线函数模型 $Y=d/(a+bd)$　　　　　　公式②

幂双曲线函数模型 $Y=d^r/(a+bd^r)$　　　　公式③

幂指函数模型 $Y=100-100\exp(-bd^r)$　　公式④

均能很好地拟合谷田杂草与谷子的竞争规律，其拟合优度均在 $R^2 \geqslant 0.970$ 以上（表 4-5），参数 a、b 均有明确、实际的生

物学意义，均能很好地解释谷田杂草与谷子之间竞争关系，但双曲线函数模型较最优幂双曲线函数模型具有运算更简洁、可操作性更强的特点，被确定为预测谷田杂草为害损失的最优模型。

表 4-5　4 种曲线拟合结果汇总表

实测值		模型和预测值				杂草密度/株
		公式①	公式②	公式③	公式④	
产量损失率（%）	2.33	−2.27	2.75	2.66	5.09	5
	4.89	4.99	5.24	5.13	7.55	10
	9.48	12.26	9.59	9.50	11.13	20
	13.89	16.51	13.27	13.21	13.90	30
	21.05	23.77	21.52	21.55	20.14	60
	26.73	28.02	27.14	27.22	24.83	90
	32.46	31.04	31.22	31.31	28.67	120
	39.21	38.30	40.31	40.32	39.81	240
	45.14	42.55	44.64	44.56	47.49	360
参数	a	−19.136	1.733	1.844	100.00	
	b	10.480	0.018	0.018	0.020	
	r			1.018	0.587	
决定系数 R^2		0.970	0.99712	0.99714	0.97673	
残差平方和 (Q)		167.040	16.174	16.018	130.369	

（4）谷田杂草对谷子为害程度的模拟结果 本试验条件下，采用双曲线函数模型 $Y=d/(a+bd)$，对谷田杂草与谷子竞争的程度进行模拟，式中，Y 为谷子产量损失率(%)，d 为谷田杂草密度(株/m²)，a、b 为曲线的回归系数。其方程式为 $Y=d/(1.733+0.081d)$，杂草种间竞争力为 $K=(1/a)=0.5770$，种内竞争力为 $J=(b/a)=0.0103$，谷子产量最大损失率为

$Y_{LM}=(1/b)=55.56$（%），该模型表明，当谷田杂草在低密度时，个体大，种间竞争力强，谷子产量损失随着杂草密度增加而快速增大；当杂草密度增加到发生种内竞争时，谷子产量损失渐趋平缓，并渐渐接近最大值，即谷子产量损失率随着杂草密度的增加呈减速增加的趋势。

二、谷友减量使用技术——降本增效、提高谷友安全性

44%单嘧·扑灭（谷友）WP 减量使用技术，是与施药量为 140 克/亩（2100 克/公顷）的常规使用技术比较而言的。亩用 120 g（公顷用 1800g）处理的谷苗叶片颜色正常，未显示药害；44%单嘧·扑灭（谷友）WP 施药量为 140 克/亩（2100 克/公顷）处理的谷苗叶片显小斑点，叶片显示药害，到施药后 45 天，谷苗叶片药害消失，幼苗生长由前期受控变为快速生长，谷苗生长受控时间在药后 30 天时达到高峰，然后逐渐减轻，植株生长变控为促。表明亩用谷友剂量 120 g（公顷用 1800g）较 140 g（公顷用 2100g）减少药量 14.29%，更安全。44%单嘧·扑灭（谷友）WP 减量使用技术，施药后 30 天，对单子叶杂草的鲜重抑制率为 85.27%，对双子叶杂草的株数防效为 95.04%，总体防效为 87.17%；施药后 45 天，对单子叶杂草、双子叶杂草的鲜重抑制率分别为 93.52% 和 98.08%，对杂草的总体防效为 85.01%，总体鲜重抑制率为 97.37%。谷子产量平均亩产 311.18 kg（公顷产 4667.7kg）较空白对照增产 74.78 kg，增幅 31.61%；较药剂对照增产 14.67 kg，增幅 4.93%；较谷友常规技术的剂量 140 g 减少 14.29%，但增产 7.51kg，增幅 2.5%。与人工除草的平均亩产基本持平，达到了降本增效、提高安全性的效果。

1. 谷友减量使用技术的剂量筛选

通过对 44％单嘧·扑灭（谷友）WP 不同剂量的设置（亩用药量 80 g、100 g、120 g、140 g、160 g）（公顷用药量 1200g、1500g、1800g、2100g、2400g），以 50％扑灭津 WP (用药量 150 克/亩，或 2250 克/公顷) 为药剂对照，以人工除草（ck_1）和喷施清水（ck_2）为空白对照，明确该药剂的最适剂量。由表 4-6 可知，施药后 15 天、30 天和 45 天的各处理药效基本一致，谷友对双子叶杂草的防效高于对单子叶杂草的防效，且株数防效均随药后时间递增而略有降低，鲜重抑制率却随药后时间递增而提高。谷友剂量 80 克/亩（1200 克/公顷）处理的总防效较药剂对照稍低，二者差异不显著；其他剂量处理的总防效均高于药剂对照。亩用剂量 120 g（公顷用剂量 1800g）总防效分别为 90.57％（药后 15 天）、87.17％（30 天）和 85.01％（45 天），其中，对双子叶杂草的株数防效分别为 95.12％、95.04％、90.03％，对单子叶杂草的株数防效分别为 44.66％、41.46％、41.10％，但施药后 30 天和 45 天的鲜重抑制率分别为 85.27％和 93.52％，较药剂对照的防效差异极显著，较谷友剂量 100 克/亩（1500 克/公顷）的药效差异显著，较谷友剂量 140 克/亩（2100 克/公顷）的药效差异不显著。药后 45 天时，亩用谷友 120 g（公顷用 1800g）的株防效为 85.01％、鲜重抑制率为 97.37％。结果表明，44％谷友 WP 施药剂量为 120 克/亩（1800 克/公顷）较佳，较谷友常规技术的剂量 140 克/亩（2100 克/公顷）减少 20 克/亩（300 克/公顷），节省药剂 14.29％。

表 4-6　44%单嘧·扑灭（谷友）WP 对谷田杂草的防效

时间	处理(克/亩)	单子叶杂草				双子叶杂草				合计			
		株数(株/m²)	防效(%)	鲜重(g/m²)	抑制率(%)	株数(株/m²)	防效(%)	鲜重(g/m²)	抑制率(%)	株数(株/m²)	防效(%)	鲜重(g/m²)	抑制率(%)
药后15天	160	11.93	61.12aA			6.40	97.93aA			18.33	94.61aA		
	140	14.78	51.83bB			9.90	96.80abA			24.68	92.75abAB		
	120	16.98	44.66cC			15.10	95.12abA			32.08	90.57abAB		
	100	18.13	40.91dD			43.90	85.82cbA			62.03	81.77bcBC		
	80	20.20	34.15eE			64.20	79.26cA			84.40	75.20cC		
	ck₁	18.30	40.34dD			54.70	82.33cA			73.00	78.55cC		
	ck₂	30.68	—			309.60	—			340.28	—		
药后30天	160	28.57	50.80aA	12.28	92.36aA	8.90	97.36aA			37.47	90.51aA		
	140	30.63	47.26bB	17.32	89.23bB	11.00	96.73aA			41.63	89.46abA		
	120	33.99	41.46cC	23.68	85.27bB	16.70	95.04aA			50.69	87.17bA		
	100	38.37	33.92dD	34.07	78.81cC	47.90	85.78bB			86.27	78.16cdB		
	80	40.38	30.45eE	41.53	74.17dD	72.30	78.54cB			112.68	71.47dC		
	ck₁	37.23	35.89fF	33.51	79.16cC	62.40	81.48bcB			99.63	74.77dBC		
	ck₂	58.06	—	160.80	—	336.90	—			394.96	—		
药后45天	160	30.05	49.86aA	15.49	96.55aA	30.17	94.44aA	68.50	99.02aA	60.22	90.01aA	83.99	98.65aA
	140	32.01	46.59bA	22.38	95.02bB	41.76	92.31aaAB	94.40	98.65aA	73.77	87.77abAB	116.78	98.12aA
	120	35.89	41.10cB	29.11	93.52cC	57.51	90.03abAB	134.10	98.08aA	93.40	85.01bB	163.21	97.37aA
	100	39.82	33.55deC	38.88	91.35dD	96.02	82.32bcBC	236.90	96.60aA	135.84	77.47cC	275.78	95.55aA
	80	41.25	31.16dC	49.75	88.93eE	132.32	75.64cC	339.40	95.13aA	173.57	71.22dC	389.15	93.72aA
	ck₁	39.07	34.79eC	37.92	91.56dD	126.64	76.68cC	350.30	94.98aA	165.71	72.52cdC	388.22	93.74aA
	ck₂	59.92	—	449.43	—	543.08	—	5750.70	—	603.00	—	6200.13	—

* 表中字母代表纵向比较，小写和大写字母分别代表 0.05 水平和 0.01 水平，字母相同者差异不显著，反之显著。

2．谷友的安全性评价

（1）对谷子植株生长的影响

施药后 30 天，谷友处理小区的苗高较空白对照处理低 5～7 cm，药剂对照的株高较空白对照处理低 8.15 cm 以上（表 4-7）。

表 4-7　44%单嘧·扑灭（谷友）WP 对冀谷 19 株高的影响

年度（年）	处理	用药后 30 天		用药后 45 天	
		株高（cm）	谷苗症状	株高（cm）	谷苗症状
2007	I	34.28 aA	叶色正常	74.83 aA	叶色正常
	II	34.13 aA	叶色正常	74.75 aA	叶色正常
	III	33.93 abA	叶色正常	74.45 abA	叶色正常
	IV	33.43 abA	叶显小斑点	73.40 abA	叶色正常
	V	32.90 bA	叶片稍发黄	72.15 abA	叶色正常
	药剂对照	31.28 cB	叶片稍发黄	70.83 bA	叶色正常
	人工除草	39.93 dD	叶色正常	77.13 abA	叶色正常
	清水对照	39.55 dD	叶色正常	76.23 abA	叶色正常
2008	I	35.28 aA	叶色正常	75.58 aA	叶色正常
	II	35.18 aA	叶色正常	75.50 aA	叶色正常
	III	34.93 abA	叶色正常	75.13 abA	叶色正常
	IV	34.50 abA	叶显小斑点	74.15 abA	叶色正常
	V	34.00 bA	叶片稍发黄	72.90 abA	叶色正常
	药剂对照	32.28 cB	叶片稍发黄	71.58 bA	叶色正常
	人工除草	40.18 dD	叶色正常	77.13 abA	叶色正常
	清水对照	40.63 dD	叶色正常	76.98 abA	叶色正常
2009	I	35.06 aA	叶色正常	75.43 aAC	叶色正常
	II	34.93 aA	叶色正常	75.30 aAC	叶色正常
	III	34.43 abA	叶色正常	74.95 aA	叶色正常
	IV	33.85 bA	叶显小斑点	74.08 bAB	叶色正常
	V	33.53 bA	叶片稍发黄	72.73 cB	叶色正常
	药剂对照	32.30 cB	叶片稍发黄	71.40 dB	叶色正常
	人工除草	40.00 dC	叶色正常	76.98 cC	叶色正常
	清水对照	40.45 dC	叶色正常	76.56 cC	叶色正常

谷友剂量≤120 克/亩（1800 克/公顷）处理的叶片颜色正常，未显示药害；施药量为 140 克/亩（2100 克/公顷）处理的叶片显小斑点，施药量为 160 克/亩（2400 克/公顷）处理的叶片稍部发黄，叶片显示药害；药剂对照的叶片更显药害。与施药后 30 天苗高降幅相比，施药后 45 天喷施谷友小区的苗高降幅变小。谷友处理小区的苗高较空白对照处理低 1～4 cm，其中，剂量 120 克/亩（1800 克/公顷）处理的谷子苗高较空白对照低 1.7 cm 左右，幼苗生长由前期受控变为快速生长，叶片药害消失；药剂对照的株高较空白对照处理低 5.16 cm 以上，谷子叶片药害症状虽也消失，但幼苗生长恢复缓慢。田间调查显示，施用谷友后对谷子幼苗前控后促，谷苗生长受控时间在药后 30 天时达到高峰，然后药害逐渐减轻，植株生长变控为促；在药后 45 天时，谷友 120 克/亩（1800 克/公顷）处理的株高与人工除草和空白对照处理已无明显差异，在成熟期株高与空白对照持平或略高。

（2）对谷子产量的影响

由表 4-8 可见，经过 3 年试验，谷友亩用剂量≤120 g（公顷用剂量≤1800g）处理的产量与人工除草处理差异不显著，但较药剂对照增产极显著，较谷友亩用量 140 g 和 160 g（公顷用量 2100g 和 2400g）的处理增产显著。在生产中，谷友施用量为 80～100 克/亩（1200～1500 克/公顷）产量效果虽然较好，但喷药时要求较高的土壤含水量，否则不能充分发挥它的除草效果。比较理想的是亩使用 44% 谷友 WP120 g，平均亩产 311.18 kg（平均公顷产 4667.7kg），较空白对照（236.4 千克/亩，3546 千克/公顷）增产 67.1～79.9 千克/亩

表 4-8 44%单嘧·扑灭（谷友）WP 对冀谷 19 产量的影响

年度（年）	处理	产量（kg/hm²）	与空白对照比较		与药剂对照比较	
			增产量（kg/hm²）	增产率（±%）	增产量（kg/hm²）	增产率（±%）
2007	人工除草	4771.65 aA	1192.51	33.32	283.65	6.32
	III	4741.13 aA	1161.99	32.47	253.13	5.64
	II	4724.25 aA	1145.11	31.99	236.25	5.26
	I	4717.50 aA	1138.36	31.81	229.50	5.11
	IV	4638.00 bB	1058.86	29.58	150.00	3.34
	V	4389.00 cC	809.86	22.63	-99.00	-2.21
	药剂对照	4488.00 dD	908.86	25.39	—	—
	清水对照	3579.14	—	—	-908.86	-20.25
2008	人工除草	4815.75 aA	1252.70	35.16	315.00	7.00
	III	4759.88 aA	1196.86	33.59	259.13	5.76
	II	4731.75 aA	1168.73	32.8	231.00	5.13
	I	4725.00 aA	1161.98	32.61	224.25	4.98
	IV	4641.75 bB	1078.73	30.28	141.00	3.13
	V	4392.75 cC	829.63	23.28	-108.00	-2.40
	药剂对照	4500.75 dD	937.71	26.32	—	—
	清水对照	3563.02	—	—	-937.73	-20.83
2009	人工除草	4544.02 aA	1048.25	29.99	189.75	4.36
	III	4502.02 aA	1006.25	28.78	147.75	3.39
	II	4484.15 aA	988.38	28.27	129.88	2.98
	I	4459.02 aA	963.25	27.55	104.75	2.41
	IV	4385.60 bB	889.83	25.45	31.33	0.72
	V	4258.77 cC	763	21.83	-95.50	-2.19
	药剂对照	4354.27 dD	858.5	24.56	—	—
	清水对照	3495.77	—	—	-858.50	-19.72

（1006.2～1196.85 千克/公顷），增幅 28.78%～33.59%；较药剂对照（296.51 千克/亩）（4447.65 千克/公顷）增产 9.85～17.28 千克/亩（147.75～259.2 千克/公顷）（平均增产 14.67 千克/亩，220.05 千克/公顷），增幅 3.39%～5.76%；较谷友常规技术亩用量 140 g（公顷用量 2100g）（303.67 千克/亩）（4555.05 千克/公顷）平均增产 7.51 kg，增幅 2.5% 左右。与人工除草的平均亩产 314.03 kg（平均公顷产 4710.45 kg）基本持平，达到了降本增效、提高安全性的效果。

三、44% 单嘧·扑灭（谷友）WP 与其他除草剂的防效及其安全性评估

不论对春播谷田杂草还是对夏播谷田杂草的防控效果均非常明显，各药剂对双子叶杂草的防效均高于对单子叶杂草的防效；44% 单嘧·扑灭（谷友）WP 与 50% 扑灭津 WP 对单子叶杂草的防效主要反映在对杂草鲜重抑制率方面。参试的除草剂中，44% 单嘧·扑灭（谷友）WP 的效果最佳，对谷子最安全。2,4-D 丁酯只对双子叶杂草有效。50% 扑灭津 WP 对谷子株型以及叶片形状、颜色等均显示药害症状，但在春播田药后 43 天或夏播田药后 28 天后，谷株受抑制现象开始消减，并逐渐恢复正常，在与杂草的竞争中已处于优势，杂草群体数量减少；在春播田药后 79 天或夏播田药后 55 天时，谷子株高与对照持平，所有药害症状全部消失（见表 4-9、4-10），杂草的竞争力变弱，已处于劣势，小区内的部分杂草由于缺乏营养而逐渐死亡，杂草群体数量减少。

1. 春播谷田不同除草剂的除草效果及其安全性

通过对 44% 单嘧·扑灭（谷友）WP 用药量 120 克/亩

（1800 克/公顷）与 50％扑灭津 WP（用药量 150 克/亩）（用药量 2250 克/公顷）、10％麦谷宁 WP（即 10％单嘧磺隆 WP 30 克/亩（450 克/公顷））、2,4-D 丁酯（用药量 25 克/亩（375 克/公顷））的试验比较（以及喷施清水为空白对照），明确了春播谷田药效与安全性最好的除草剂。春播谷田施药后 43 天，44％单嘧·扑灭（谷友）WP 对单、双子叶杂草的株数防效分别为 38.68％、95.19％，鲜重抑制率分别为 80.53％、99.04％，对谷子株型以及叶片形状、颜色等没有药害症状，对谷苗起到前控后促的作用，这时谷株逐渐长高，在与杂草的竞争中处于优势状态；10％麦谷宁 WP 对单、双子叶杂草的株数防效分别为 17.57％、94.75％，鲜重抑制率分别为 48.97％、98.35％，对谷子株型以及叶片形状、颜色等没有药害症状，对谷苗起到前控后促的作用；2,4-D 丁酯只对双子叶杂草有效，对双子叶杂草的株数、鲜重抑制率分别为 92.18％与 51.49％；50％扑灭津 WP 对单、双子叶杂草的株数防效分别为 35.6％、89.92％，鲜重抑制率分别为 76.76％、93.15％，对谷子株型以及叶片形状、颜色等均有药害症状。施药后 79 天时植株生长正常，药害症状消失；44％单嘧·扑灭（谷友）WP 对单、双子叶杂草的株数防效分别为 49.19％、96.76％，鲜重抑制率分别为 96.01％、96.03％；10％麦谷宁 WP 对单、双子叶杂草的株数防效分别为 29.83％、90.87％，鲜重抑制率分别为 87.53％、93.35％；50％扑灭津 WP 对单、双子叶杂草的株数防效分别为 4.91％、88.38％，鲜重抑制率分别为 94.93％、90.07％；2,4-天丁酯对双子叶杂草的株数、鲜重的防效（或鲜重抑制率）分别为 63.81％与 49.57％

（表 4-9）。

2. 夏播谷田不同除草剂的除草效果及其安全性

通过对 44％单嘧·扑灭（谷友）WP 用药量 120 克/亩（1800 克/公顷）与 50％扑灭津 WP（用药量 150 克/亩）（用药量 2250 克/公顷）、10％麦谷宁 WP（即 10％单嘧磺隆 WP 30 克/亩（450 克/公顷）、2,4-D 丁酯（用药量 25 克/亩）（用药量 375 克/公顷）的试验比较（以及喷施清水为空白对照），明确了夏播谷田药效与安全性最好的除草剂。夏播谷田施药后 28 天，44％单嘧·扑灭（谷友）WP 对单、双子叶杂草的株数防效分别为 41.72％、95.07％，鲜重抑制率分别为 85.48％、95.36％，对谷子株型以及叶片形状、颜色等没有药害症状；10％麦谷宁 WP 对单、双子叶杂草的株数防效分别为 13.55％、91.13％，鲜重抑制率分别为 41.23％、93.21％，对谷子株型以及叶片形状、颜色等没有药害症状，对谷苗起到前控后促的作用；50％扑灭津 WP 对单、双子叶杂草的株数防效分别为 37.53％、81.50％，鲜重抑制率分别为 79.13％、82.51％，对谷子株型以及叶片形状、颜色等均有较为严重的药害症状；2,4-D 丁酯只对双子叶杂草有效，对双子叶杂草的株数、鲜重的防效（或鲜重抑制率）分别为 92.23％与 86.05％；施药后 55 天时植株生长正常，药害症状消失；44％单嘧·扑灭（谷友）WP 对单、双子叶杂草的株数防效分别为 41.13％、92.34％，鲜重抑制率分别为 93.39％、98.15％；10％麦谷宁 WP 对单、双子叶杂草的株数防效分别为 16.76％、89.75％，鲜重抑制率分别为 78.53％、92.35％；50％的扑灭津 WP 对单、双子叶杂草的株数防效分别为 34.86％、

表 4-9　春播谷田化学防除效果

药后天数	处理	单子叶杂草				双子叶杂草				谷子植株症状
		株数(株/m²)	防效(%)	鲜重(g/m²)	鲜重抑制率(%)	株数(株/m²)	防效(%)	鲜重(g/m²)	鲜重抑制率(%)	
43d	44%谷友 WP	28.75	38.67	38.07	80.53	7.12	95.19	12.08	99.04	植株生长先慢后快，叶色正常
	10%麦谷宁 WP	38.64	17.57	99.76	48.97	7.77	94.75	20.7	98.35	植株生长先慢后快，植株正常
	50%扑灭津 WP	30.19	35.60	45.43	76.76	14.91	89.93	86.01	93.15	植株生长先慢后快，叶色稍发黄
	2,4-D 丁酯	46.88	-	195.49	-	11.57	92.18	608.65	51.49	植株正常
	ck					148.03		1254.77		植株正常
79d	44%谷友 WP	105.26	49.19	465.38	96.01	6.63	96.76	835.28	96.03	植株正常
	10%麦谷宁 WP	138.66	29.83	1452.89	87.53	18.69	90.87	1398.43	93.35	植株正常
	50%扑灭津 WP	108.84	44.92	590.63	94.93	23.78	88.39	2088.2	90.07	植株正常
	2,4-D 丁酯	197.61	-	11651.06	-	74.10	63.81	10605.2	49.57	植株正常
	ck					204.76		21029.06		植株正常

表 4-10 夏播谷田化学防除效果

药后天数	处理	单子叶杂草				双子叶杂草				谷子植株症状
		株数(株/m²)	防效(%)	鲜重(g/m²)	鲜重抑制率(%)	株数(株/m²)	防效(%)	鲜重(g/m²)	鲜重抑制率(%)	
28d	44%单嘧·扑灭（谷友）WP	163	41.71	95.68	85.48	7.25	95.07	16.8	95.36	植株生长先慢后快，叶色正常
	10%麦谷宁 WP	241.77	13.55	387.18	41.23	13.04	91.13	24.57	93.21	植株生长先慢后快，叶色正常
	50%扑灭津 WP	174.69	37.53	137.51	79.13	27.21	81.49	63.3	82.51	植株生长先慢后快，叶色稍发黄
	2,4-D 丁酯	280.5	—	658.95	—	11.41	92.24	50.5	86.05	植株正常
	ck	279.66		658.8		147		361.9		植株正常
55d	44%单嘧·扑灭（谷友）WP	132.83	41.13	197.09	93.39	10.69	92.34	38.57	98.15	植株正常
	10%麦谷宁 WP	187.81	16.76	640.57	78.53	14.30	89.75	159.72	92.35	植株正常
	50%扑灭津 WP	146.97	34.86	256.9	91.39	33.28	76.15	105.3	94.96	植株正常
	2,4-D 丁酯		—		—	43.81	68.61	337.8	83.82	植株正常
	ck	225.63		2983.56		139.56		2087.8		植株正常

76.15％，鲜重抑制率分别为 91.39％、94.96％；2,4-D 丁酯对双子叶杂草的株数、鲜重的防效（或鲜重抑制率）分别为68.61％与 83.82％（见表 4-10）。

四、完善施药条件，提高安全性，制定 44％谷友（单嘧·扑灭）优化方案

为了解决 44％单嘧·扑灭（谷友）WP 在示范推广中遭遇的药效不佳或药害问题，研究谷友发挥最大功效且对谷子安全的环境条件，根据除草剂—杂草—环境条件互作理论，采用四因素四水平和三因素二水平的正交试验和新复极差法统计分析，针对施药剂量、喷灌水量、药效持续期（药后天数）、整地质量、土壤含水量、药后喷灌时间、杂草种群等影响因素进行了 44％单嘧·扑灭（谷友）防控杂草及其对谷子产量影响的比较试验，试验因素及其水平见表 4-11。

表 4-11　试验因素及其水平

水平号	施药剂量（g/hm²）(A)	喷灌水量（mm）(B)	药后天数（天）(C)	整地质量(D)	墒情/土壤含水量%(E)	喷灌时间(F)	杂草种类(G)
1	0	0	15	不平	<10（干旱）	药后第 1 天	单子叶
2	1200	15	30	平整	15（适宜）	药后第 5 天	双子叶
3	1800	25	45	疏松			
4	2400	35	60	紧实			

注：表中字母 A、B、C、D、E、F、G 分别代表不同的因素

1. 影响 44％单嘧·扑灭（谷友）WP 除草效果与安全性的环境条件（主要因素）

通过对环境条件与 44％单嘧·扑灭（谷友）WP 的除草药效、安全性关系的研究，构建了 16 个关系模型（组合）。

结果表明，7 个实验因素对 44％单嘧·扑灭（谷友）WP 防控杂草效果及其安全性均具有重要的影响。影响 44％单嘧·扑灭（谷友）WP 控制杂草株数的因素顺序为施药剂量（A）>杂草种类（G）>整地质量（D）>灌溉水量>（B）土壤墒情（E）>药后天数（C）>喷灌时间（F），影响 44％单嘧·扑灭 WP 控制杂草生长（鲜重）的因素顺序为施药剂量>药后天数>灌溉水量>整地质量>土壤墒情>灌溉时间>杂草种类，影响谷子产量的因素顺序为施药剂量>灌溉水量>整地质量>土壤墒情>药后天数>杂草种类>喷灌时间，其中，施药剂量、灌溉水量、整地质量、土壤墒情是影响谷子产量的最重要因素。

2. 44％单嘧·扑灭（谷友）WP 对谷田杂草经济、安全、高效的优化方案

通过优化组合、优方案的筛选及其经济效益比较，组合 A3B1C3D4E1F2G2 被决选为最优方案，即每亩用 44％单嘧·扑灭（谷友）WP 120 g（公顷用 1800 g），在播后苗前进行土壤封闭；耕耙地要平整、紧实；土壤含水量要达到 15％，墒情适宜；药后不进行喷灌、不造墒；在药后 45 天内能有效防控双子叶杂草，兼治部分单子叶杂草。对谷田杂草总防效 87.30％，亩产 340.62 kg（公顷产 5109.3 kg），增产 29.52％，投资收益比为 1:23.73（表 4-12）。

该方案解决了谷友土壤处理有时药效不佳、有时产生严重药害的问题。

表 4-12 试验优化方案与优良组合的经济效益比较

项目	处理组合	产量 (千克/亩)	产量 (千克/公顷)	产值 (元/公顷)	投入 (元/亩)	投入 (元/公顷)	经济效益 (元/公顷)	投资/收益
优良组合	$A_3B_1C_3D_4E_1F_2G_2$	340.62	5109.30	17882.70	48.20	723.00	5453.55	1:23.73
	$A_3B_2C_4D_3E_1F_1G_1$	333.10	4996.50	17487.75	68.20	1023.00	16464.75	1:16.09
	$A_4B_4C_1D_3E_1F_2G_2$	259.91	3898.65	13645.35	81.60	1224.00	12421.35	1:10.15
	$A_3B_4C_2D_1E_2F_1G_2$	312.60	4689.00	16411.50	78.20	1173.00	15238.50	1:12.99
	$A_4B_1C_4D_2E_2F_1G_2$	285.71	4285.65	14999.85	51.60	774.00	14225.85	1:18.38
	$A_4B_3C_2D_4E_1F_1G_1$	269.20	4038.00	14133.00	76.60	1149.00	12984.00	1:11.30
优方案	$A_4B_4C_3D_4E_2F_1G_2$	253.53	3802.95	13310.10	81.60	1224.00	12086.10	1:9.87
	$A_3B_1C_3D_4E_2F_2G_2$	263.53	3952.95	13835.25	48.20	723.00	13112.25	1:18.14

注：（1）按照 2010 年农资市场有关产品市售价格计算收益和投入。其中，谷子价格 3.5 元/千克，谷支价格 0.085 元/克，喷施除草剂工费 8 元/亩，喷灌 1 次 15mm、25mm、35mm 的投资分别为 20、25、30 元/亩（含人工费），谷种价格 15 元/kg。

（2）投入仅为参试因素的投入费用，未包含基肥、整地、间定苗等其他相关费用。

五、单嘧磺隆（谷友）的除草技术要点及其效果

1. 44％单嘧·扑灭（谷友）WP 常规使用技术

44％单嘧·扑灭（谷友）WP 亩用 140 g（公顷用 2100 g）播后苗前封闭地皮，对谷田阔叶杂草的防效达 90％以上，对禾本科杂草防效达 85％左右，填补了我国谷田专用除草剂的空白。使用该除草剂后，谷田每亩除草成本降低 60％，对后茬作物冬小麦无影响，对油菜生长有一定的影响，后茬需慎种油菜。

2. 44％单嘧·扑灭（谷友）WP 减量使用技术

亩用 44％单嘧·扑灭（谷友）WP 120 g（公顷用 1800 g），于播后苗前土壤处理，对阔叶杂草防效 95％以上，对禾本科杂草防效 85％以上，减药不减效，叶片颜色正常，未显示药害；而亩用 140 g（公顷用 2100 g）的常规技术，谷苗叶片畸形且有小斑点，显示药害，但到药后 45 天，叶片药害消失。谷友对谷苗生长有一定的抑制作用，抑制时间在药后 30 天时达到高峰，然后逐渐减轻，植株生长变控为促，快速生长。

3. 44％单嘧·扑灭（谷友）WP 的优化方案

"播前整地平实，播种时土壤含水达 15％，播后苗前亩用 44％单嘧·扑灭（谷友）WP 120 g（公顷用 1800 g），兑水 50 kg，封闭地皮；药后不造墒"。在药后 45 天内对单子叶杂草防效为 85.27％，对双子叶杂草防效为 95.04％，总防效 87.30％。该方案解决了 44％单嘧·扑灭（谷友）WP 药效不佳或产生药害的技术问题。

4. 44%单嘧·扑灭（谷友）WP 减量使用技术与谷子品种配套技术

4.1　44%单嘧·扑灭（谷友）WP 与抗除草剂谷子品种系列配套，谷子栽培可免人工间苗、人工除草，大幅减少耕作用工与劳动强度。

4.2　44%单嘧·扑灭（谷友）WP 与非抗除草剂谷子品种配套，谷子栽培可免人工除草，解放生产力，促进谷子产业发展。其技术要点为：

在冀中南，44%单嘧·扑灭（谷友）WP 与冀谷 19、冀谷 31 配套，春播最适播期均为 6 月 9 日，最适密度分别为 4.13 万株/亩（61.95 万株/公顷）、4.28 万株/亩（64.2 万株/公顷）；夏播最适播期为 6 月 18 日，最适密度分别为 4.11 万株/亩（61.65 万株/公顷）、4.33 万株/亩（64.95 万株/公顷）。谷友安全、高效，谷子丰产丰收。

5. 44%单嘧·扑灭（谷友）WP 与农业技术配套兼治谷莠子

通过"深耕翻地 30cm 以上；每 3 年深耕翻地 1 次；采用'春谷—小麦—玉米（棉花）—花生'或'夏谷—花生—玉米（棉花）—小麦'每隔 3 年轮作倒茬 1 次；在谷子播种季节，要注意天气预报，避免在中、大雨之前播种谷子"等措施，就可以配合"谷友"更好地防治恶性杂草谷莠子的严重危害。

6. 44%单嘧·扑灭（谷友）WP 使用技术体系

2013 年河北省质监局审定了《谷田杂草综合防治技术规程》。该标准针对不同地区不同土壤性质、土壤含水量、气温高低、杂草优势种类以及谷子品种耐药性，制定了 44％单嗪·扑灭（谷友）WP 使用技术原则、施用剂量、施药方法及其施药的环境条件。

（1）根据谷田杂草优势种群谷田杂草以马唐、牛筋草、稗草为优势种的杂草群落使用 44％单嗪·扑灭（谷友）WP120～140 克/亩（1800～2100 克/公顷），以马齿苋、反枝苋、藜为优势种的杂草群落使用 44％单嗪·扑灭（谷友）WP100～120 克/亩（1500～1800 克/公顷），兑水 40～50 升/亩（600～750 升/公顷），采用二次稀释法，在播种后 2 天内进行土壤处理。

（2）根据环境条件确定使用剂量与施药方法

①喷药时选无风或微风天气，注意风向，避免飘移到双子叶作物上，以免发生药害。

②喷药时土地要平整、紧实，如地面不平，遇到较大雨水或灌溉时，药剂往往随水汇集于低洼处，造成药害。

③喷药时土壤含水量达 15％为适；遇干旱时，应在播前造墒，避免药后苗前因干旱造墒。

④针对黏性土壤、干旱缺水、气温较低、种植耐药性强的谷子品种的地区，44％单嗪·扑灭（谷友）WP 的使用剂量 120～140 克/亩（1800～2100 克/公顷），如土壤干旱应加大兑水量，至少 50 升/亩（750 升/公顷），有利于提高药效。

⑤针对沙性土壤、土壤湿度较大、温度较高、种植耐药性弱的谷子品种的地区或土壤有机质含量低时，44％单嗪·扑灭（谷友）WP 的使用剂量 100～120 克/亩（1500～1800 克/公顷），避免药害。

周汉章，男，1960 年出生，研究员。中国植物学会会员、中国植物保护学会会员、中国植物病理学会会员、中国作物学会会员、河北省农业企业家协会会员、《河北农民报》顾问委员会顾问。

1984 年 7 月毕业于河北农业大学植保系植保专业，分配到河北省农林科学院植物保护研究所从事植物病理科研及其化学防治工作，1988 年 2 月调入河北省农林科学院谷子研究所至今。先后从事植物病理、谷子病虫草害发生规律及其防治、谷子栽培、一年生饲料作物栽培、科技开发与管理工作。主持省部级各级课题 12 项，共获得省市级科研成果 15 项，鉴定成果 1 项（国际先进），鉴定品种 2 个，授权发明专利 1 项、实用新型专利 27 项，审定省级标准 6 项，登记计算机软件著作权 4 项，发表论文 110 篇，2010 年后发表论文 75 篇（其中核心期刊 35 篇），参编著作 2 部。

邮箱：zhz5678@126.com

2010 年以来发表论文

序号	时间	题目	刊物名称
1	2011.1	不同因素对 44％单嘧·扑灭 WP 除草效果的影响	农药
2	2011.12.20	河北谷田常见杂草种类及发生规律与化学防除	中国植保导刊
3	2011.12.15	冀中南谷田杂草发生与除草剂筛选试验	作物杂志
4	2013.2.15	夏谷田阔叶杂草密度与谷子产量损失关系研究	作物杂志
5	2011.11.25	44％谷友 WP 对谷田杂草的防除及其对谷子产量的影响	中国农学通报
6	2011.10.15	谷田杂草发生特点与化学防除技术	中国种业/增刊
7	2012.1	省级农业科研单位种业面临的机遇、挑战与对策	科技管理研究
8	2011.11.17	除草剂谷友防治单子叶杂草的试验效果	农业科技通讯
9	2013.2.17	春谷播期与产量的最佳拟合曲线模型的研究	农业科技通讯
10	2013.3.17	谷子种植密度对产量的影响	农业科技通讯
11	2012.11.20	影响恶性杂草谷莠种子萌发特性的环境因素研究	农学学报
12	2012.12.20	夏谷田杂草为害损失预测模型的研究	农学学报
13	2013.4.25	谷田单子叶杂草对谷子产量损失的影响	中国农学通报
14	2013.10.25	春谷种植密度与产量的数量关系及其分析	中国农学通报
15	2011.9.25	河北省谷田杂草综合防控技术研究	杂草科学
16	2012.5	Chemical Control of Herbicide Monosulfuron Plus Propazine 44 ％ WP against Weeds in Millet Fields and Study on Factors Influencing Yield of Millet	Agricultural science & technology
17	2012.3	44％单嘧·扑灭WP对谷子的不安全因素研究	河北农业科学
18	2010.11	除草剂谷友对谷田杂草的防除效果及对谷子安全性的影响	河北农业科学

序号	时间	题目	刊物名称
19	2010.11	谷田杂草化学防除面临的问题及发展趋势	河北农业科学
20	2011.9.10	44%谷友（单嘧·扑灭）可湿性粉剂防治谷田阔叶杂草的田间试验研究	现代农业科技
21	2016,44（30）	谷田杂草综合防治技术规程	安徽农业科学
22	2013.2.1	夏谷种植密度与产量预测模型的研究	天津农业科学
23	2013.3.1	夏谷播期与籽粒产量的回归分析	天津农业科学
24	2013.4	Study on Analysis Model of Millet Yield Loss Caised by Weeds on Summer Season Millet Field	Plant Diseases and Pests
25	2013.6	Environmental Factors Influencing Seed Germination Characteristics of Vicious Weed Green Foxtail	Plant Diseases and Pests
26	2016,36（2）	播量与水肥耦合对秋闲田饲用谷子产草量的影响	草原与草坪
27	2011.7.15	转基因抗虫杂交棉新品种——合丰202	中国棉花
28	2011.5.15	高产优质棉花品种万丰201及其栽培技术	中国种业
29	2011.9.15	杂交棉合丰202高产制种栽培技术	中国种业
30	2015.6.20	秋闲田秣食豆高产配套栽培技术优化方案研究	农学学报
31	2015.12.20	播量与水肥耦合对秋闲田饲用谷子水分利用率的影响	农学学报
32	2016,6（11）	河北饲用谷子种植技术规程研究	农学学报
33	2018，8（3）:1-10	种植密度与行距对秋闲田饲用甜高粱单株生产力和草产量的影响	农学学报
34	2017,12	饲草甜高粱高产栽培技术与利用	农业科技通讯
35	2015.4.17	北方饲用谷子繁种高产栽培技术	农业科技通讯
36	2012.3.17	抗虫杂交棉合丰202的特征特性及高产栽培技术	农业科技通讯
37	2018.3	种植密度与行距对秋闲田饲用甜高粱单株生产力的影响	畜牧与饲料科学

序号	时间	题目	刊物名称
38	2017,38(9):	播期与秋闲田饲用高粱生物产量的回归分析	畜牧与饲料科学
39	2017，38（12）	饲用高粱生产技术规程	畜牧与饲料科学
40	2017,38(8)	绿色富硒饲用谷子种植技术规程探讨	畜牧与饲料科学
41	2017，38（11）	播期、播量与行距对秋闲田饲用谷子草产量的影响	畜牧与饲料科学
42	2017,6(7)	播期对秋闲田饲用高粱单株生产力与产量的回归分析	应用数学进展
43	2017, 6(8)	播期对秋闲田饲用高粱株高、叶茎比与干鲜比的回归分析	应用数学进展
44	2018,46(1)	留苗密度与行距对饲用甜高粱叶茎比、干鲜比和草产量的影响	安徽农业科学
45	2011.3	高产优质转基因杂交抗虫棉合丰202的选育	河北农业科学
46	2010.1	抗虫棉万丰201优质高产高效栽培技术研究	河北农业科学
47	2011.4.25	棉花品种万丰201的选育及其栽培技术	天津农业科学
48	2015.4.15	Effects of Different Factors on biological yield of Fodder Soybean (Glycine max (L.) Merr.) in Autum Idle Land	Agricultural science & technology
49	2015.10.30	秋闲田一年生饲用作物品种筛选初报	饲料与畜牧
50	2016,37（6-7）	油葵-饲用谷子复种栽培技术规程	畜牧与饲料科学
51	2016,37（11）	无公害饲用甜高粱种植技术规程研究	畜牧与饲料科学
52	2016,8（5）	Effects of Seeding Rate, Water and Fertilizer Coupling on Grass Yield of Forage Millet(Setariaitlica)in Hebei	Animal Husbandry and Feed Science
53	2016，17（10）	Technical Regulations for Comprehensive Control Weeding in Millet Field	Agricultural science & technology

序号	时间	题目	刊物名称
54	2016,37（8）	饲用谷种生产技术规程	畜牧与饲料科学
55	2016,37（12）	饲用谷子种子清选加工技术规程	畜牧与饲料科学
56	2016/12/2	藜麦的特性及其发展建议	河北农业科学
57	2016/9/15	饲草专用谷子品种冀草谷1号选育及栽培技术研究（英文）	Agricultural Science &Technology ,
58	2017, 18(1)	Regulations on Planting Techniques of Harmless Feeding Sorghum bicolor(L.) Moench in Hebei）	Agricultural Science & Technology
59	2017, 18(2)	Technical Regulations on Cleaning Processing of Feeding Millet Seeds in Hebei Province）	Agricultural Science & Technology
60	2017, 21（1）	饲用甜高粱种植技术规程	河北农业科学
61	2017, 21(2)	无公害饲用谷子种植技术	河北农业科学
62	2017, 8 (1)	Technical Regulations for Integrated Prevention and Control of Weeds in Millet Fields in Hebei Province	Plant Diseases and Pests
63	2017,6(5)	Effects of Sowing Time on Biological Yield of Forage Sorghum（Sorghum bicolor (L.) Moench） in Autumn Idle Land	Agricultural Biotechnology
64	2017,18(11)	河北饲用高粱种植技术规程探讨（英文）	Agricultural Science & Technology
65	2017, 18(10)	Technical Regulations for Planting of Forage Millet Rich in Selenium in Hebei Province	Agricultural Science & Technology
66	2017,6（6）	Study on the relationship of Seedling Density and Line Spacing to Leaf-stem Ratio, DW/FW Ratio and Grass Yield of Forage Sweet Sorghum	Agricultural Biotechnology

序号	时间	题目	刊物名称
67	2017, 18(12)	Effects of Planting Density and Row Spacing on Grass Yield of Forage Sweet Sorghum（*Sorghum bicolor* (L.) Moench	Agricultural Science & Technology
68	2017,7,25: 06 版.	河北无公害饲草谷子种植技术（上）	河北科技报
69	2017,8,1: 06 版.	河北无公害饲草谷子种植技术（中）	河北科技报
70	2017,8,5: 06 版	河北无公害饲草谷子种植技术（下）	河北科技报
71	2017,9 （11）	Study on Quinoa Characteristics in Central and Southern Hebei	Asian Agricutural Research
72	2017,9 （12）	Characteristics of Cheuopodium Quinoa and Development Recommendations	Asian Agricultural Research
73	2018,10(1)	A Simple and high quality method for Isolation and extraction of total RNA of *pholiota adipose*	Asian Agricultural Research
74	2018,19(2): 57-66	Effects of Different Sowing Times on Plant Height, Leaf Stem Ratio and DW/FW Ratio of Forage Sorghum in Autumn Idle Land	Agricultural Science & Technology
75	2018，7 （1）： 44-49，54	Effects of Planting Density and Row Spacing on Plant Productivity of Autumn Forage Sweet Sorghum in Hebei Province	Agricultural Biotechnology

第五章

具有自主知识产权谷子专用除草剂
单嘧磺隆的创制历程

——对单嘧磺隆（NK#92825、Monosulfuron、Dan Mi Huang Long*、Maigunning*、独角龙、谷友、麦谷宁）创制工作的回顾和总结

李正名

农药是确保农业稳产、丰收，保证国家粮食安全的重要技术手段之一。同时，农药通过防害灭灾，对保证人类健康和环境安全也起着十分重要的作用。农药的主要功能是保障、促进农作物和植物的生长，控制及调节各种有害生物代谢、生长、发育、繁殖等过程。尤其在当前，随着城市化进程的加快，世界上可耕用土地面积正逐渐减少，而世界人口总量持续增长，全球粮食供应危机愈来愈突出，给农业的发展带来巨大的压力。因此，全世界都在呼吁更加重视提高单位耕地面积的粮食产量，而农药的推广、使用是提高农作物产量的重要措施之一[1]。

我国是一个农业大国，农业生产对国民经济的稳定和繁

---

*英国农药化学新结构手册（AG CHEM）NEW COMPOUND REVIEW V.28, P.73-74, 2010 命名

荣起着重要的作用。加之我国人口众多，人均占有耕地面积少，农业地理环境十分复杂，需要不同种类和数量庞大的农药来确保粮食安全。在我国销售的农药约 250 种，但其中绝大部分属于仿制品种。在知识产权保护意识日益加强以及进入世界贸易组织（WTO）的新形势下，迫切要求我国的农药研究以创新为目标，加大新农药的创制力度。

农药主要分为除草剂、杀虫剂、杀菌剂和植物生长调节剂四大类。除草剂在农药中所占比重最大，据有关数据统计，全世界每年农药总销售额中除草剂约占 50%[2]。由于农业劳动中最为辛苦的体力劳动是人工除草，因此，在农业现代化进程中，除草剂的广泛应用节省了巨大的劳动力成本，极大地促进了社会进步。曾有人评价除草剂的发明是人类进化史上最伟大的发明之一。至今，世界上有近 400 种除草剂被发明和开发成功。世界各地杂草种类不尽相同，但是相比作物来说杂草争夺阳光、水分、能力要强得多。此外，杂草品种多，发生时间前后错开、生命力更为旺盛，没有相应的除草剂加以控制很可能造成作物严重减产甚至绝收。

除草剂品种的开发和运用受到了各国农药公司及研究机构的高度重视。除草剂按化学分类可分为芳氧羧酸类、有机磷类、酰胺类、氨基甲酸类、杂环类、脲类、磺酰脲类、环依稀酮类等；按使用领域可分为水田除草剂、旱地除草剂；按作用方式可分为光合作用抑制剂、呼吸作用抑制剂、生物合成抑制剂及生长抑制剂等，不同类型的抑制剂有着各自的作用靶标。

近年由于基础理论的发展，科学家对杂草的研究已逐步集中在几个著名的已经阐明结构的靶标中：

①乙酰乳酸合成酶（ALS、AHAS）抑制剂（磺酰脲）；②原扑啉原氧化酶抑制剂（二苯醚）；③八氢番茄红素脱氢酶抑制剂（类胡萝卜素）（氟吡草胺）；④对羟苯丙酮酸双氧化酶（HPPD）抑制剂（磺草酮）；⑤乙酰辅酶 A 羧化酶（ACCase)抑制剂（禾草灵）；⑥光合系统电子传递抑制剂（百草枯）；⑦芳香族氨基酸合成酶（EPSPS）抑制剂（草甘膦）；⑧谷氨酸合成酶抑制剂（草胺膦）。

第一项乙酰乳酸合成酶（Acetolactate Synthase，ALS：EC 1.1.3.18）也称为乙酰羟酸合成酶（Acctohydroxyacid Synthase，AHAS：EC 2.2.1.6），以乙酰羟酸合成酶为作用靶标的除草剂是最重要的品种之一，也是化学农药中最活跃的研究领域之一[3,4]。与其他类型除草剂相比，AHAS 酶抑制剂具有以下突出特点：①活性高，杀草谱广，生物活性为传统农药的 100～1000 倍；②选择性强，对多种作物安全；③对哺乳动物无毒或毒性极低[5]。至今已开发的 AHAS 酶抑制剂多达十余种，其中最具代表性的是磺酰脲类（SU）、三唑并嘧啶磺酰胺类（TP）、咪唑啉酮类（IM）和嘧啶氧（硫）苯甲酸类（PS）（图 5-1）。磺酰脲类除草剂是由美国杜邦公司首先发现的绿色除草剂进入超高效时代的一个标志。由于施药量很小，对环境生态的影响压缩到很小范围。目前商品化品种已有 30 余种，适用于水稻、小麦、大豆、棉花、玉米、谷类等作物田间及草坪的除草，施用浓度在 2～120 克/公顷（相当于 0.15～8 克/亩）之间[6-8]。

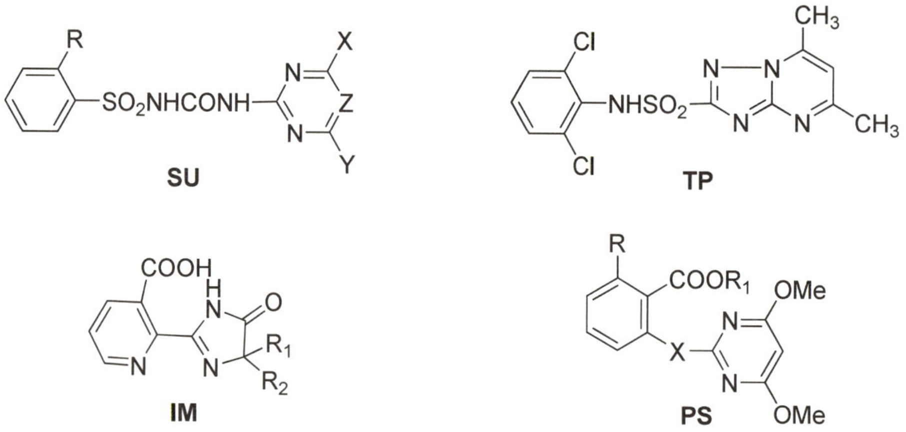

图 5-1   AHAS 酶抑制剂的主要结构类型

AHAS 酶是支链氨基酸（缬氨酸、亮氨酸、异亮氨酸）生物合成途径中第一步反应的关键催化酶，不仅存在于植物体内，也包含于真菌、细菌和藻类中，而哺乳动物不含有这种酶，是一个理想的农用化学品作用靶标[9, 10]。干扰 AHAS 酶的生物活性，可以抑制支链氨基酸的合成，致使 DNA 和其他有丝分裂必不可少的物质的合成被破坏，导致植物和微生物生长受到抑制，从而使植物和微生物生长严重受损直至死亡。鉴于 AHAS 酶在生物体中的关键作用以及磺酰脲类除草剂在杂草综合治理中的重要地位，本文将围绕磺酰脲类除草剂和 AHAS 酶进行综述，分析磺酰脲分子与 AHAS 酶的作用机理，探讨磺酰脲分子潜在的生物活性和寻找生物活性先导化合物。

磺酰脲类除草剂在 20 世纪 80 年代由美国杜邦公司的 G. Levitt 等发现，具有超高效除草活性。后来 J.V. Schloss 等发现其靶酶为专门抑制高等植物体内的乙酰乳酸合成酶（Acetolactate synthase，简称 ALS），而后者是三种带支链氨基酸（亮氨酸 Leucine、异亮氨酸 Isoleucine 和 Valine 缬氨酸）的专业催化合成酶。

然而 ALS 的大分子结构一直没有得到鉴定。经过五年多的艰苦基础研究，直到 2002 年，澳大利亚科学家 Ronald Duggleby 教授才从拟南芥中提取到纯化的靶酶而对其结构得到最后确定。随着 Duggleby 系列论文的发表，考虑到此酶在晶体状态时是一个配有不少辅助因子的四聚体生物大分子，澳大利亚科学家对此靶酶采用了新的命名——乙酰羟基酸合成酶（AcetohyroxyacidSynthse，简称为 AHAS）。ALS 和 AHAS 实际上都是对此特殊合成酶的不同的命名，基本上可以通用。AHAS 的发现十分重要，因为它仅存于高等植物和某些微生物中，而人体中却没有此酶的存在，因此磺酰脲类对人体不起作用，这样也保证了它在应用的选择性和它对人体安全的保证作用。

随着社会的发展与进步，人类安全意识的逐步提高，一些传统农药由于环境毒性以及安全性等问题而被禁用。同时，随着农药的大量和广泛使用，农药抗性和残留问题也逐渐暴露出来。因此新农药的创制需要符合安全高效、对环境和生态友好的要求。以 ALS（AHAS）酶为靶标的磺酰脲类除草剂由于其高效（用量很小）、杀草谱广（能防治阔叶杂草和禾本科杂草）、选择性高（靶标专一）以及对哺乳动物毒性极低等优点，在农业生产中得到广泛的使用。深入开展对 ALS 酶的认识与研究，对磺酰脲类化合物的结构优化和衍生以及寻找更加高效、安全和对环境友好的新活性结构，具有重要的现实意义。

第一节　乙酰羟基酸合成酶

一、乙酰羟基酸合成酶简介

乙酰羟基酸合成酶（AcetohyroxyacidSynthse）是支链氨基酸生物合成途径中第一步反应的关键催化酶，属于依赖氯化硫胺焦磷酸素（ThDP）酶的家族。如同其他需要 ThDP 的酶一样，催化过程起始于一个普通步骤——不可逆的丙酮酸脱羧，然后连接到羟乙基硫胺焦磷酸素上[1-3]。AHAS 酶催化这些平行步骤中的第一步反应（图 5-2），即催化 2 个丙酮酸（Pyruvate）分子合成乙酰乳酸（Acetolactate，AL）或者 1 个丙酮酸分子和 1 分子 2-酮丁酸（2-Ketobutyrate，2-KB）合成乙酰-2-羟基丁酸（Aceto-2-hydroxybutyrate，AHB）。

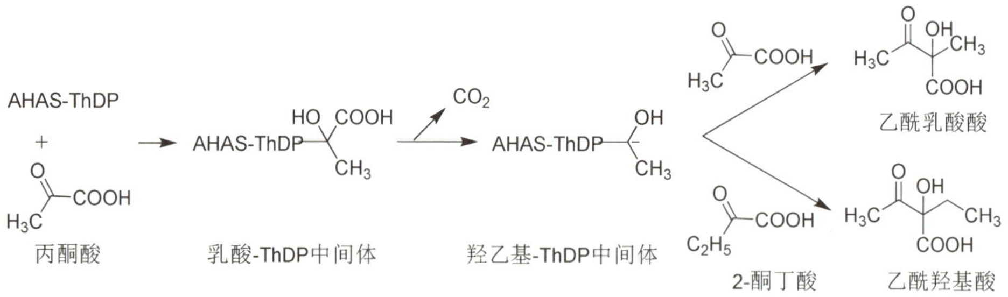

图 5-2　AHAS 酶的催化途径[3]

在这个过程中，需要有 ThDP、FAD（黄素腺嘌呤二核苷酸）和 Mg^{2+} 三种辅助因子的配合才可以实现。该反应决定碳流动到支链氨基酸的程度，也是支链氨基酸生物合成中的关键步骤。反应中间体经过酮醇酸还原异构酶（Ketol-acid Reductoisomerase，KARI）进行还原异构化，再经过双羟酸脱水酶（Dihydroxyacid Dehydratase，DH）催化脱水，分别得到缬氨酸和异亮氨酸的前体，最后经转氨酶（Transaminase，TA）实现缬氨酸和异亮氨酸的生物合成；对于亮氨酸，则是经 DH 脱水以后，中间体 2-酮异戊酸依次经 2-异丙基苹果酸合成酶（2-Isopropylmalate Synthase，IPMS）、异丙基苹果酸异构酶（Isopropylmalate Isomerase，IPMI）、3-异丙基苹果酸脱氢酶（Isopropylmalate dehydrogenase，IPMD）的生物催化生成亮氨酸，支链氨基酸合成途径如图 5-3 所示[4-6]。

　　"支链氨基酸"是生物体内不可缺少的物质，也是各生物体中最基本 20 种氨基酸中的 3 种。它可在细菌、真菌、植物和藻类体内合成，但唯独在动物体内不能合成，需要从外界摄取此类"支链氨基酸"（这也是为何人们要从各种植物中汲取营养的重要原因）。"支链氨基酸"的生物合成受阻将导致蛋白质生物合成过程停止，致使 DNA 和其他有丝分裂必不可少的物质的合成被破坏，导致植物和微生物生长受到抑制，从而使后者的生长严重受损直至死亡[2, 7]。因此，AHAS 酶是绿色除草剂的一个理想和十分安全的作用靶标。

　　在文献中往往见到 AHAS 与 ALS 两种命名：欧美学者都用 ALS，而在澳大利亚称为 AHAS。可能各位学者对其催化功能的理解有所侧重。但是有意义的是，除在高等植物中外，AHAS 还可以在细菌、真菌、藻类之中找到，但是在动体中却没有发现[8]。由于南开课题组曾和澳大利亚第一个发现 AHAS 酶的绝对结构的 Ronald Duggleby 教授进行合作研究，本文中采用他倡议使用 AHAS 的命名。

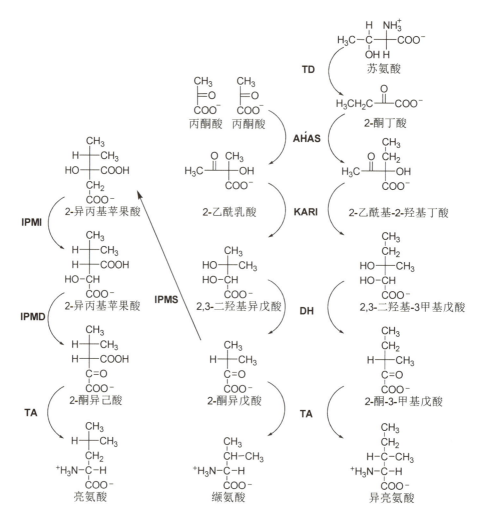

图 5-3 支链氨基酸的生物合成途径[5]

通过对不同物种的 AHAS 酶基因序列进行识别和分析研究发现，AHAS 酶是由催化亚基和调控亚基组成，一般来说，催化亚基比调控亚基稍大一些。因此，一些文献中又将催化亚基称为大亚基，调控亚基称为小亚基[9, 10]。Thompson等人[11]研究了 24 个涵盖真菌、细菌、植物和藻类的 AHAS酶的氨基酸序列，不同物种间催化亚基的相似性从 17％到99％不等。在这 24 个蛋白质中，高度保守的氨基酸残基有

27 个，而其中 15 个是甘氨酸或脯氨酸残基。调节亚基氨基酸序列的相似性从 11% 到 100% 不等，并且没有任何一个氨基酸是在全部种属中完全一致的，但是调控亚基 N-端氨基酸序列具有较高的保守性[5]。

二、细菌的 AHAS 酶

目前为止，已有多种细菌的 AHAS 酶被识别表达，从 Arfin 和 Koziell[12]报道绿脓杆菌（Pseudomonas aeruginosa）AHAS 酶的基因序列开始，陆续有大肠杆菌（Escherichia coli）、鼠伤寒沙门氏菌（Salmonella enterica serovar typhimurium）、乳酸乳球菌（Lactococcus lactis）、结核分支杆菌（Mycobacterium avium）、谷氨酸棒状杆菌（Corynebacterium glutamicum）、白色念珠菌（Canidia albicans）等的 AHAS 酶通过天然提取或者重组表达的方式被深入研究。在这些 AHAS 酶中，人们最感兴趣的是肠道杆菌的 AHAS 酶[13]。

大肠杆菌的 AHAS 酶已被研究者在基因水平和生物化学方面得以深入研究。1979 年，Grimminger 和 Umbarger 第一次报道了大肠杆菌 AHAS 酶的提纯[14]；接着其同功酶的功能基因被克隆并进行了特征研究[15-17]。在大肠杆菌中，至少有三种类型的 AHAS 酶被确认，分别为 AHAS I、AHAS II、AHAS III，由不同的基因编码 *ilv*BN、*ilv*GM、*ilv*IH[18-20]调控表达。每一套基因编码由一个大约 60 kDa 的催化亚基和一个 10~17 kDa 的调控亚基构成，这两个亚基对于实现 AHAS 酶的生物活性是必需的，其催化亚基的同源性在 37%~46% 之间。黏质沙雷菌（*Serratia marcescens*）的 AHAS 酶亦是由两种亚基组成，不过调控亚基的分子量为 35 kDa，比大肠杆菌的要大很多[20]。催化亚基和调控亚基间能够可逆结合，并且不影响酶的活性特征。同时，Niu 等[21]人发现大肠杆菌的 AHAS I 和 AHAS III 的催化亚基和调控亚基可以实现异源重组，只是重组酶的活性较同源酶的有所下降，其他的动力学性质都相似。

利用羧甲基化和凝胶过滤、放射性标记等多种手段，对多种细菌的 AHAS 酶研究发现：细菌中 AHAS 同功酶为 $\alpha_2\beta_2$ 四级结构，含有催化亚基和调控亚基各两个，催化亚基含有全部的酶催化机制；调控亚基通过反馈抑制作用和充分增加酶的活性来控制 AHAS 酶的生物活性；AHAS 的催化反应都需要三种辅助因子（ThDP、Mg^{2+} 和 FAD）[21-23]。

三、真菌的 AHAS 酶

相比较于大肠杆菌而言，真菌只含有一个 AHAS 同功酶，在编码基因的下游没有发现调控亚基。在真菌中，第一个被分离鉴定是粗糙脉孢菌（*Neurospora crassa*）的 AHAS 酶[24]；随后 Pang 等通过大肠杆菌超表达、提纯和重组了酿酒酵母（*Saccharomyces cerevisiae*）的 AHAS 酶，催化亚基（*ilv*2，74.8 kDa）是核编码的，并且定向到质粒体；在基因组序列分析中，一个具有代表性的基因已经被发现，它被绘制成酿酒酵母的染色体 III（YCL900c），与细菌 AHAS 调控亚基的基因序列相似。通过功能分析和生物化学性质的研究，确认为是酵母 AHAS 酶调控亚基的基因，被称为 *ilv*6 (36.1 kDa)[25-28]。

大部分真菌 AHAS 酶基因不含有内含子，但有两个例外，稻瘟病菌（*Magnaporthe grisea*）催化基因含有 4 个内含子，裂殖酵母（*Schizosaccharomyces*）假定的调控亚基基因中也含有一个内含子[26, 29]。缬氨酸可以抑制真菌 AHAS 酶的活性，但加入 MgATP 后可以激活 AHAS 酶的活性[27, 28]。

磺酰脲类除草剂是作用于 AHAS 酶的高选择性化合物，而 AHAS 酶不仅存在于植物中，也普遍存在于细菌和真菌等微生物中。从上述报道可知，AHAS 酶是支链氨基酸生物合成过程中第一步反应的关键催化酶，干扰 AHAS 酶的活性可以阻断支链氨基酸的合成。并且许多研究表明，大量的真菌和细菌不能从外界环境获取支链氨基酸或其前体来维持生存[8, 13]。因此，磺酰脲类化合物具有潜在的微生物活性。

Duggebly 等[88]率先对磺酰脲分子的微生物活性展开了研究，测试了 6 个磺酰脲分子和 3 个咪唑啉酮分子对酿酒酵母菌 AHAS 酶的抑制常数 K_i，其中氯嘧磺隆的 $K_i = 3.25$ nM，是酵母 AHAS 酶的一个潜在抑制剂；最活泼的咪唑乙烟酸的 $K_i = 750$ uM，两者间存在的差距十分明显。同时，对照实验表明是否存在二甲基亚砜（DMSO）对测试结果影响不明显。

四、高等植物的 AHAS 酶

由于磺酰脲类、咪唑啉酮类和嘧啶氧（硫）苯甲酸酯类等除草剂的作用靶标为 AHAS 酶，所以对植物源 AHAS 酶的研究比较多。Mazur 等人利用酵母 AHAS 酶基因 *ilv*2 作为异源探针，从烟草（*Nicotiana tabacum*）和拟南芥（*Arabidopsis thaliana*）中得到了两种植物 AHAS 酶基因[30-33]。随后，多种植物的 AHAS 酶基因相继被确定，如油菜（*Brassica napus*）、马齿苋（*Portulaca oleracea L.*）、棉花（*Gossypium hirsutum L.*）和苍耳（*Xanthium sp.*）等[13, 34-37]。从植物推演出来的 AHAS 酶氨基酸序列同源性较高，除 *N*-端转移肽序列外，其与细菌和酵母 AHAS 也具有较高的同源性。植物 AHAS 酶催化亚基基因编码的分子量大约为 72 kDa，比细菌催化亚基大约 10 kDa，这额外的 10 kDa 是由 N 末端信号肽序列贡献的。但对植物 AHAS 酶的调控亚基的研究报道较少，Lee 等[33]克隆和表达了拟南芥的调控亚基，Hershey 等人[37]通过与细菌调控亚基的氨基酸序列进行比较，克隆和表达了皱叶烟草（*Nicotiana plumbaginifolia*）可能的调控亚基。目前为止，所鉴定的植物 AHAS 酶催化亚基基因中均没有内含子[5]。

尽管针对植物 AHAS 酶的研究较多，但植物体内 AHAS 酶的含量很低并且不稳定，从自然界中提纯植物 AHAS 酶鲜有报道。通常是与细菌 AHAS 酶催化亚基对应的几个基因被克隆，然后通过大肠杆菌进行超表达，这些重组的 AHAS 酶活性较低，并且对缬氨酸抑制不敏感，这是缺少调控亚基所致。当加入调控亚基以后，催化亚基的催化活性和稳定性都显著提高。与细菌一样，来自不同植物种属的亚基之间有交叉反应，比如烟草的调控亚基可以促进拟南芥催化亚基的活性[1, 31, 38]。

五、AHAS 酶的其他研究成果

Chipman 和 Duggleby 等对不同生物源 AHAS 酶催化亚基的氨基酸序列进行对比，发现存在比较明显的同源性，只是来自酵母和植物的残基序列在 N-端有所增长[43, 44]。在具有代表性的植物拟南芥（*A. thaliana*）、细菌（*E. coli*）和真菌（Yeast）AHAS 酶氨基酸序列比对中发现，它们与辅助因子（ThDP、Mg^{2+}、FAD）和催化底物（丙酮酸）结合的氨基酸残基都一样（图 5-4）[45]。

图 5-4　不同物种 AHAS 酶氨基酸序列比对图[45]

辅助因子与 AHAS 酶相连的氨基酸位点：■ThDP；▲Mg^{2+}；▼FAD；◆丙酮酸

Gedi V., Koo B. S., Kim D. E. et al, Characterization of Acetohydroxyacid Synthase Cofactors from haemophilisinflurenza[3].
Bull. Korean Chem. Soc. 2010, 31(12:3782-3784)

随着研究的不断深入，研究人员迫切需要知道 AHAS 酶的空间结构，这不仅关系着底物和辅助因子与 AHAS 酶的相互作用方式，而且能够直观表达 AHAS 酶抑制剂是怎样发挥作用的。到现在为止，研究人员已经获得 13 个催化亚基的晶体结构，6 个酵母的（1 个纯酶和 5 个与磺酰脲类除草剂的复合物），6 个拟南芥的（5 个与磺酰脲类除草剂的复合物和 1 个含有咪唑啉酮类除草剂），加上 1 个不含除草剂的大肠杆菌同功酶 AHAS II。

第二节　磺酰脲类除草剂的研究进展

一、磺酰脲类除草剂的开发

20 世纪 70 年代初，美国杜邦公司的 Sharp 在研究螨类化学绝育中偶然发现含有磺酰脲结构的化合物 1 具有植物生长抑制活性[46]。这引起了 Levitt 的注意，随后对该类化合物进行了结构改进和修饰，发现含有嘧啶结构的化合物 2，在 $20\,kg/hm^2$ 的处理浓度下，呈现出很高的除草活性（图 5-5）。继而展开了磺酰脲类化合物的大规模研究开发，第一个磺酰脲类除草剂——氯磺隆（Chlorsulfuron，3）于 1981 年成功上市，随后又开发了甲磺隆（Metsulfuron-methyl，4）[47, 48]。

与传统除草剂相比，该类除草剂具有无法比拟的优点——用量低（每公顷以克计量）、无先天的抗性以及对哺乳动物基本无毒，磺酰脲除草剂的问世开辟了世界农药研究的新里程碑，标志着除草剂进入超高效时代。从此，磺酰脲类除草剂在全世界范围内掀起了一股热潮，国外的德国巴斯夫、德国拜耳、瑞士先正达、法国安万特、美国孟山都、美国杜邦、日产化学、日本武田、韩国化学研究所以及国内的南开大学、湖南化工研究院等公司和科研机构在该领域相继展开研究。

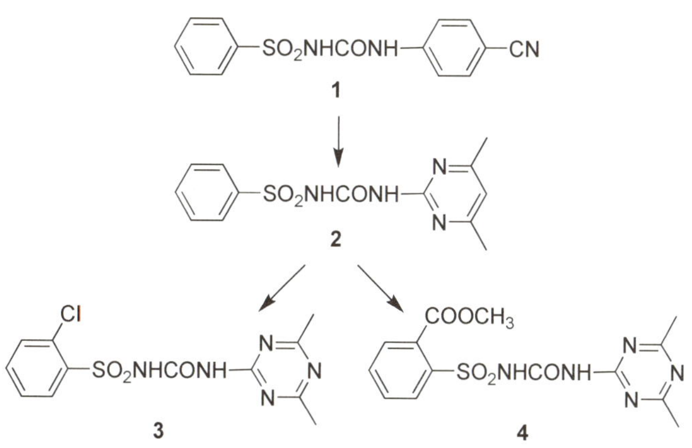

图 5-5　磺酰脲类除草剂的开发历程

　　到目前为止，有关磺酰脲除草剂的专利超过 400 篇，所包含的化学结构数以万计，氯磺隆、甲磺隆、氯嘧磺隆等 30 余个商品化品种在美、日、瑞士等国相继问世[49-51]。我国研发的具有自主产权的单嘧磺隆、单嘧磺酯和甲硫嘧磺隆也获得了农业部的正式登记，表 5-1 列出了一些代表性的商品化磺酰脲除草剂及其防治对象和用量[52-54]。

表 5-1　商品化的磺酰脲类除草剂

Compd.	名称	结构式	开发公司	应用作物	用量 (g/hm²)
S1	Chlorsulfuron (氯磺隆)	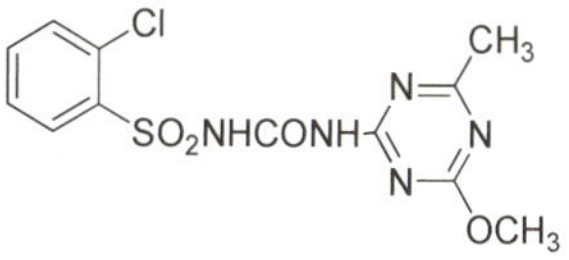	杜邦，1981	谷物	9-25
S2	Sulfometuron-methyl (甲嘧磺隆、嘧磺隆)	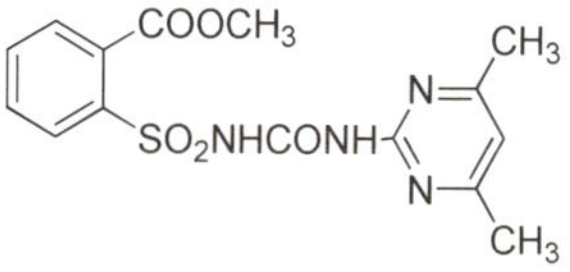	杜邦，1982	非农用	70-840
S3	Metsulfuron-methyl (甲磺隆)	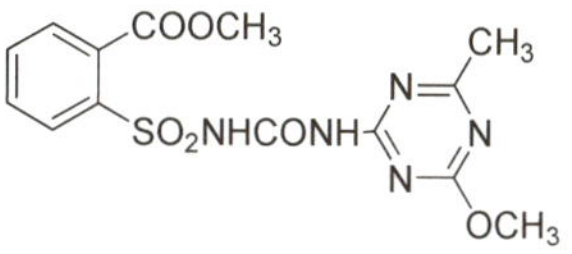	杜邦，1984	谷物	4-8

Compd.	名称	结构式	开发公司	应用作物	用量(g/hm²)
S4	Bensulfuron-methyl (苄嘧磺隆)		杜邦,1984	水稻	20-75
S5	Thifensulfuron- methyl (噻吩磺隆、噻磺隆)		杜邦,1985	大豆	15-30
S6	Chlorimuron-ethyl (氯嘧磺隆)		杜邦,1985	大豆	10-25
S7	Tribenuron-methyl (苯磺隆)		杜邦,1985	玉米	9-30
S8	Triasulfuron (醚苯磺隆)		先正达,1987	谷物	5-10
S9	Primisulfuron-methyl (氟嘧磺隆)		先正达,1988	玉米	10-40
S10	Flazasulfuron (啶嘧磺隆)		先正达,1989	草坪	25-100
S11	Cinosulfuron (醚磺隆)		先正达,1990	水稻	15-30
S12	Pyrazosulfuron-ethyl (吡嘧磺隆)		日产,1990	水稻	15-30
S13	Ethametsulfuron- methyl (胺苯磺隆)		杜邦,1990	玉米	10-25

Compd.	名称	结构式	开发公司	应用作物	用量(g/hm^2)
S14	Amidosulfuron (酰嘧磺隆)		拜尔，1990	谷物	30-60
S15	Nicosulfuron (烟嘧磺隆)		杜邦，1991	玉米	35-70
S16	Rimsulfuron (砜嘧磺隆、玉嘧磺隆)		杜邦，1991	玉米	10-35
S17	Triflusulfuron-methyl (氟胺磺隆)		杜邦，1992	甜菜	10-25
S18	Imazosulfuron (唑吡嘧磺隆)		住友，1993	水稻	75-95
S19	Halosulfuron-methyl (氯吡嘧磺隆)		孟山都，1994	玉米	20-90
S20	Oxasulfuron (环氧嘧磺隆)		先正达，1996	大豆	60-90
S21	Prosulfuron (氟磺隆、三氟丙磺隆)		先正达，1996	玉米	10-40
S22	Azimsulfuron (四唑嘧磺隆)		杜邦，1997	水稻	20-25

Compd.	名称	结构式	开发公司	应用作物	用量(g/hm²)
S23	Ethoxysulfuron (乙氧嘧磺隆)		拜尔，1997	水稻	10-120
S24	Cyclosulfamuron (环丙嘧磺隆)		巴斯夫，1997	水稻	25-50
S25	Sulfosulfuron (磺酰磺隆)		孟山都，1997	谷物	10-35
S26	Flupyrsulfuron-methyl sodium (氟啶嘧磺隆)		杜邦，1997	谷物	10
S27	Iodosulfuron-methyl sodium (碘甲磺隆钠)		拜尔，2001	谷物 玉米	10
S28	Flucarbazone (氟酮磺隆)		拜尔，2001	谷物	30-70
S29	Trifloxysulfuron (三氟啶磺隆)		先正达，2001	棉花	10-15
S30	Foramsulfuron (甲酰胺磺隆)		拜尔，2002	谷物	30-45
S31	Mesosulfuron-methyl (甲磺胺磺隆)		拜尔，2002	谷物	15-30

Compd.	名称	结构式	开发公司	应用作物	用量 (g/hm^2)
S32	Flucetosulfuron (氟吡磺隆)		LG, 2003	水稻 谷子	15-30
S33	TH-547		住友, 2003	水稻	
S34	Procarbazone (丙苯磺隆)		拜尔, 2004	小麦	30
S35	Tritosulfuron (三氟甲磺隆)		巴斯夫, 2004	谷物	
S36	Thiencarbazone-methyl (噻酮磺隆)		拜尔, 2006	玉米	37
S37	K-12060		KRICT, 2008	谷物	20
S38	Monosulfuron (单嘧磺隆)		南开大学 1993	谷子	30-60
S39	Monosulfuron-ester (单嘧磺酯)		南开大学 1994	小麦	15-30
S40	Methiopyrisulfuron (甲硫嘧磺隆)		湖南化工研究院 2000	谷子	15-30

二、磺酰脲类除草剂的构效关系

美国杜邦公司高级研究员、美国总统技术发明奖获得者Levitt 率先对磺酰脲类除草剂的结构与生物活性之间的关系进行了系统研究,他将磺酰脲分为芳基(Aryl)、杂环(Heterocycle)和磺酰脲桥(Bridge)三个结构单元(图 5-6)。

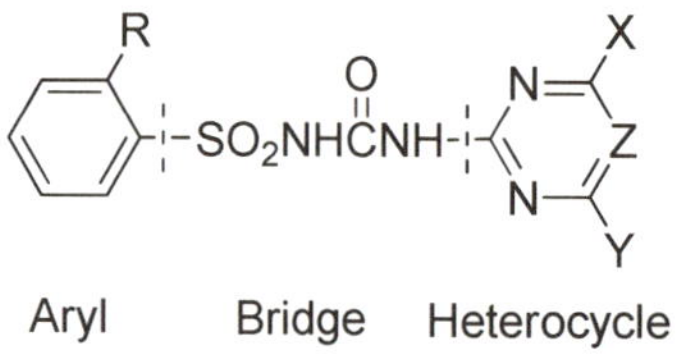

Aryl　　Bridge　　Heterocycle

图 5-6　磺酰脲类化合物的结构

Levitt 首先对其中一个单元进行改造,保持其他部分不变,当活性有所提高时,就保持住这个结构单元,再对其他的位置进行修饰,以获得生物活性最优的结构单元组合。通过大量的实验结果,Levitt 总结出具备高除草活性的磺酰脲类化合物,结构上应符合以下构效关系准则[46, 48]:

①杂环为包含脲桥的胍系结构,一般为嘧啶或三嗪环,环上取代基应为 4,6-位双取代,低级烷基或烷氧基的活性最高(图 5-7),含有不同取代基磺酰脲化合物的相对活性顺序。

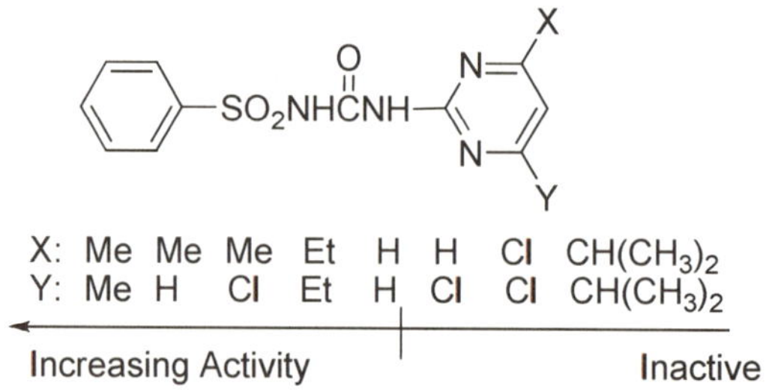

X: Me Me Me Et H H Cl CH(CH₃)₂
Y: Me H Cl Et H Cl Cl CH(CH₃)₂

← Increasing Activity　　　　Inactive

图 5-7　嘧啶环上不同取代基磺酰脲的相对活性

②芳基部分可以是苯环、五元或者六元芳香杂环以及稠杂环，苯环以邻位单取代活性较好，对位上有取代基对活性不利，不同取代基的相对活性，如图 5-8。同时对苯环上双取代进行了总结，以苯基的二氯取代为例，活性顺序为：2,6 > 2,3 > 2,5 > 2,4 > 3,5 > 3,4，其中 2,6-位二取代与 2-位单取代活性相近。

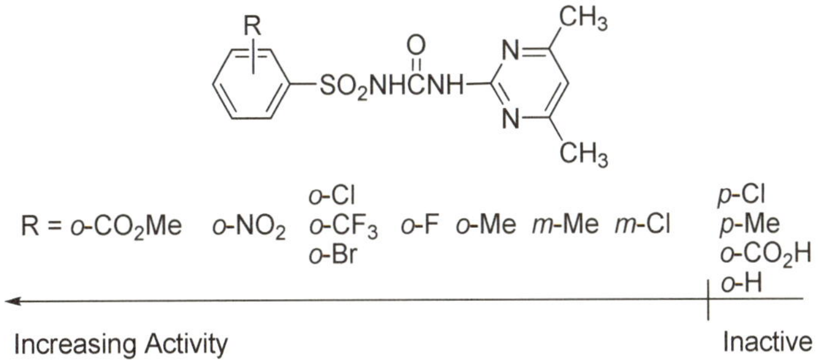

图 5-8　苯环上不同单取代磺酰脲的相对活性

③桥以磺酰脲桥为主，改造后的结构也具有除草活性，但活性一般比经典的脲桥结构有所降低，这些改造后的桥结构如图 5-9 所示。

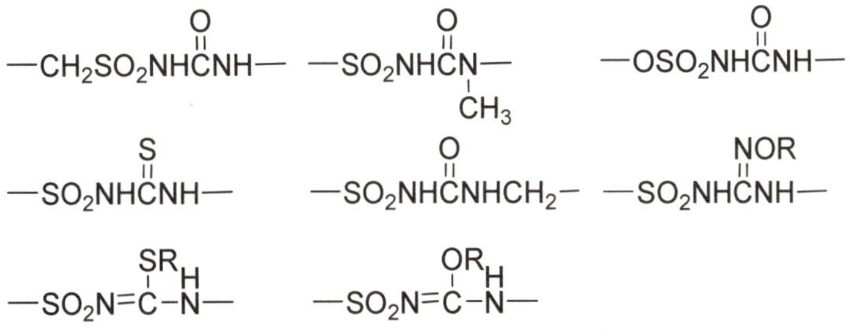

图 5-9　常见的各种脲桥

近 20 年来，在 Levitt 构效规则的基础上，对磺酰脲类除草剂进行了大量的研究，磺酰脲的各结构单元都被充分地修饰和改造，出现了一系列新颖的结构。

第三节　磺酰脲类除草剂与 ALS（AHAS）酶相互作用的研究

一、磺酰脲类除草剂的作用靶标

尽管磺酰脲类除草剂具有超高效、对哺乳动物毒性极低的优点，自从问世以来就是研究的热点，但在相当长的一段时期，其在植物体内的作用位点以及除草机理都不清楚。

Ray 和 Rost[64]的研究表明：氯磺隆通过抑制豌豆体内支链氨基的生物合成，进一步阻断细胞分裂中 DNA 合成前期（G1）和合成后期（G2），导致 DNA 的有丝分裂受阻，从而导致植物生长受阻甚至死亡。与此同时，Chaleff 等[65]研究发现两种磺酰脲类除草剂的作用位点是植物体内的 ALS（AHAS）酶；这一现象也同时被 LaRossa 和 Schloss 等[66]观察到——甲嘧磺隆可以强烈抑制鼠伤寒沙门氏菌体内 AHAS 酶的活性。时隔近 6 年，来自生物学和遗传学的研究者共同证实磺酰脲类除草剂作用于植物体内的 AHAS 酶，通过抑制 AHAS 酶的生物活性，阻碍支链氨基酸的生物合成，导致蛋白质合成停止，致使植物根、茎、叶的生长受到抑制，进而达到除草效果[1, 48]。

二、磺酰脲类除草剂与 AHAS 酶作用模型

在确认了 AHAS 酶为磺酰脲类除草剂的作用靶标之后，人们对它们之间的相互作用方式展开了大量的研究，以在分子水平上指导新型 AHAS 酶抑制剂的设计与合成。

Andrea 等[67]在一系列磺酰脲化合物体外和体内活性测试结果的基础上，对磺酰脲类化合物的结构与受体之间的关系进行了 2D-QSAR 研究，首次提出了磺酰脲与 AHAS 酶结合的假设模型（图 5-10）。指出有利于除草活性的磺酰脲结构如下：苯环的 2,3,5-位上取代基具有疏水性，而 2-位上应含有吸电子取代基以及 4,5-位上存在供电子取代基；杂环部分的 4-或 6-位取代基则有体积的限制，链长应为 1~3 原子；磺酰脲桥带负电荷，以结合带正电荷的氨基酸受体。Murai 等[68]通过对 56 种吡啶磺酰脲类除草剂的构效关系进行研究，也提出了类似的假想作用模型。

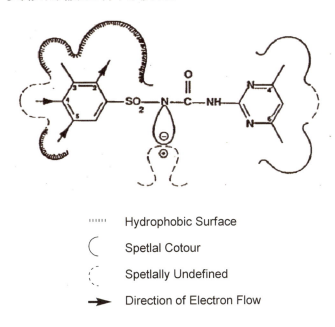

> ┈┈┈　　Hydrophobic Surface
>
> 　　　Spetlal Cotour
>
> 　　　Spetlally Undefined
>
> ⟶　　Direction of Electron Flow

图 5-10　磺酰脲与 AHAS 酶的假想结合模型[67]

Toshio[69]对磺酰脲与 AHAS 酶的作用模型做出了进一步的假设，研究认为 AHAS 酶的反应底物丙酮酸是电负性的，根据正负电荷的相互作用原理，推测其催化中心应包含一个带正电荷底物，以 NH_4^+ 代表受体正离子的结合位点，计算出其与磺酰脲分子相互作用的距离，构建了 NH_4^+ 结合模型（图 5-11）。

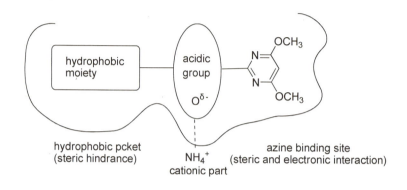

图 5-11　磺酰脲与 AHAS 酶的 NH4+结合模型[69]

本课题组一直致力于磺酰脲类除草剂的研究，特别是单取代磺酰脲除草剂的与受体之间的作用方式。通过对 9 个磺酰脲分子的晶体结构进行分析[70-76]，指出晶胞结构中包含杂环脲桥平面、苯环平面和苯环邻位的硝基或酯基平面，并且杂环上的一个 N 原子与脲桥上的 NH 形成分子内氢键，对磺酰脲分子的空间结构起到稳定作用，在国际上尚属首次报道。本课题组与赖城明教授合作，结合分子力学、量子化学和分子图形学方法，研究了一系列高活性磺酰脲的结构特点，提出"卡口模型"：磺酰脲分子中的羰基氧、磺酰基氧和杂环氮原子形成三个负电中心，与靶标互补，磺酰基与邻位电负性基团形成一个空穴，此模型保证了分子与受体之间有效地吸引叠合，很好地解释了各化合物的活性差异[77-79]。利用计算化学的方法，探讨了杂环表面积对药物分子和受体作用的影响，初步阐明了嘧啶 4-位单取代磺酰脲分子具有突出

活性的内在原因。刘洁博士等[80, 81]用比较分子场分析法
(CoMFA)，对 35 个磺酰脲分子的结构与除草活性之间的关
系进行了研究，讨论了空间场和静电场对活性的影响。

　　自从 AHAS 酶被确认为磺酰脲的靶标后，杜邦公司就致
力于获得 AHAS 酶的晶体结构，以期阐明其结合位点和作用
方式。杜邦公司与普林斯顿大学开展合作，共同进行了两年
的努力，但由于生物源 AHAS 酶的含量少，纯酶很难获得，
加之其本身的不稳定，未能得到预期的结果[1]。尽管对 AHAS
酶的一级结构有比较详细的了解，但其三维结构一直未能得
到确认。直到 2002 年，Duggleby 及其助手 Pang 经过不懈努
力，首次得到了酵母（*S. cerevisiae*）AHAS 酶催化亚基及其
与氯嘧磺隆（Chlorimuron ethyl，CE）复合物的单晶结构（图
5-12）。通过比较催化亚基与磺酰脲分子结合前后的晶体结
构变化，阐释了磺酰脲分子与 AHAS 酶的作用机制[28, 82-86]。

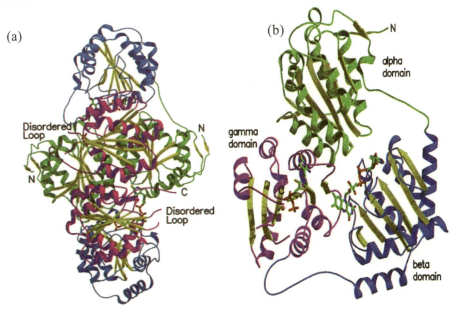

图 5-12　酵母 AHAS 酶的晶体结构　(a)二聚体结构　(b)单体结构[83]

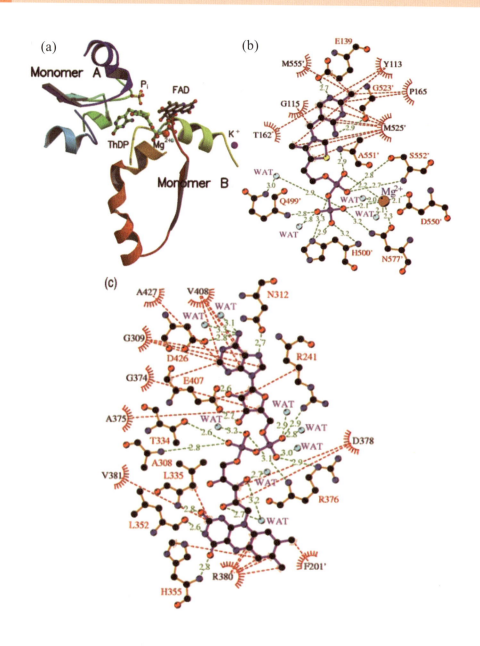

图 5-13 (a)辅助因子在酵母 AHAS 酶中的空间位置；(b)酵母 AHAS 酶与
ThDP 的相互作用位点；(c)酵母 AHAS 酶与 FAD 的相互作用位点[83]

　　酵母 AHAS 酶是一个二聚体，整体结构与其他依赖
ThDP 的酶相似。活性位点位于两个单体的界面上，每个单
体包含 α（85～269 残基）、β（281～458 残基）、γ（473～643

残基）3 个结构域。含有两个活性位点，位于单体的界面上，与辅助因子的作用关系如图 5-13a。ThDP 位于活性位点的正中心，其二磷酸根部分与 Mg^{2+} 和其他残基相互作用（图 5-13b），噻唑啉部分则伸向溶剂中；FAD 呈伸展构象，更加靠近 β 区域，黄素环上的 N-5 到 ThDP 上 C-2 的距离为 13.3 Å，并且黄素环的取向背对 C-2，可见 FAD 不能直接参与催化反应（图 5-13c）。根据其构象不能推断出 FAD 在 AHAS 酶中扮演何等角色，只能推断出它更多起结构上的功能。Mg^{2+} 起螯合作用，将 ThDP 的两个磷酸根与两个氨基酸侧链固定，同时 Mg^{2+} 连接两个水分子，而许多相关的酶中 Mg^{2+} 只连一分子水。

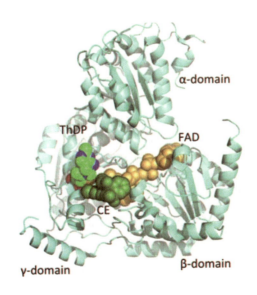

图 5-14　酵母 AHAS 酶与氯嘧磺隆的复合单晶结构[84]

FAD：黄色；氯嘧磺隆：绿色；ThDP：浅绿色

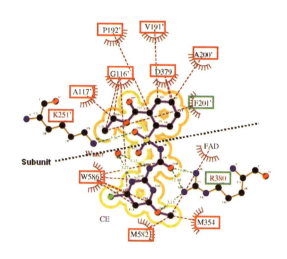

图 5-15　氯嘧磺隆与 AHAS 酶的相互作用[84]

AHAS-CE 复合物的晶体结构与 AHAS 纯酶的几乎一样，氯嘧磺隆与 AHAS 酶通过二聚体表面的无数个非共价键作用紧密结合（图 5-14）。

如图 5-15 所示，氯嘧磺隆与 AHAS 酶的 10 个氨基酸残基直接作用（红框示意），绿框示意的为辅助作用位点，其余部分均未与氯嘧磺隆发生作用。致使 AHAS 酶的 3 个结构域结合得更紧密，与除草剂结合后活性位点所占空间减小，并形成一个盖帽区域（block cap），限制了其他分子和活性位点的接触。同时，磺酰脲分子与 FAD 形成疏水作用以及磺酰脲桥与 Arg380、Lys251 形成氢键作用，以便适应除草剂的存在，有证据表明这些变化是除草剂诱导产生的。在 AHAS 酶中，底物的进出通道位于二聚体的表面，氯嘧磺隆分子与 AHAS 酶结合后，苯环磺酰基部分位于该通道的外侧，脲桥以及嘧啶环部分插入通道中，从而阻止 AHAS 酶与底物结合，干扰支链氨基酸的生物合成[1, 48, 49, 82, 83]。

McCourt 等[87]于 2006 年报道了拟南芥（*A. thaliana*）
AHAS 酶催化亚基与 5 种不同磺酰脲类除草剂以及一种咪唑
啉酮类（Imidazolinone，IM）除草剂复合的晶体结构。拟南
芥 AHAS 酶催化亚基是一个四聚体，含有 4 个活性中心，位
于两个单体的相互作用界面上。因此，其 AHAS 酶最小的活
性单元是催化亚基的二聚体，晶体结构中以四聚体存在的生
物功能目前尚不清楚，可能与底物的结合或者酶的稳定性有
关。拟南芥 AHAS 酶与磺酰脲分子的复合晶体结构与酵母的
非常相似，而且磺酰脲分子在复合物中的构象也几乎一样。
进一步阐明了磺酰脲类除草剂与 AHAS 酶的相互作用方式，
为合理地设计 AHAS 酶抑制剂在分子水平上提供了理论依据。

参考文献

[1]　王建国. 新型磺酰脲类除草剂的生物活性、分子基础及三维定量构效关系研究[D]. 天津: 南开大学, 2004.

[2]　Rost T. L. The comparative Cell-Cycleand metabolic effects of chemical treatmentson Root-Tip meristerns. 3. ChIorsulfuron [J]. *J. Plant Growth Regul.*, 1984, 3(1): 51-63.

[3]　Singh B. K., Shaner D. L. Biosynthesis of branched-chain amino-acids from Test-Tube to field [J]. *Plant Cell*, 1995, 7(7): 935-944.

[4]　余志红. 农药分子与靶标相互作用的计算化学研究[D]. 天津: 南开大学, 2007.

[5]　杨帆. 乙酰羟基酸合成酶(AHAS)亚基间相互作用的计算机模拟研究[D]. 天津：南开大学, 2011.

[6]　崔长军. 靶向 AHAS 的抗菌药物的分子设计、合成及其生物活性研究[D]. 天津: 南开大学, 2013.

[7]　Scheel D., Casida J. E. Sulfonylurea herbicides: Growth inhibition in soybean cell suspension cultures and in bacteria correlated with block in biosynthesis of valine, leucine, or isoleucine [J]. *Pestic. Biochem. Physiol.*, 1985, 23(3): 398-412.

[8]　Pue N., Guddat L. W. Acetohydroxyacid synthase: a target for antimicrobial drug discovery [J]. *Curr. Pharm. Des.*, 2014, 20(5): 740-753.

[9]　Pang S. S., Duggleby R. G. Expression, purification, characterization, and reconstitution of the large and small subunits of yeast acetohydroxyacid synthase [J]. *Biochemistry*, 1999, 38(16): 5222-5231.

[10]　Gedi V., Yoon M. Y. Bacterial acetohydroxyacid synthase and its inhibitors-asummary of

their structure, biological activity and current status [J]. *FEBS. J.*, 2012, 279(6): 946-963.

[11] Thompson J. D., Higgins D. G, Gibson T. Clustal W: Improving the sensitivity of progressive multiple sequence alignment through sequence weighting, position-pecific gap penalties and weight matrix choice [J]. *Nucleic Acids Res.*, 1994, 22(22): 4673-4680.

[12] Arfin S. M., Koziell D. A. Acetolactate synthase of *Pseudomonas aeruginosa* II. Evidence for the presence of two nonidentical subunits [J]. *Biochim. Biophys. Acta.*, 1973, 321(1): 356-360.

[13] McCourt J. A., Duggleby R. G. Acetohydroxyacid synthase and its role in the biosynthetic pathway for branched-chain amino acids [J]. *Amino Acids*, 2006, 31(2): 173-210.

[14] Grimminger H., Umbarger H. E. Acetohydroxy acid synthase I of *Escherichia coli*: purification and properties [J]. *J. Bacteriol.*, 1979, 137(2): 846-853.

[15] Eoyang L., Silverman P. M. Purification and subunit composition of acetohydroxyacid synthase I from *Escherichia coli* K-12 [J]. *J. Bacteriol.*, 1984, 157(1): 184-189.

[16] Schloss J. V., Van Dyk D. E., Vasta J. F., *et al*. Purification and properties of *Salmonella typhimurium* acetolactate synthase isozyme II from *Escherichia coli* HB101/pDU9 [J]. *Biochemistry*, 1985, 24(18): 4952-4959.

[17] Barak Z., Calvo J. M., Schloss J. V. Acetolactate synthase isozyme III from *Escherichia coli* [J]. *Methods Enzymol.*, 1988, 166: 455-458.

[18] 王弘, 于淑娟, 高大维. 蛋白质大分子的结晶[J]. 生命的化学, 2001, 21(5): 429-431.

[19] 赵卫光, 李正名, 王宝雷, 等. 高通量蛋白质结晶及其在药物设计中的应用[J]. 化学进展, 2004, 16(1): 105-109.

[20] Christopher G. K., Phipps A. G., Gray R. Temperature-dependent solubility of selected proteins [J]. *J. Cryst. Growth*, 1998, 191(4): 820-826.

[21] Niu C. W., Feng W., Zhou Y. F., *et al*. Homologous and heterologous interactions between catalytic and regulatory subunits of *Escherichia coli*acetohydroxyacid synthase I and III [J]. *Science in China Series B-Chemistry*, 2009, 52 (9): 1362-1371.

[22] Kimber M. S., Vallee F., Houston S., *et al*. Data mining crystallization databases: knowledge-based approaches to optimize protein crystal screens [J]. *Proteins*, 2003, 51(4): 562-568.

[23] Kundrot C. E. Which strategy for a protein crystallization project? [J]. *Cell Mol. Life Sci.*, 2004, 61(5): 525-536.

[24] Glatzer L., Eakin E., Wagner R. P. Acetohydroxy acid synthetase with a pH optimum of 7.5 from *Neurospora crassa* mitochondria: characterization and partial purification [J]. *J.Bacteriol.*, 1972, 112(1): 453-464.

[25] Poulsen C., Stougaard P. Purification and properties of *Saccharomyces cerevisiae* acetolactate synthase from recombinant *Escherichia coli* [J]. *Eur. J. Biochem.*, 1989, 185(2): 433-439.

[26] Cassady W. E., Leiter E. H., Bergquist A., *et al*. Separation of mitochondrial membranes of *Neurospora crassa* II. Submitochondrial localization of the isoleucine-valine biosynthetic pathway [J]. *J. Cell Biol.*, 1972, 53(1): 66-72.

[27] 赵跃芳. 乙酰羟酸合成酶亚基间相互作用的研究[D]. 天津: 南开大学, 2013.

[28] Pang S. S., Duggleby R. G. Regulation of yeast acetohydroxyacid synthase by valine and

ATP [J]. *Biochem. J.*, 2001, 357(3): 749-757.

[29] Sweigard J. A., Chumley F. C., Carroll A. M., *et al.* Sulfonylurea resistant ALS [J]. *Fungal Genet. Newsl.*, 1997, 44: 52-53.

[30] Mazur B. J., Chui C. F., Smith J. K. Isolation and characterization of plant genes-coding for acetolactate synthase, the target engyille for 2 classes of herbicides [J]. *Plant Physiol.*, 1987, 85(4): 1110-1117.

[31] Chang A. K., Duggleby R. G. Expression, purification and characterization of *Arabidopsis thaliana*acetohydroxyacid synthase [J]. *Biochem. J.*, 1997, 327(1): 161-169.

[32] Singh B., Schmitt G., Lillis M., *et al.* Overexpression of acetohydroxyacid synthase from *Arabidopsis* as an inducible fusion protein in *Escherichia coli* [J]. *Plant Physiol.*, 1991, 97(2): 657-662.

[33] Lee Y. T., Duggleby R. G. Identification of the regulatory subunit of *Arabidopsis thaliana* acetohydroxyacid synthase and reconstitution with its catalytic subunit [J]. *Biochemistry*, 2001, 40(23): 6836-6844.

[34] Grula J. W., Hudspeth R. L., Hobbs S. L., *et al.* Organization, inheritance and expression of acetohydroxyacid synthase genes in the cotton allotetraploid gossypium-hirsutum [J]. *Plant Mol. Biol.*, 1995, 28(5): 837-846.

[35] Bekkaoui F., Schorr P., Crosby W. L. Acetolactate synthase from *Brassica napus*: Immunological characterization and quaternary structure of the native enzyme [J]. *Physiol. Plant*, 1993, 88(3): 475-484.

[36] Delfourne E., Bastide J., Badon R., *et al.* Specificity of plant acetohydroxyacid synthase: Formation of products and inhibition by herbicides [J]. *Plant Physiol.*, 1994, 32(4): 473-477.

[37] Hershey H. P., Schwartz L. J., Gale J. P., *et al.* Cloning and functional expression of the small subunit of acetolactate synthase from *Nicotiana plumbaginifolia*[J]. *Plant Mol. Biol.*, 1999, 40(5): 795-806.

[38] Chang S. I., Kang M. K., Choi J. D., *et al.* Soluble over expression in *Escherichia coli*, and purification and characterization of wild-type recombinant tobacco acetolactate synthase [J]. *Biochem. Biophys. Res. Commun.*, 1997, 234(3): 549-553.

[39] Reith M., Munholland J. 2-Amino-acid biosynthetic genes are encoded on the plastid genome of the red alga porphyra-umbilicalis [J]. *Curr. Genet.*, 1993, 23(1): 59-65.

[40] Douglas S. E., Penny S. L. The plastid genome of the cryptophyte alga, guillardia theta: Complete sequence and conserved synteny groups confirm its common ancestry with red algae [J]. *J. Mol. Evol.*, 1999, 48(2): 236-244.

[41] Joutel A., Ducros A., Alamowitch S., *et al.* A human homolog of bacterial acetolactate synthase genes maps within the CADASIL critical region [J]. Genomics, 1996, 38(2): 192-198.

[42] Duggleby R. G., Kartikasari A. E. R., Wunsch R. M., *et al.* Expression in *Escherichia coli* of a putative human acetohydroxyacid synthase [J]. *J. Biochem. Molec. Biol.*, 2000, 33(3): 195-201.

[43] Duggleby R. G., Pang S. S., Acetohydroxyacid synthase [J]. *J. Biochem. Molec. Biol.* 2000, 33(1): 1-36.

[44]　Chipman D., Barak Z., Schloss J. V. Biosynthesis of 2-aceto-2-hydroxy acids: acetolactate synthases and acetohydroxyacid synthases [J]. *Biochim. Biophys. Acta*, 1998, 1385(2): 401-419.

[45]　Gedi V., Koo B. S., Kim D. E., *et al*. Characterization of Acetohydroxyacid Synthase Cofactors from *Haemophilus influenza* [J]. *Bull. Korean Chem. Soc.*2010, 31(12): 3782-3784.

[46]　Levitt G. Synthesis and chemistry of agrochemicals II, ACS symposium series [M]. Washington DC: American Chemistry Society, 1991.

[47]　Levitt G. Herbicidal sulfonamides: US, 4127405 A [P]. 1978-11-28.

[48]　潘里. 新型磺酰脲化合物的设计、合成及生物活性研究[D]. 天津: 南开大学, 2013.

[49]　刘卓. 新型苯环5-位取代磺酰脲类化合物的设计、合成及生物活性研究[D]. 天津: 南开大学, 2013.

[50]　刘长令. 世界农药大全(除草剂卷)[M]. 北京: 化学工业出版社, 2002.

[51]　郭万成. 新型磺酰脲类化合物的设计、合成、生物活性及构效关系研究[D]. 天津: 南开大学, 2008.

[52]　王美怡. 新型苯环5位取代苯磺酰脲类除草剂的设计、合成及性能研究[D]. 天津: 南开大学, 2008.

[53]　张广良. 新型磺酰脲类化合物的设计、合成及除草活性[D]. 吉林: 吉林大学, 2005.

[54]　庞怀林, 杨剑波, 黄明智, 等. 甲硫嘧磺隆原药的合成工艺活性[J]. 精细化工中间体, 2007, 36(6): 26-28.

[55]　李正名, 贾国锋, 王玲秀, 等. 防治玉米田杂草组合物: CN, 1080116 A [P]. 1994-1-5.

[56]　李正名, 贾国锋, 王玲秀, 等. 新型磺酰脲类化合物除草剂: CN, 1106393 A [P]. 1995-8-9.

[57]　Li Z. M., Ma Y., Guddat L., *et al*. The structure-activity relationship in herbicidal monosubstituted sulfonylureas [J]. *Pest Manag. Sci.*, 2012: 68(4): 618-628.

[58]　Jansen J. R., Drewes M. W., Gesing E. R. F., *et al*. Preparation of phenylaminosulfonylureidoazines as herbicides: DE, 9610566 A1 [P]. 1996-04-11.

[59]　Muller K. H., Drewes M. W., *et al*. Preparation of substituted arylsulfonylamino (thio)carbonyltriazolin(thi)ones as herbicides: DE, 6200934 B1 [P]. 2001-03-13.

[60]　Muller K. H., Drewes M. W., Findersen K., *et al*. Preparation of heteroarylsulfonamides as herbicides: DE, 6200931 B1 [P]. 2001-03-13.

[61]　Lorenz K., Willms L., Bauer K., *et al*. Preparation of pyrimidinylureidosulfonylbenzoates and related compounds as herbicides and plant growth regulators: DE, 1140513 C [P], 2004-03-03.

[62]　Kehne H., Willms L. Preparation of carbamoylphenylheterocyclylsulfonylureas as herbicides and plant growth regulators: DE, 570914 B [P]. 2004-01-11.

[63]　Kehne H., Willms L., Bauer K., *et ai*. Preparation of *N*-pyrimidinyl-*N'*-(hydrazinophenylsulfonyl) ureas and analogs as herbicides: DE, 2206238 C [P]. 2009-01-27.

[64]　Ray T. B. Site of action of chlorsulfuron. Inhibition of valine and isoleucine biosynthesis in plants [J]. *Plant Physiol.*, 1984,75(3): 827-831.

[65]　Chaleff R. S., Mauvais C. J. Acetolactate synthase is the site of action of two sulfonylurea

herbicides in higher plants [J]. *Science*, 1984, 224(4656): 1443-1445.

[66] LaRossa R. A., Scholoss J. V. The sulfonylurea herbicide sulfometuron-methyl is an extremely potent and selective inhibitor of acetolactate synthase in *Salmonella typhimurium* [J]. *J. Biol. Chem.*, 1984, 259(14): 8753-8757.

[67] Andrea T. A., Artz S. P. Rational approaches to structure, activity and ecotoxicology of agrochemicals [M]. Draber W., Fijita T. eds. Barcelona: CRC press, 1992.

[68] Murai S., Nakamura Y., Akagi T., *et al*. Synthesis and chemistry of agrochemicals No. 3 ACS symposium series 504 [M]. Barker D. R., Renyes J. G., Stefens J. J. eds. Washington DC: American Chemical Society, 1992.

[69] Toshio A. A new binding model for structurally diverse acetolactate synthase (ALS) inhibitors [J]. *Pestic. Sci.*, 1996, 47(4): 309-318.

[70] 李正名, 贾国锋, 王玲秀, 等. 新磺酰脲类化合物的合成、结构及构效关系研究(I)—*N*-(2'-嘧啶基)-2-甲酸乙酯-苯磺酰脲的晶体及分子结构[J]. 高等学校化学学报, 1992, 13(11): 1411-1414.

[71] 李正名, 贾国锋, 王玲秀, 等. 新磺酰脲类化合物的合成、结构及构效关系研究(II)—*N*-[2-(4-甲基)嘧啶基]-2-甲酸乙酯-苯磺酰脲的晶体及分子结构[J]. 高等学校化学学报, 1993, 14(3): 349-352.

[72] 李正名, 贾国锋, 王玲秀, 等. 新磺酰脲类化合物的合成、结构及构效关系研究(III)—*N*-[2'-(4, 6-二甲基)嘧啶基]-2-甲酸乙酯-苯磺酰脲的晶体及分子结构[J]. 高等学校化学学报, 1994, 15(2): 227-229.

[73] 李正名, 刘洁, 王霞, 等. 新磺酰脲类化合物的合成、结构及构效关系研究(V)—*N*-[2-(4-乙基)三嗪基]-2-硝基-苯磺酰脲的晶体及分子结构[J]. 高等学校化学学报, 1997, 18(5): 750-752.

[74] 姜林, 李正名, 翁林红, 等. 新磺酰脲类化合物的合成、结构及构效关系研究(VI)—*N*-[2-(4-甲基)嘧啶基]-2-甲酸甲酯-苄基磺酰脲的晶体及分子结构[J]. 结构化学, 2000, 19(2): 149-152.

[75] Ma N., Li Z. M., Wang J. G., *et al*. 1-(4-Methoxypyrimidin-2-yl)-3- (2-nitrophenylsulfonyl) urea [J]. *Acta CrystallographicaE.*, 2003, 59(3): o275-276.

[76] Ma N., Wang B. L., Wang J. G., *et al*. Methyl 2-(4-methoxypyrimidin-2-ylcarbamoylsulfamoyl)-benzoate [J]. *Acta CrystallographicaE.*, 2003, 59(4): o438-440.

[77] 刘艾林, 曹炜, 赖城明, 等. 应用分子图形学、分子力学、量子化学及静电势研究农药分子结构与性能关系(X)—磺酰脲分子内旋转通道的分子力学研究[J]. 高等学校化学学报, 1997, 18(4): 574-576.

[78] 王霞, 袁满雪, 马翼, 等. 应用分子图形学、分子力学、量子化学及静电势研究农药分子结构与性能关系(IX)—结构参数及计算方法的选择对提高磺酰脲类除草剂活性预报准确性的影响[J]. 高等学校化学学报, 1997, 18(1): 60-63.

[79] 赖城明, 袁满雪, 李正名, 等. 磺酰脲除草剂分子与受体作用的初级模型[J]. 高等学校化学学报, 1994, 15(5): 693-694.

[80] Liu J., Li Z. M., Yan H., *et al*. The design and synthesis of ALS inhibitors from pharmacophore models [J]. *Bioorg. Med. Chem. Lett.*, 1999, 9(14): 1927-1932.

[81] 沈荣欣, 方亚寅, 马翼, 等. 用分子动力学模拟方法研究磺酰脲化合物在溶液中构象的变化, 2001, 22(6): 952-954.

[82]　Duggleby R. G., Pang S. S. Acetohydroxyacid synthase [J]. *J. Biochem. Mol. Biol.*, 2000, 33(1): 1-36.

[83]　Pang S. S., Duggleby R. G., Guddat L. W. Crystal structure of yeast acetohydroxyacid synthase: A target for herbicidal inhibitors [J]. *J. Mol. Biol.*, 2002, 317(2): 249-262.

[84]　Pang S. S., Guddat L. W., Duggelby R. G. Molecular basis of sulfonylurea herbicide inhibition of acetohydroxyacid synthase [J]. *J. Biol. Chem.*, 2003, 278(9): 7639-7644.

[85]　Lee Y. T., Duggleby R. G. Regulatory interactions in *Arabidopsis thaliana* acetohydroxyacid synthase [J]. *FEBS Lett.*, 2002, 512(1~3): 180-184.

[86]　Lee Y. T., Duggleby R. G. Mutagenesis studies on the sensitivity of *Escherichia coli*acetohydroxyacid synthase II to herbicides and valine [J]. *Biochem. J.*, 2000, 350(1): 69-73.

[87]　McCourt J. A., Pang S. S., King-Scott J., *et al*. Herbicide binding sites revealed in the structure of plant acetohydroxyacid synthase [J]. *Proc. Natl. Acad. Sci. USA*, 2006, 103(3): 569-573.

[88]　Duggleby R. G., Pang S. S., Yu H. Q., *et al*. Systematic characterization of mutations in yeast acetohydroxyacid synthase-Interpretation of herbicide-resistance data [J]. *Eur. J Biochem.*, 2003, 270(13): 2895-904.

[89]　Kreisberg J. F., Ong N. T., Krishna A., *et al*. Growth inhibition of pathogenic bacteria by sulfonylurea herbicides [J]. *Antimicrob. Agents and Chemother.*, 2013, 57(3): 1513-1517.

[90]　Cho J. H., Lee M. Y., Baig I. A., *et al*. Biochemical characterization and evaluation of potent inhibitors of the *Pseudomonas aeruginosa* PA01 acetohydroxyacid synthase [J]. *Biochimie*, 2013, 95(7): 1411-1421.

[91]　Hill C. M., Duggleby R. G. Mutagenesis of *Escherichia coli*acetohydroxyacid synthase isoenzyme II and characterization of three herbicide-insensitive forms. *Biochem. J.*, 1998, 335(Pt 3):653-661.

[92]　班树荣, 牛聪伟, 陈文彬, 等. *N*-(5'-溴-4'-取代嘧啶-2'-基)苯磺酰脲化合物的合成和生物活性[J]. 有机化学, 2010, 30(4): 564-568.

[93]　Lee Y. T., Cui C. J., Chow E. W. L., *et al*. Sulfonylureas have antifungal activity and are potent inhibitors of*Candida albicans*acetohydroxyacid synthase [J]. *J. Med. Chem.*, 2013, 56(1): 210-219.

[94]　王建国, 卢克·顾达特, 詹姆斯·弗拉泽, 等. 乙酰乳酸合成酶抑制剂作为制备抗真菌药物的应用: CN, 102488692 A [P]. 2012-06-13.

[95]　Grandoni J. A., Marta P.T., Schloss J. V. Inhibitors of branched-chain amino acid biosynthesis as potential antituberculosis agents [J]. *J. Antimicrob. Chemother.*, 1998, 42(4): 475-482.

[96]　Choi K. J., Yu Y. G., Hahn H. G., *et al*. Characterization of acetohydroxyacid synthase from *Mycobacterium tuberculosis* and the identification of its new inhibitor from the screening of a chemical library [J]. *FEBS Lett.*, 2005, 579(21): 4903-5010.

[97]　Dong M., Wang D., Jiang Y., *et al*. *In vitro* efficacy of acetohydroxyacid synthase inhibitors against clinical strains of *Mycobacterium tuberculosis* isolated from a hospital in Beijing, China [J]. *Saudi Med. J.*, 2011, 32(11): 1122-6.

[98]　Pan L., Jiang Y., Liu Z., *et al*.Synthesis and evaluation of novel monosubstituted

sulfonylurea derivatives as antituberculosis agents [J]. *Euro. J. Med. Chem.*, 2012, 50(1): 18-26.

[99]　Wang D., Pan L., Cao G.,*et al.*Evaluation of the *in vitro* and intracellular efficacy of new monosubstituted sulfonylureas against extensively drug-resistant *tuberculosis* [J]. *Inter. J. Antimicrob. Agents*, 2012, 40(5): 463-466.

[100]　Patil V., Kale M., Raichurkar A., *et al.* Design and synthesis of triazolopyrimidineacylsulfonamides as novel anti-mycobacterial leads acting through inhibition of acetohydroxyacid synthase [J]. *Bio. Med. Chem. Lett.*, 2014, 24(9): 2222-2225.

第四节　谷子专用除草剂的创制过程

中国国情是人多地少，农业增产离不开除草剂的保护，不使用除草剂农作物减产 30%～70%。农作物自始至终和杂草为了生存进行激烈的竞争，争夺阳光、水分和营养物质。与人工培育的高产农作物比较，杂草具有更强的生命力，正如白居易诗句所描写的"野火烧不尽，春风吹又生"。

2002 年香山科学会议讨论绿色农药的分子设计及化学生物学，我们提出今后我国创制具有自主知识产权新农药的方向：①对人类健康安全无害（包括食品、水安全）；②对环境生态友好（包括大气、土壤、有益生物）；③超低用量；④高选择性；⑤作用方式和代谢途径清楚；⑥绿色工艺流程。

Levitt 博士 1991 年在全美化学会上总结了长期从事 SU 类除草剂的构效关系，认为一个优秀的新 SU 分子必须符合以下四个要点：①分子中含有脲桥；②在脲桥间位须有两个取代基；③在脲桥对位不能有任何取代基；④分子中须有一个杂环系统。

本课题组在 1992 年对上述构效规则的第二要点有了新的想法，想探究一下 Levitt 所强调的胍基的间位如改成位 1 个取代基或 0 个取代基会带来什么除草活性的影响？按照他的规则推论应该和间位取代基的多少有关，即除草活性应该出现这样的次序：2> 1> 0.

NK #92832

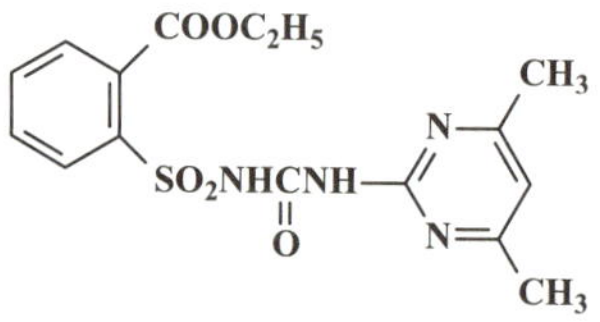

NK #9285

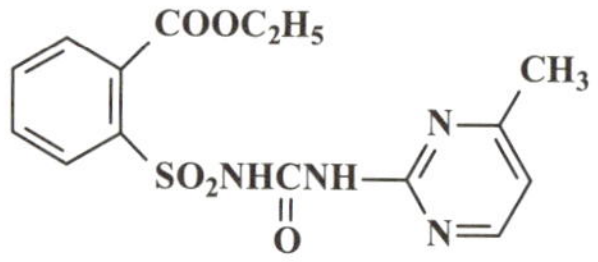

NK #92824

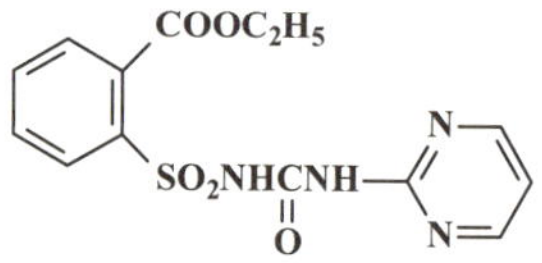

但科学结论不能光凭推论，必须要有实验的数据来说话。南开课题组合成了以上全部三个结构式，并进行了室内 4 种代表性防除杂草的生测工作。

南开课题组采用基础理论研究逆向思维法，对 Levitt 构效关系规则进行了修正，即含单取代嘧啶环的 SU 与间位双取代嘧啶环的除草活性相当，而当杂环为三嗪环时药效很不理想，此时仍符合 Levitt 规则[55-57]。

按 Levitt 规则推论，双取代的 SU 除草活性应该最高，单取代次之，而无取代应该无效。但我们重复的实验结果证明设计我们的单取代 SU 活性和双取代 SU 相比，药效还要好些（图 5-16）。这个意外的发现对我们的启发很大。因此我们开展了以含单取代嘧啶环的新型磺酰脲类的创新研究。

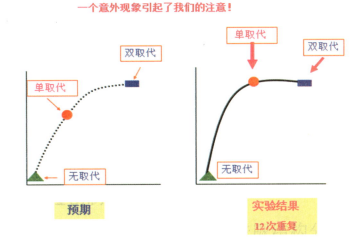

图 5-16　在基础研究中首次发现的实验结果

首先从基础研究开始，先后对已占领市场的 SU 商品进行结构剖析，在马翼高工的协助下首次发现分子内有一个 N-H 键（图 5-17），静电势分析有 3 个电负中心（图 5-18）和阐明其空间结构的部署（图 5-19A）。

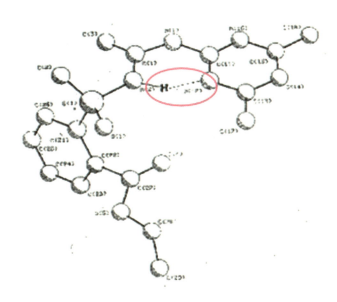

图 5-17　红外光谱首次观察到的分子内氢键

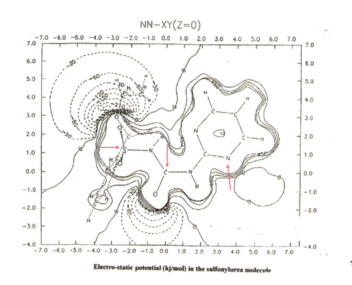

图 5-18　磺酰脲分子静电势分布图

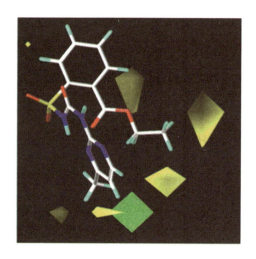

图 5-19A　ComFa 计算的 3D 空间效应图

　　本课题组合成大量新型结构分子，根据其化学和生物信息提出 SU 分子结构存在一个卡口模型的设想（图 5-19B）。

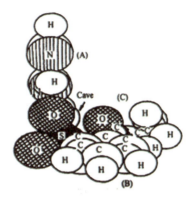

卡口模型的提出

李正名、赖城明
有机化学 21（11） 810-815 （2001）

图 5-19B 有效分子的共同模型

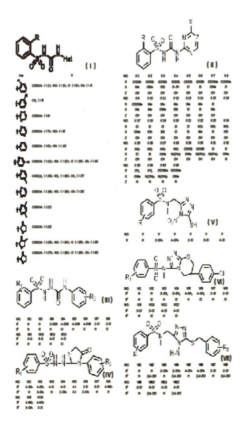

图 5-20 本课题组设计合成的新磺酰脲分子示意图（1990-）

自 1990 年开始，我们根据自己对 Levitt 规则的修改，陆续合成了上千个新的磺酰脲结构分子（图 5-20），通过总结分析所获得的化学和生物实验信息，经过反复思考得出以下新的观点：

可以看到 Levitt 规则所强调 4 条规则中的第 2 条"在胍桥的间位须有两个取代基"已被我们的基础研究和大量实验所否定，此外 Levitt 规则中没有强调在磺酰脲的邻位必须有一个吸电子官能团才有超高药效是一个令人遗憾的疏忽。

图 5-21　Levitt 博士来访南开大学进行学术讨论

在 20 世纪 90 年代后期，美国杜邦公司 Levitt 博士曾应邀访问南开大学（图 5-21），我们介绍了创制出带单取代嘧啶环的新磺酰脲新结构系列并发现它们的超高效除草活性后，他说当时杜邦也研究过单取代三嗪环的磺酰脲新结构分子，但室内除草试验发现其除草活性都很差，因此放弃了这个方向。双方通过学术交流坦诚讨论，面对我们大量基础研究实验数据和对他的构效规则补充修改意见，Levitt 博士表示认同。

我们提出磺酰脲类构效关系的新规则：

①分子中有三个相互独立的非共平面构象。

②分子中三个电负中心由羧基氧、磺酰基氧和杂环
　氮原子组成。

③在磺酰基与其邻位组成一个空穴。

Zheng-Ming Li, Proceedings of 2nd International
Conference on Crop Protection Chemicals（UNIDO）
Edited L G.Coppipng&Sugavanam p.30-36(1999)

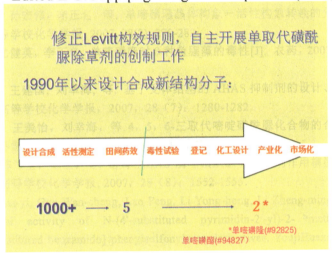

图 5-22　筛选寻找新的靶向分子

　　本课题组从上千个新结构分子中筛出 5 个新分子（编号
#92825，#94827，#9285，#01806，#01808）的除草性达到国
际商品的超高效水平（图 5-22）。我们从发现的 5 个药效优
秀的新 SU 结构分子中，根据原料、成本、工艺等因素，对
#92825（单嘧黄隆，图 5-23），#94827（单嘧磺酯）重点进行
了长达 8 年的后续开发，包括大田试验的验证，工艺绿色化，
对毒性、环境生态的大量实验等。

　　新发现的 SU 分子#92825（单嘧磺隆的 CAS 新结构登记
号 155860-63-2）和#94827（单嘧磺酯的 CAS 登记号 175076-

90-1）早在 2003 年已经成为在国家农业部农药检定所登记的新麦田新创制品种，它们对北方小麦田杂草碱茅（图 5-24）、播娘蒿（图 5-25）等有良好的防效，"农业市场信息"2003 年第 2 期进行了有关报道。

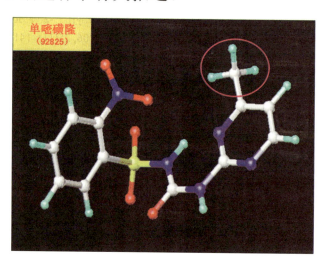

图 5-23　选择最佳分子 N–[(4'甲基吡啶–2'基)–2–硝基苯基磺酰脲（单嘧磺隆）

图 5-24　单嘧磺隆对北方碱地小麦产区危害严重的流行性碱茅草害有特效

单嘧磺隆控制杂草播娘蒿（山东）

图 5-25 早期发现单嘧磺隆对麦田中重要杂草播娘蒿有特效

20 世纪 90 年代后期南开课题组在天津植保所协助下，曾在市郊小麦实验田进行新磺酰脲#92825（即后来的单嘧磺隆，商品名称谷友）防治杂草的大田验证试验。课题组发现在每亩 2 克（每公顷 30 克）剂量下，发现几乎所有的杂草都被很好地控制住了，但是在麦田中仅剩一株名叫狗尾草的杂草竟然昂立不死（图 5-26），引起参试人员很大的兴趣。

狗尾草 （禾） *Setaria viridis* (*L.*) *Beauv.*

狗尾草　green bristlegrass

在田间实验中又有一次意外的发现！　　　　1

图 5-26 首次发现单嘧磺隆对狗尾草属杂草无效

　　实验结果从创新除草剂研究来讲很不理想，因为一般来说除草剂要有广谱性才好。但是从辩证思维出发，这一新结构分子（新磺酰脲#92825）表现了一种很有特色的选择性，怎样利用此"缺点"为我们服务呢？我们大胆地设想应该寻找与此狗尾草有亲缘关系的农作物，这一新结构分子的特色选择性应该对之十分有利。经过植物分类学的查询，狗尾草学名为 *Satariaviridis*，归于禾本科（*Gramineae*）狗尾草属（*SetariaBeauv*），而北方地区有一种作物谷子（*Setariaitilica, foxtail millet*），也属于禾本科狗尾草属，这样我们注意力才转移到谷子除草上来。因为磺酰脲类除草剂发明以来国内外从未在谷田里进行过除草试验，我们在大量实践中所获得的"灵感"开辟了我们创制新除草剂的一条新途径。

　　一切客观真理要通过反复实践才能得到认识。我们调研后才对谷子有了深入的了解。谷子是中华民族的传统作物，但苗对除草剂具有高度敏感性和特别脆弱性。20世纪80年代国家曾经组织全国寻找谷田专用除草剂，但十分遗憾没有找到谷田配套使用的专业除草剂。当时谷子种植还在采用人工除草，导致除草效率低、劳动强度高，严重地影响了谷子事业的发展。苗和杂草外形相似人工除草容易出差错，加之人工费用日益高涨，农民经济负担愈来愈大。

　　经过小区试验，证明单嘧磺隆（NK92825）除草活性和增产效果十分明显。为了验证我们的推论，在段胜军研究员协助下，课题组将市场上各种商品磺酰脲除草剂与我们的单嘧磺隆进行小区试验对比，结果再次证实**单嘧磺隆对谷苗的保护一枝独秀，是最安全的谷田除草剂**，而其他除草剂对谷苗都会产生不同程度的药害。

在各级领导大力支持下，通过艰苦创新，单嘧磺隆终于应运而生，填补了国内外谷子长期以来没有专用除草剂的技术空白。

图 5-27　传统采用人工除草劳动效率低成本高（张家口农科院资料）

图 5-28　河北农科院小区对照实验：左图是杜邦公司除草剂的谷田施药效果　右上图为空白对照（杂草丛生），右下图为单嘧磺隆施药与对照比较

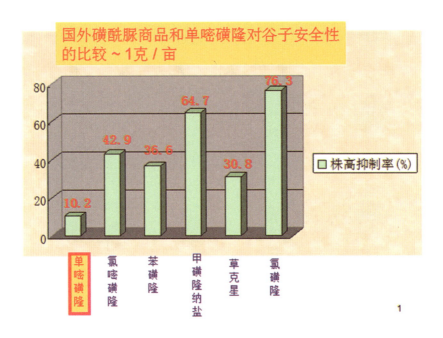

图 5-29　河北农科院小区对照实验：其他除草剂对谷苗的药害统计
单嘧磺隆对谷苗的表现最为安全

　　小区试验获得进展后，我们立即在河北省石家庄地区（图
5-30）和张家口地区（图 5-31）进行大田试验验证。图 5-30 左
图为未施药的对照区，谷田杂草丛生；图 5-30 右图为单嘧磺
隆施药区（1.25 克/亩，18.75 克/公顷），谷子丰收在望。

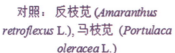

对照：反枝苋 (*Amaranthus
retroflexus* L.)，马枝苋 (*Portulaca
oleracea* L.)

单嘧磺隆1.25克/亩

图 5-30　单嘧磺隆石家庄地区谷子大田试验效果

图 5-31　单嘧磺隆张家口地区谷子大田试验效果
作者在张家口农科院赵治海研究员陪同下调研大田除草增收情况

图 5-32　南开大学研制生产的单嘧磺隆和单嘧磺酯产品

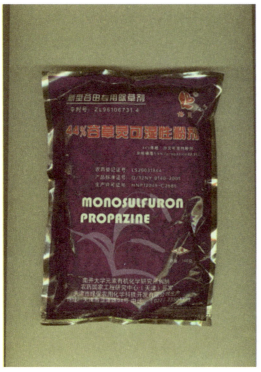

对环境友好超高效除草剂创制品种

单嘧磺隆

完成全部国家新农药品种的三证手续，准予进入市场

图 5-33　南开大学制备的单嘧磺隆制剂

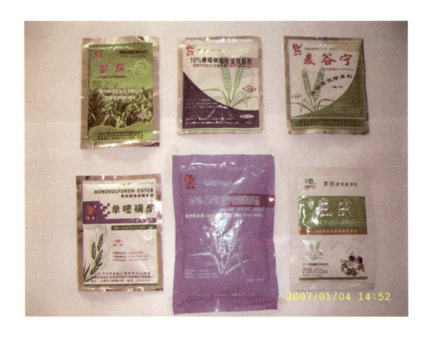

图 5-34　南开大学单嘧磺隆的不同制剂产品

第六节　创制具有自主知识产权的绿色除草剂单嘧磺隆

在科研成果转化的过程中，按照国家对我国创新农药的规定还要申报大量有关的毒理、环境、生态等实验数据才能进行正式登记。我们先后进行了长达 8 年的继续续试验，由具有国家资质的单位合作先后完成了 38 项各类实验结果，经过农业部门专家委员会的严格审查终于获得国家新农药证书。部分实验结果举例如下。

毒理试验：

92825 原药　　**雄性大鼠经口** $LD_{50} >$　4640 mg/kg

　　　　　　　　　雌性大鼠经口 $LD_{50} >$　4640 mg/kg

92825 原药　　**雄性大鼠经皮** $LD_{50} >$　4640 mg/kg

　　　　　　　　　雌性大鼠经皮 $LD_{50} >$　4640 mg/kg

92825 原药对 Wistar 大鼠的最大无作用剂量为：

雄鼠 38.3650 $\pm$ 4. 4729 mg/kg/day

雌鼠 42.5350 $\pm$ 2.9518 mg/kg/day

92825　　　　　**$LD_{50} >$**　4640 mg/kg

94827　　　　　**$LD_{50} >$**　10000 mg/kg

__**牙膏**__　　　　　　　　　**250** mg/kg

氯霉素　　　　　　　　　245 mg/kg

敌敌畏　　　　　　　　　56 mg/kg

（上述数据指出单嘧磺隆、单嘧磺酯对温血动物没有毒性）

单嘧磺隆在田间的残留分解模式

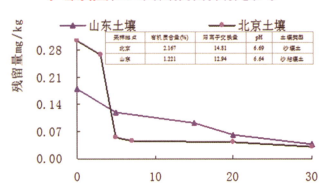

- Monosulfuron 半衰期　24.0d（北京地区）

　　　　　　　　　　　　　13.6d（山东泰安）

图 5-35　单嘧磺隆的各种环境生态试验数据

单嘧磺隆对下茬作物的安全性

(2克/亩)

图 5-36　单嘧磺隆对下茬作物的安全性试验（2克/亩，30克/公顷）

　　根据国家农业部规定，我国自主创制新除草剂需要提供38项（现已增加到41项）毒理、环境、生态的实验数据，必须有政府批准的资质单位进行，因此单嘧磺隆走上了一段长达8年时间的长期的曲折道路。

　　国家管理部门对创制新农药规定，必须经过下列38项毒理、环境和生态科目的严格审核。具体内容如下（每项目必须经过国家指定有资质的单位进行，每项内容一般须半年到两年时间完成）：

单嘧磺隆（原药）	试验项目	
产品化学资料	全分析	√
急性毒性试验	急性经口毒性试验	√
	急性经皮毒性试验	√
	眼睛刺激性试验	√
	皮肤刺激性试验	√
	皮肤致敏性试验	√
亚慢性毒性	亚慢（急）性毒性试验	√
	眼睛刺激性试验	√
	体外哺乳动物细胞基因突变试验	√
	体外哺乳动物细胞染色体畸变试验	√
	体内哺乳动物骨髓细胞微核试验	√
慢性毒性	生殖毒性试验	√
	致畸性试验	√
	慢性毒性和致癌性试验	√

环境行为	挥发性试验	√
	土壤吸附试验	√
	淋溶试验	√
	土壤降解试验	√
	水解试验	√
	光解试验	√
环境毒理试验	鸟类急性经口毒性试验	√
	鸟类短期饲喂毒性试验	√
	鱼类急性毒性试验	√
	水蚤急性毒性试验	√
	藻类急性毒性试验	√
	蜜蜂急性经口毒性试验	√
	蜜蜂急性接触毒性试验	√
	天敌赤眼蜂急性毒性试验	√
	天敌两栖类急性毒性试验	√
	家蚕急性毒性试验	√
	蚯蚓急性毒性试验	√
	土壤微生物影响试验	√
	非靶标植物影响试验	√

经过申请临时登记证手续再办理正式登记证，单嘧磺隆作为我国第一个具有自主知识产权的创制除草剂，终于拿到了农业部、工业和信息化部、天津市质量技术监督局分别颁发的新农药"三证"——"农药登记证""农药生产批准证书""企业产品标准"，正式量产进入市场。

单嘧磺隆是我国第一个获国家正式登记证的创制除草剂品种

1

中华人民共和国
农药生产批准

证　书

工业和信息化部

生产企业：天津市绿保农用化学科技开发有限公司

产品名称：90%单嘧磺隆原药

生产类型：原药

执行标准：Q/12NY0218-2011

证书编号：HNP 12049-C3744

有效期：至 2016 年 9 月 28 日止

2011 年 9 月 28 日

在国家各有关部委、天津市科委农委等部门、河北省农
科院、张家口农科院等各级领导和同行的大力支持下，经过
我课题组全体同志刻苦努力，从基础研究、工艺开发、中间
试验、专利申请到完成新除草剂的毒理、环境、生态评价各
个环节，经过了 20 年的持续工作才最后拿到国家新农药三
证。各项数据证实单嘧磺隆是一个具有我国自主知识产权的
绿色、超高效、基本无毒的谷子专用除草剂，填补了国内外
技术空白。

作为一个新除草剂，在各地气候、湿度、土壤结构、耕
作制度、施药水平等都有差异情况下，需要进一步总结经验，
提高应用水平，才能在复杂环境中做好示范推广工作。

以下是我课题组 1990 年至 2012 年发现和开发单嘧磺隆

的流程示意图（图 5-37）。

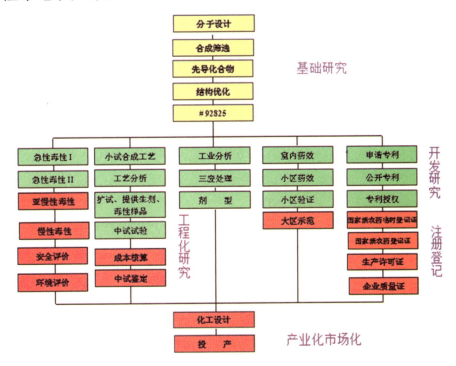

图 5-37　单嘧磺隆的创制和开发全过程（1990-2012）

第七节　单嘧磺隆的基础研究工作

图 5-38　2002 年 Duggleby 教授首次公布 AHAS 靶酶全分子结构

　　自从超高效磺酰脲类除草剂问世以来，生物学家初步确定其靶酶为 ALS 酶，但此靶酶的绝对结构一直没有得到阐明。直到 2002 年澳大利亚 Queensland 大学 R. G. Duggleby 教授（图 5-38）经过 5 年艰苦的基础研究终于首次得到了 AHAS 靶酶（这是澳大利亚命名，美国称之为 ALS 酶）的晶体（图 5-39）并剖析了其详细的绝对结构，奠定了磺酰脲类作用靶酶的理论基础。

AHAS(ALS) 酶晶体结构(R. Duggleby)

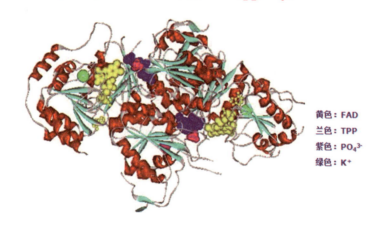

黄色：FAD
兰色：TPP
紫色：PO_4^{3-}
绿色：K^+

图 5-39　首次获得的磺酰脲类除草剂靶酶晶体结构（Duggleby）

　　在国家科技部领导大力支持下，我课题组与 Duggleby 课题组展开国际合作，送去我们合成 SU 新结构分子所筛出的 5 个药效最优秀分子与 Duggleby 教授从拟南芥中获得的纯 AHAS 靶酶进行体外对接，所得到的体外抑制数据和我们室内除草活体实验数据相互验证，和市售磺酰脲除草剂苯磺隆的药效相比略有超过。

体外活性（K_i）与体内活性（IC_{50}）的对照和验证

	体外 in vitro	体内 in vivo
	K_i (μM)	IC_{50} (μM)
#92825	0.2453	0.489
#94827	0.3626	0.315
#9285	0.2661	0.522
#01809	0.3447	1.490
#01808	0.5602	0.845
苯磺隆	0.3162	0.595

　　我们通过国际合作将我们的单嘧磺隆和 AHAS 靶酶对接（Docking），首次得到底物/靶酶的对接物（Complex）并得到了其晶体结构：

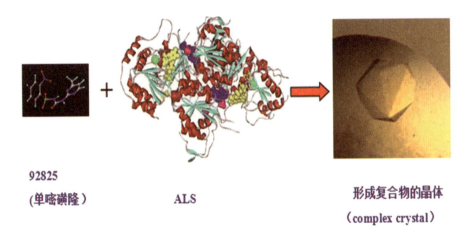

92825
（单嘧磺隆）　　　　　　ALS　　　　　　形成复合物的晶体
　　　　　　　　　　　　　　　　　　　（complex crystal）

图 5-40　国际合作单嘧磺隆与靶酶对接成功（2004）

　　通过澳方和美国 Argonne 国家实验室合作关系，得到了此对接复合物大分子的结构信息：

同步加速器辐射数据 **(2.8 angstron)**

记载着18,720 个原子 的衍射实验数据

```
• REMARK Written by O version 9.0.7
  REMARK Fri Jun 3 06:14:00 2005
  CRYST1 178.335 178.335 186.260 90.00  90.00 120.00
  ORIGX1  1.000000 0.000000 0.000000      0.00000
  ORIGX2  0.000000 1.000000 0.000000      0.00000
  ORIGX3  0.000000 0.000000 1.000000      0.00000
  SCALE1  0.005607 0.003237 0.000000      0.00000
  SCALE2  0.000000 0.006475 0.000000      0.00000
  SCALE3  0.000000 0.000000 0.005369      0.00000
  ATOM     1 CB  PHE A1087     76.730 98.087 41.723 1.00 67.49  6
  ATOM     2 CG  PHE A1087     76.863 97.161 40.544 1.00 65.11  6
  ATOM     3 CD1 PHE A1087     77.207 95.829 40.728 1.00 63.51  6
  ATOM     4 CD2 PHE A1087     76.717 97.640 39.245 1.00 65.15  6
  ATOM     5 CE1 PHE A1087     77.410 94.983 39.635 1.00 63.25  6
  ATOM     6 CE2 PHE A1087     76.918 96.803 38.142 1.00 64.65  6
  ATOM     7 CZ  PHE A1087     77.267 95.471 38.340 1.00 63.72  6
  ATOM     8 C   PHE A1087     78.776 99.326 41.038 1.00 71.89  6
  ATOM     9 O   PHE A1087     78.408 100.426 40.626 1.00 73.45  8
  ATOM    10 N   PHE A1087     77.861 99.592 43.358 1.00 69.44  7
```

第425页 的实验数据

```
ATOM 18700  OH2 TIP S7128    40.745 95.243 67.722 1.00 0.00  8
ATOM 18701  OH2 TIP S7129    39.874 92.769 69.268 1.00 0.00  8
ATOM 18702  OH2 TIP S7130     6.260 78.605 32.619 1.00 0.00  8
ATOM 18703  OH2 TIP S7131    41.592 97.975 71.052 1.00 0.00  8
ATOM 18704  OH2 TIP S7132    46.270 90.063 59.900 1.00 0.00  8
ATOM 18705  OH2 TIP S7133    34.422 72.134 51.762 1.00 0.00  8
ATOM 18706  OH2 TIP S7134    32.053 106.303 67.189 1.00 0.00  8
ATOM 18707  OH2 TIP S7135    21.277 104.156 57.746 1.00 0.00  8
ATOM 18708  OH2 TIP S7136     7.696 103.093 63.372 1.00 0.00  8
ATOM 18709  OH2 TIP S7137     0.542 78.784 35.994 1.00 0.00  8
ATOM 18710  OH2 TIP S7138     2.451 79.748 32.756 1.00 0.00  8
ATOM 18711  OH2 TIP S7139    -1.474 88.010 47.956 1.00 0.00  8
ATOM 18712  OH2 TIP S7140     0.910 87.564 50.236 1.00 0.00  8
ATOM 18713  OH2 TIP S7141    32.532 111.795 54.918 1.00 0.00  8
ATOM 18714  OH2 TIP S7142     6.207 112.512 38.280 1.00 0.00  8
ATOM 18715  OH2 TIP S7143    16.278 114.214 28.218 1.00 0.00  8
ATOM 18716  OH2 TIP S7144    11.444 105.895 38.170 1.00 0.00  8
ATOM 18717  OH2 TIP S7145     8.014 105.291 38.675 1.00 0.00  8
ATOM 18718  OH2 TIP S7146     1.176 109.796 44.827 1.00 0.00  8
ATOM 18719  OH2 TIP S7147    -1.161 106.173 47.569 1.00 0.00  8
ATOM 18720  OH2 TIP S7148    -2.532 91.375 42.058 1.00 0.00  8
END
```

图 5-41　单嘧磺隆与 AHAS 对接形成复合物（Complex）的生物结构信息

　　该实验室同步加速器辐射数据总计 425 页，其中的大数据截图如图 5-41 所示。经过中国科学院高能所董宇辉研究员指导合作，采用 O 软件进行分步还原，首次得到了我们的单嘧磺隆与 AHAS 靶酶对接所得到复合物的结构生物信息。

芝加哥大学 Argonne 国家实验室同步加速器测定的辐射数据（2.8angstron）提供了底物/靶酶复合物大分子全部结构信息：

确定 18720 个原子（不显示氢原子）。

指出含底物的 AHAS 四个亚基结构信息。

每个亚基有 4431 个原子，相当于 582 个氨基酸。

此复合物新结构得到国际学术组织的认可，为课题组进一步剖析作用部位结合状态提供了扎实的实验依据。

单嘧磺隆（酯）／AHAS 复合物的国际认定：

- By International PDB and RCSB (Research Collaboratory for Structural Bio-Informatics) Office to the following ID code numbers:

- a) Monosulfuron/AHAS complex conferred:
- RCSB rcsb049060, PDB 3E9Y

- b) Monosulfuron-ester/AHAX complex conferred:
- RCSB rcsb049066, PDB 3EA4

通过进一步研究，从单嘧磺隆分子结构中嘧啶环一端观察到作用位点附近的各种氨基酸残基的空间分布图：

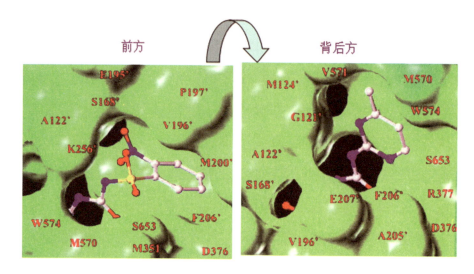

图 5-42   单嘧磺隆在作用位点上的残基分布图（马翼，李正名，2006）

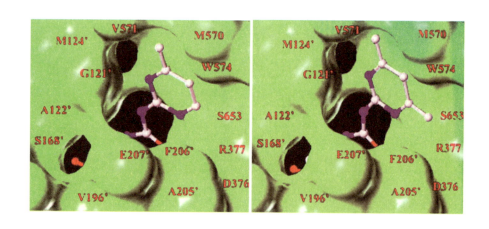

图 5-43   从对接位点的背后首次观察残基结合模式

图 5-43 首次阐明单嘧磺隆和 AHAS 靶酶对接中甲基嘧啶周围的氨基酸残基情况：

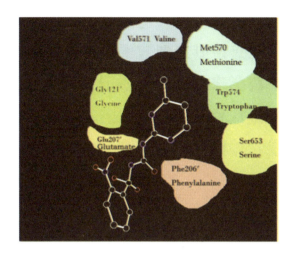

图 5-44 对接位点残基分布示意图

根据结构与生物活性的关联，我组提出分子中杂环系统与作用靶酶之间有两个结合位点的假设：较大空穴和较小空穴，我们认为较小空穴是主要作用位点。这也较好地解释了为何单取代磺酰脲分子也具有超高效活性的原因。

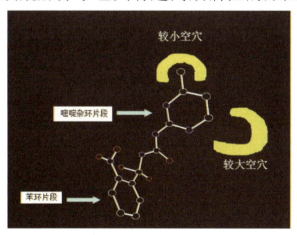

图 5-45 对接过程中单点空穴的假设

从分子动力学和自由能的计算结果来看（我组 2007 届陈沛全毕业博士论文），我们将创制另一个单嘧磺酯和市场商品"嘧磺隆（Sulfometuron）"进行比较，两个结构十分接

近，后者仅其杂环系统中多了一个甲基；两个分子的药效都
具超高效性和广谱性，但两者性能明显的差异出现在安全性
上。市场商品"嘧磺隆"因对农作物有药害不能使用，被限
制仅能用于森林地区的除草功能；而单嘧磺酯却可以十分安
全地使用在小麦田中除草，显示更高的选择性和安全性。

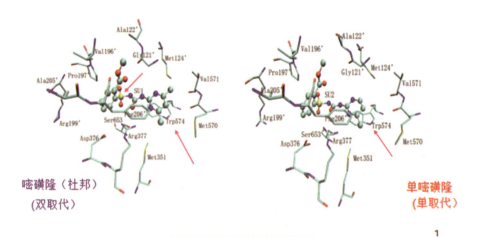

图 5-46　单嘧磺隆作用机制的研究

从理论计算结果来看，在结合位点两者对结合能不同，
主要氨基酸残基对范德华力的贡献也各不相同。这也较好地
释译了为何含单取代嘧啶环的磺酰脲分子能保持其超高活
性同时有更好的选择性和安全性的原因。

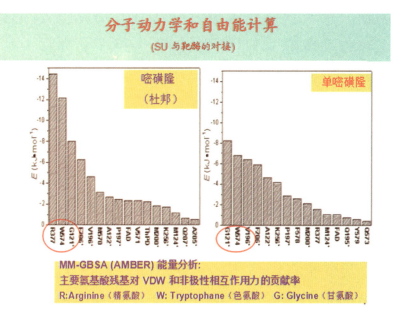

图 5-47　双取代 SU 和单取代 SU 在结合位点上相互作用力中不同氨基酸的贡献率有明显差异

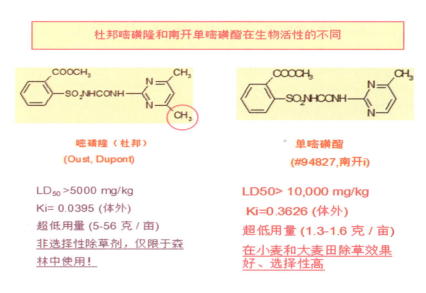

从上看到，在同类 SU 结构所含嘧啶环上取代基的微小差异导致各除草活性和安全性的明显差异，是一个"差之毫厘、失之千里"的典型案例。

创制一个新农药在国际上公认是一个投资大、耗时长、风险高的巨大挑战，真正创制成功一个优秀的新农药分子，除了须有强大的基础研究作后盾外，还应具备优越生物性能和鲜明特色，还须具有绿色工艺、对毒理、环境、生态友好的品质。在最后阶段申请国家新农药三证时，在完成的所有试验中，如其中有一项指标不合格，则前期投入的所有科技工作全部作废。由于学科跨度大，风险高，因此国外有专家认为创制一个新农药须要十年以上的研发和 2～3 亿多美元的投入。我们根据国情不断总结经验，坚决走创制具有自主知识产权的新型生态农药中国模式的创制道路。

图 5-48　南开大学创制谷子绿色除草剂单嘧磺隆成果参加新中国成立 70 周年"985"工程重大成就展览会（北京，2019）

第八节　创制绿色除草剂单嘧磺隆的总结与体会

一、开题前周密调查国内外有关信息是启动研究的基础

20 世纪 80 年代，美国 DuPont (杜邦) 公司 G. Levitt 博士首次发现的磺酰脲类超高效除草剂（SU）是农药创制领域具有历史意义的里程碑，由于其杰出创新成果，Levitt 博士曾获美国技术发明创新总统奖。J. Schloss 发现其靶酶是人体中没有而仅存在高等植物中的乙酰乳酸合成酶（Acetolactic Synthase，简称 ALS），后者是生物体内合成的 3 种重要的带支链氨基酸。这样解释了为何 SU 类对温血动物不呈毒性。由于其超高效活性，因此 SU 这一类分子在田间施药用量极少，加上其选择性好，大大减轻对环境生态安全的压力，符合国际科技界倡导的新一代生态农药创制的发展方向。通过各国努力已有 20 多个新磺酰脲商品除草剂进入国际市场。现各国有 400 多个发明专利保护了磺酰脲类除草剂几十万个新结构，导致后来的创新者很难进入这个领域。关于其靶酶的复杂结构 30 多年一直定不下来，经过澳大利亚 Duggelby 教授 5 年艰苦努力，在 21 世纪初首先公布了其绝对结构并被命名为 AHAS（在美国仍称 ALS），大大促进了此领域的前沿研究的开展。掌握了这些信息有助于找到我们研究的切入点。

二、创新研究依赖于基础研究的开展，基础创新是取得创制进展的原动力

我们早在 20 世纪 90 年代初开始了对磺酰脲类除草剂构型关系的基础研究，首次意外发现含单取代嘧啶的磺酰脲分子的除草活性十分突出。当时曾访问著名杜邦公司 Wilmington 研究中心，该负责人曾善意相劝我们不要开展这个领域的研究工作，因为他们在磺酰脲除草剂研究多年，已有 200 多个发明专利覆盖了人们所能设想到的几乎所有的新型结构。当时我们学习 Levitt 博士的磺酰脲类除草剂的构效规则，根据自己实践发现 Levitt 规则尚有不足之处。我们从原子电负性、晶体结构、空间结构等深入研究，首次阐明了内部的氢键的重要作用，并开始总结我们的构效规律。在 1999 年联合国 UNIDO 国际学术会议上，我们提出了南开磺酰脲类除草剂构效系新规则，建议对 Levitt 规则进行补充修改。在南开构效新规则指导下我们合成了近千个新结构分子并先后从中发现了 5 个性能非常优越的新结构供进一步研发。对创制研究来说，除草剂的选择性十分关键，要在同样属于利用叶绿素生物合成的高等植物作物和杂草之间寻找选择性尤为困难，而高选择性是我们发现单嘧磺隆在谷田除草一个亮点和特色。

三、研究工作要结合我国国情的实际情况是成功的关键

在 5 个新优越分子中，我们根据国情和绿色工艺的要求，选择了编号#92825 的新结构（即单嘧磺隆），原因是其主要原料邻-氯硝基苯是一种售价十分低廉的化工副产品，将会大幅度地降低生产成本。在开发后首次发现在小麦田里对毁

灭性的流行性碱茅杂草具有特效，曾在河北、山东等地大面积推广使用。在一次天津植保所试验田里意外地发现#92825对狗尾属杂草完全无效，通过辩证思维认为如能找到与狗尾草属有亲缘关系的农作物就不会对之产生任何药害了。当时疑是绝路忽发遐想去寻找与狗尾草同属的农作物，从而发现同属于狗尾草属的谷子可能是保护其免除药害的农作物。我们和河北农科院段胜军研究员合作，使用其他商品除草剂进行小区谷田除草对比试验，发现十分脆弱的谷苗对所试验的商品除草剂十分敏感，都产生了不同程度的药害，其中仅有单嘧磺隆对谷田杂草药效优越并对谷苗表现十分安全，这样才认识到单嘧磺隆对谷子除草优越外具有很高安全性是其独有特色。这是一个工作紧密结合国情才会遇到的意外"发现"，从而引导我们进入这个新的领域，并有幸认识在这个领域耕耘多年的知名专家和同行。经过长期艰苦的开发工作，单嘧磺隆终于被国家批准成为我国创的谷子专用除草剂，填补了国内外这个领域的长期技术空白。

四、开展国内外科技合作是理论工作深入的需要

我们和澳大利亚 Duggleby 教授展开国际基础研究合作，将#92825 和从拟南芥提取的纯 AHAS 靶酶（乙酰羟酸合成酶）对接成功，首次得到其复合物晶体有关信息，在中科院高能所董宇辉研究员的指导下解析出全部晶体结构信息、弄清了作用位点。经过计算初步认为与受体结合部位色氨酸和各氨基酸结合排序的差异很可能是单嘧磺隆对谷子具有独特安全性的科学原因。我们的推广工作紧密依靠国内各有关单位和专家，得到不少启发。

五、产学研跨界创新和合作互利、相互促进是我们科技发展的方向

历经#92825（单嘧磺隆）转入开发阶段和登记新农药漫长的审查批准手续过程。根据形势发展的需要，我们将原有的工艺改造为不产生三废的新绿色工艺，并研制了新水剂剂型；最后整个中间试验经原化工部中化院专家组验收通过后进入向国家申请审批的关键阶段。国家规定我国任何新创制的农药品种必须对其毒理、环境、生态等进行严格审核，就单嘧磺隆这个新品种而言前后为此耗费数百万元、耗时 8 年之久，是一个巨大的考验。今后必须加强跨界合作缩短周期、提高效率，分担风险，事倍功半。

六、要有承担巨大风险的客观态度和思想准备

创制一个新农药在国际上公认是以项巨大挑战，真正创制成功一个优秀的新农药分子，除了有强大的基础研究作为后盾外，须具备优越生物性能和鲜明特色，还须有绿色工艺、对毒理、环境、生态友好等"素质"。在最后阶段申请国家新农药三证时，在完成所有试验中如其中有一项指标不合格，则前期投入的所有科技工作全功尽弃。由于学科跨度大，时间长、投资大、利润低、风险高，国外专家认为创制一个新农药需要十年以上的研发时间和 2~3 亿美元的投入，因此 20 世纪末，英、法、意、瑞士等国在农药创制行业中相继退出。

创制单嘧磺隆从基础研究、开发研究、新农药登记、市场开拓是一个长达 20 年的系统工程（由于经费原因开发时间一再拖延）。单嘧磺隆是我国创制成功的第一个国产除草剂，在历经很多困难后能够问世实属幸运。此应归功于各级

领导的长期支持和参与者始终保持不屈不饶的奋斗精神。这再次说明了中国人有志气有自信，能够自力更生创制出外国尚未发现的新农药品种，为我国农业持续发展做出应有的贡献。根据习主席关于我国科技工作"必须坚持走中国特色自主创新道路"的指示精神，我们要不断总结经验，持续探索创制新型生态农药的中国模式创制道路。

七、单嘧磺隆创制过程创新点小结

（1）首先发现含单取代嘧啶环的磺酰脲结构分子也具有超高效除草活性，突破了国际著名 Levitt 构效规则第二点要求的限制，总结了南开构效新规则。

（2）采用逆向思维从对狗尾草完全无效推论单嘧磺隆对谷田的可能适用性，从而认识其对谷苗安全的独到特色。

（3）作用机制研究发现在 ALS 靶酶作用位点周围各蛋白质残基参与率排序与传统磺酰脲除草剂比较有明显差异。

（4）工艺设计选用国内价廉易得原料，改为无三废绿色工艺。

（5）获国家新农药三证进入市场，成为我国第一个具有自主知识产权的国产除草剂，结束了谷子作物没有除草剂的历史空白。

总之新农药创制工作十分复杂，涉及不同学科、不同专业、不同领域的科技内容，需要在不同阶段将各学科跨界交叉融合开展工作。这也是本人第一次从事的复杂创制任务，缺乏经验走了些弯路。上述个人体会乃一孔之见，谨希各位前辈与同行不吝赐教，以利今后继续学习和工作。

本课题组发表磺酰脲类研究论文

［1］ 李正名，贾国锋，王玲秀，等. 新磺酰脲类化合物的合成、结构及构效关系研究(I)——N-(2'-嘧啶基)-2-甲酸乙酯-苯磺酰脲的晶体及分子结构[J]. 高等学校化学学报, 1992, 13(11): 1411-1414.

［2］ 李正名，贾国锋，王玲秀，等. 新磺酰脲类化合物的合成、结构及构效关系研究(II)——N-[2-(4-甲基)嘧啶基]-2-甲酸乙酯-苯磺酰脲的晶体及分子结构[J]. 高等学校化学学报，1993, 14（3）：349-352.

［3］ 严波，赖城明，林少凡，等. 应用分子图形学、分子力学、量子化学及静电势研究农药分子结构与性能关系(IV)——应用 MMX 及构象重叠方法研究磺酰脲类超高效除草剂的构象特征[J]. 高等学校化学学报，1993, 14（11）：1534-1537.

［4］ 李正名，贾国锋，王玲秀，等. 新磺酰脲类化合物的合成、结构及构效关系研究(III)——N-[2-(4,6-二甲基)嘧啶基]-2-甲酸乙酯-苯磺酰脲的晶体及分子结构[J]. 高等学校化学学报，1994, 15（2）：227-229.

［5］ 李正名，贾国锋，王玲秀，等. 新磺酰脲类化合物的合成、结构及其构效关系研究(IV)——合成及活性[J]. 高等学校化学学报，1994, 15（3）：391-395.

［6］ 赖城明，袁满雪，李正名，等. 磺酰脲除草剂分子与受体作用的初级模型[J]. 高等学校化学学报，1994, 15（5）：693-694 .

［7］ 赖城明，袁满雪，李正名，等. 应用分子图形学、分子力学、量子化学及静电势研究农药分子结构与性能的关系(V)——磺酰脲类分子中的化学键及电子结构[J]. 高等学校化学学报，1994, 15（7）：1004-1008.

［8］ 孙红梅，谢前，谢桂荣，等. 磺酰脲类除草剂的三维药效团模型[J].物理化学学报，1995，11（9）：773-776.

［9］ 王霞，孙莹，袁满雪，等. 应用分子图形学、分子力学、量子化学及静电势研究农药分子结构与性能关系(VIII)——表面积及构象差异对磺酰脲分子活性影响的研究[J]. 高等学校化学学报, 1996, 17(12): 1874-1877.

［10］ 王霞，袁满雪，赖城明，等应用分子图形学、分子力学、量子化学及静电势研究农药分子结构与性能关系(IX)——结构参数及计算方法的选择对提高磺酰脲类除草剂活性预报准确性的影响[J]. 高等学校化学学报，1997, 18(1): 60-63.

［11］ Liu Jie, Wang Xia, Ma Yi, Li Zheng-ming, et al. Comparative Molecular Field Analysis on a Set of New Herbicidal Sulfonylurea Compounds. Chinese Chemical Letters,1997,8(6): 503-504.

［12］ 李正名，刘洁，王霞，等. 新磺酰脲类化合物的合成、结构及构效关系研究(V). N-[2-(4-乙基)三嗪基]-2-硝基-苯磺酰脲的晶体及分子结构[J]. 高等学校化学学报，1997，18(5)：750-752.

［13］ 刘洁，李正名，王霞，等. 应用 MOPAC 方法研究磺酰脲类化合物氮杂环结构与其除草活性的关系[J]. 计算机与应用化学,1997(增刊):155-156.

［14］ 王霞，光孙莹，袁满雪，等. 应用分子图形学、分子力学、量子化学及静电势研究农药分子结构与性能关系(VII)——磺酰脲分子构象差异对活性影响的ANN研究[J]. 南开大学学报（自然科学）,1997,30(4): 92-95.

［15］ 刘艾林，曹炜，赖城明，等. 应用分子图形学、分子力学、量子化学及静电势研究农药分子结构与性能关系(X)——磺酰脲分子内旋转通道的分子力学研究[J]. 高等学校

化学学报,1997,18(4): 574-576.

[16] 李正名. 新磺酰脲类除草剂的分子设计,合成及构效关系[J]. 合成化学，1997，5(A10):1-1.

[17] Liu Jie, Li Zheng-ming, Wang Xia, et al. Comparative molecular field analysis(CoMFA) of new herbicidal sulfonylurea compounds[J]. SCIENCE IN CHINA (Series B)，1998，14(1)：39-42.

[18] 刘洁，李正名，王霞，等. 应用 CoMFA 研究磺酰脲类化合物的三维构效关系[J]. 中国科学(B 辑)，1998，28（1）：60-64.

[19] 姜林，李正名，翁林红，等. 新磺酰脲类化合物的合成及构效关系研究(VI)——N-[2-(4-甲基)嘧啶基]-2-甲酸甲酯-苄基磺酰脲的晶体及分子结构[J]. 结构化学，2000，19(2)：149-152.

[20] 姜林，李正名，陈寒松，等. 含嘧啶环的苄基磺酰脲，吡唑磺酰脲的合成及生物活性[J]. 应用化学，2000，17(4)：349-352.

[21] Hou T. J, Li Z. M, Li Z,LiuJ,et al. Three-Dimensional Quantative Structure-Activity Relationship Analysis of the New Potent Sulfonylureas using Comparative Molecular Similarity Indices Analysis[J]. Chem.Inf. Comput.Sci., 2000, 40: 1002-1009.

[22] 王霞，李正名. 应用分子图形学、分子力学、量子化学及静电势研究农药分子结构与性能的关系（XII）——化学模式识别对磺酰脲类除草剂杂环结构与活性关系的分类研究[J]. 南开大学学报（自然科学版），2000，33（2）：11-14.

[23] 沈荣欣，方亚寅，马翼，等. 用分子动力学模拟方法研究磺酰脲化合物在溶液中构象的变化[J]. 高等学校化学学报，2001，22(6)：952-954.

[24] 姜林，刘洁，高发旺，等. N-(取代嘧啶-2'-基)-2-三氟乙酰氨基苯磺酰脲的合成及除草活性[J]. 应用化学，2001，18(3)：225-227.

[25] 李正名，赖城明. 新磺酰脲类除草活性构效关系研究[J]. 有机化学，2001，21(11)：810-815.

[26] 陈建宇，王海英，范志金，等. 单嘧磺隆稳定性的研究[J]. 四川师范大学学报（自然科学版），2002，25（3）：313-315.

[27] 姜林，李正名.2-吡啶氨基磺酰脲的合成及除草活性[J]. 山东农业大学学报（自然科学版），2002，33（3）：384-385.

[28] 姜林，李正名，高发旺，等. N-(4'-取代嘧啶-2'-基)-2-取代苯氧基磺酰脲的合成及除草活性[J]. 应用化学，2002，19（5）：416-419.

[29] 范志金，李香菊，吕德兹，等.10%单嘧磺隆可湿性粉剂防除谷子地杂草田间药效试验[J]. 农药，2003，42(3)：34-36.

[30] 孟和生，王玲秀，刘亦学，等. 10%单嘧磺酯 WP 防除冬小麦田杂草试验[J]. 杂草科学，2003，(4)：37-38.

[31] 范志金，钱传范，陈俊鹏，等. 单嘧磺隆对小麦的安全性及在麦田除草效果的研究[J]. 中国农学通报，2003，19(3)：4-8.

[32] 范志金，钱传范，于维强，等. 氯磺隆和苯磺隆对玉米乙酰乳酸合成酶抑制作用的研究[J]. 中国农业科学，2003，36(2)：173-178.

[33] 范志金，陈俊鹏，党宏斌，等. 单嘧磺隆对靶标乙酰乳酸合成酶活性的影响[J]. 现代农药，2003，2(2)：15-17.

[34] 野国中，范志金，李正名，等. 新磺酰脲类化合物的合成及生物活性[J]. 高等学校化

学学报，2003，24（9）：1599-1603.

[35] 范志金，钱传范，陈俊鹏，等.1,8-萘二甲酸酐对高浓度单嘧磺隆协迫下玉米的解毒作用[J]. 农药学学报，2004，6（4）：55-61.

[36] 马宁，李鹏飞，李永红，等. 新单取代苯磺酰脲衍生物的合成及生物活性[J]. 高等学校化学学报，2004，25（12）：2259-2262.

[37] 马宁,李正名,李永红,等. 新磺酰脲类化合物的合成及除草活性[J]. 应用化学,2004,21（10）：989-992.

[38] 马翼，姜林，李正名，等.N - (4-取代嘧啶-2-基) 苄基磺酰脲和苯氧基磺酰脲的 3D-QSAR 研究[J]. 高等学校化学学报，2004，25（11）：2031-2033.

[39] 王宝雷，马宁，王建国，等. 新磺酰脲类化合物除草活性的 3D-QSAR 分析. 物理化学学报，2004，20（6）：577-581.

[40] 范志金，陈建宇，王海英，等.10%单嘧磺酯可湿性粉剂的 HPLC 分析. 农药，2004，43（7）：321-322.

[41] 王宝雷，马宁，王建国，等. 新磺酰脲类化合物 N-[2-(4-甲基)嘧啶基]-N′-2-甲氧羰基苯磺酰脲的合成及其二聚体结构[J]. 结构化学，2004，23（7）：783-787.

[42] 范志金，陈俊鹏，李正名，等. 单嘧磺隆正辛醇-水分配系数的测定[J]. 环境化学，2004，23（4）：431-434.

[43] 马翼，李正名，赖城明. 新型除草剂 1-4-甲基嘧啶-2-基-3-2-硝基苯磺酰脲的溶液构象研究[J]. 农药学学报，2004，6(1)：71-73.

[44] 范志金，王玲秀，陈俊鹏，等. 新磺酰脲类除草剂 NK#94827 的除草活性[J]. 中国农学通报，2004，20(1)：198-200.

[45] 孟和生，王玲秀，李正名，等. 单嘧磺隆防除小麦田难除杂草碱茅[J]. 农药，2004，43(1): 20-21.

[46] 李正名，范志金，陈俊鹏，等. 单嘧磺酯的除草活性及其对玉米的安全性初探[J]. 安全与环境学报，2004，14(1)：22-25.

[47] Fan Zhi-jin, Hu Ji-ye, Ai Ying-wei,et al. Residue analysis and dissipation of monosulfuron in soil and wheat[J]. Journal of Environmrntal Science, 2004, 16(5): 717-721.

[48] 李鹏飞，马宁，王宝雷，等. 苯环 2-位不同酯基取代的磺酰脲类化合物的合成及其除草活性[J]. 高等学校化学学报，2005，26（8）：1459-1462.

[49] 范志金，钱传范，艾应伟，等. 单嘧磺隆原药组成的定性和定量分析[J]. 高等学校化学学报，2005，26（2）：235-237.

[50] Wang Jian-Guo, Li Zheng-Ming, Ma Ning,et al. Structure-activity relationships for a new family of sulfonylurea herbicides[J]. Journal of Computer-Aided Molecular Design, 2005, 19: 801-820.

[51] Li Xing-Hai, Yang Xin-Ling, Ling Yun, et al. Synthesis and Fungicidal Activity of Novel 2-Oxocycloalkylsulfonylureas. J. Agric. Food Chem. 2005, 53, 2202-2206.

[52] Fan Zhi-Jin, Ai Ying-wei, Qian Chuan-fan, Li Zheng-Ming. Herbicide activity of monosulfuron and its mode of action[J].Journal of Environmental Science-China, 2005,17 (3): 399-403.

[53] 寇俊杰，鞠国栋，王贵启，等.44% 单嘧·扑灭 W G 防除夏谷子田杂草. 农药，2006，45（9）：643-645.

[54] 王静，张静，姜树卿，等. 新型除草剂单嘧磺酯亚慢性毒性研究[J]. 中国公共卫生，

2006，22（8）：988-989.

[55] 陈沛全，孙宏伟，李正名，等单嘧磺隆除草剂的晶体构象-活性构象转换的密度泛函理论研究[J]. 化学学报，2006，64（13）1341-1348.

[56] 王建国，马宁，王宝雷，等. N-[2-(4-甲基)嘧啶基]-N'-2-硝基苯磺酰脲的合成、晶体结构、生物活性及其与酵母 AHAS 的分子对接[J]. 有机化学，2006，26（5）：648-652.

[57] Kou Jun-jie, Li Zheng-ming, Song Hai-bin. Synthesis and Crystal Structure of a Sodium Monosulfuron-ester (N- [2'-(4-Methyl) pyrimidinyl] -2-carbomethoxy Benzyl Sulfonylurea Sodium) [J]. Chinese J. Struct. Chem. 2006, 25(11): 1414-1417.

[58] Wang, Jian-Guo, Xiao, Yong-Jun, Li, Yong-Hong,et al. Identification of some novel AHAS inhibitors via molecular docking and virtual screening approach[J]. Bio-organic & Medicinal Chemistry, 2007, 15 (1): 374-380.

[59] 陈沛全，孙宏伟，李正名，等. 单嘧磺隆晶体构象－活性构象转换的分子动力学模拟[J]. 高等学校化学学报，2007，28(2): 278-282.

[60] 罗伟，沈健英，李正名. 单嘧磺隆对 3 种鱼腥藻的毒性[J]. 农药，2007，46（5）：345-348.

[61] 肖勇军，王建国，刘幸海，等. 基于受体结构的 AHAS 抑制剂的设计、合成及生物活性[J]. 高等学校化学学报，2007，28（7）：1280-1282.

[62] 郭万成，王美怡，刘幸海，等. 4，5，6-三取代嘧啶磺酰脲化合物的合成和除草活性[J]. 高等学校化学学报，2007，28(9)，1666-1670.

[63] 李琼，陈沛全，陈兰，等. 酵母 AHAS 酶与磺酰脲类抑制剂作用模型的分子对接研究[J]. 高等学校化学学报，2007，28（8）：1552-1555.

[64] Wang Mei-yi, Guo Wan-cheng, Lan Feng, Li Yong-hong, Li Zheng-ming. Synthesis and herbicidal activity of N-(4'-substituted pyrimidin-2'-yl)-2- methoxycarbonyl-5-[(un)substituted benzamido] phenylsulfonylurea derivatives. YoujiHuaxue. 2008, 28(4): 649-656.

[65] Guo Wan-cheng, Liu Xing-hai, Li Yong-hong, Wang Su-hua, Li Zheng-ming. Synthesis and herbicidal activity of novel sulfonylureas containing thiadiazol moiety. Chemical Research in Chinese Universities. 2008, 24(1): 32-35.

[66] 郭万成，谭海忠，刘辛海，李永红，等.新三取代嘧啶苯磺酰脲衍生物的合成与生物活性[J]. 高等学校化学学报. 2008, 29(2): 319-323.

[67] Ma Ning, Fan Zhi-jin, Wang Bao-lei, et al. Synthesis and herbicidal activities of pyridy-sulfonylureas: More convenient preparation process of phenyl pyrimidylcarbamates[J]. Chinese Chemical Letters, 2008, 19: 1268-1270.

[68] Wang Mei-yi, Ma Yi, Li Zheng-ming, et al. 3D-QSAR study of novel 5-substituted benzenesulfonylurea compounds[J]. GaodengXuexiaoHuaxueXuebao, 2009, 30(7): 1361-1364.

[69] Wang Jian-guo, Lee Patrick K.-M, Dong Yu-hui, et al. Crystal structures of two novel sulfonylurea herbicides in complex with Arabidopsis thaliana acetohydroxyacid synthase[J]. FEBS Journal, 2009, 276(5): 1282-1290.

[70] Guo Wan-cheng, Ma Yi, Li Yong-hong, et al. Biological activity, molecular docking and 3D-QSAR research of N-(4,5,6-trisubstituted pyrimidin-2-yl)-N'-benzenesulfonylureas

[J]. HuaxueXuebao, 2009, 67(6): 569-574.

[71] 童军，郑占英，严东文，等. 玉嘧磺隆新合成方法研究[J]. 化工中间体，2009，05：29-31.

[72] 蔡飞，陈建宇，王海英，等. 单嘧磺酯的 HPLC/MS/MS 研究[J]. 农药学学报，2009，03：388-391.

[73] 鞠国栋，寇俊杰，王满意，等. 30%单嘧·氯氟水分散粒剂防除冬小麦田杂草田间试验[J]. 农药，2009，10：765-766+770.

[74] 寇俊杰，王满意，鞠国栋，等. 78%单嘧·扑草净 WG 防除麦田杂草碱茅药效试验[J]. 现代农药，2009，06：21-22+25.

[75] 王红学，李芳，许丽萍，等. 新(4′-三氟甲基嘧啶基)-2-苯磺酰脲衍生物的合成及生物活性[J]. 高等学校化学学报，2010，01：64-67.

[76] Wang Mei-yi, Li Zheng-ming, Li Yong-hong. Microwave and Ultrasound Irradiation-Assisted Synthesis of Novel 5-Schiff Base Substituted Benzenesulfonylurea Compounds[J]. CHINESE JOURNAL OF ORGANIC CHEMISTRY, 2010, 30 (6): 877-883.

[77] Pan Li, Liu Xing-hai, Shi Yan-xia, Wang Bao-lei[J]. Solvent- and Catalyst-free Synthesis and Antifungal Activities of alpha-Aminophosphonate Containing Cyclopropane Moiety. CHEMICAL RESEARCH IN CHINESE UNIVERSITIES, 2010, 26 (3): 389-393.

[78] Li Hui-dong, Shang Jian-li, Tan Hai-zhong, et al.Design, Synthesis of 3-Substituted Benzoyl Hydrazone and 3-(Substituted Thiourea) ylIsatin Derivatives and Their Inhibitory Ativities of AHAS[J]. CHEMICAL JOURNAL OF CHINESE UNIVERSITIES-CHINESE, 2010, 31 (5): 953-956.

[79] Wang Hong-xue, Li Fang, Xu Li-ping,et al. Synthesis and Biological Activity of New Trifloromethyl-pyrimidine Phenylsulfonylurea Derivatives[J]. CHEMICAL JOURNAL OF CHINESE UNIVERSITIES-CHINESE, 2010, 31 (1): 64-67.

[80] Cao Gang, Wang Mei-yi, Wang Ming-zhong,et al . Synthesis and Herbicidal Activity of Novel Sulfonylurea Derivatives[J]. Chem. Res. Chinese Universities, 2011, 27(1): 60-65.

[81] Li Zheng-ming, Ma Yi, Guddat Luke, et al. The structure–activity relationship in herbicidal mono-substituted sulfonylureas[J]. Pest Management Science, 2012, 68, 618-628.

[82] 徐俊英，董卫莉，熊丽霞，等.含 N-吡啶联吡唑杂环的(磺)酰胺类化合物的设计、合成及生物活性[J]. 高等学校化学学报，2012, 33(2): 298-302.

[83] Pan Li, Jiang Ying, Liu Zhen, Liu Xing-hai, et al. Synthesis and evaluation of novel monosubstituted sulfonylurea derivatives as antituberculosis agents[J]. EUROPEAN JOURNAL OF MEDICINAL CHEMISTRY, 2012, 50: 18-26.

[84] 童军，郑占英，李永红，等. 单取代嘧啶基吡啶磺酰脲化合物的合成和生物活性[J]. 农药, 2012, 51(9): 638-641.

[85] 郑占英，陈建宇，刘桂龙，等. 4-取代嘧啶基苯磺酰脲类化合物的合成与除草活性[J]. 农药学学报，2012，14(6): 607-611.

[86] Wang Di, Pan Li, Cao Gang, et al. Evaluation of the in vitro and intracellular efficacy of new monosubstituted sulfonylureas against extensively drug-resistant tuberculosis[J]. INTERNATIONAL JOURNAL OF ANTIMICROBIAL AGENTS, 2012, 40(5): 463-466.

［87］ 鞠国栋, 李正名. 25%单嘧·2 甲 4 氯钠盐水剂防除冬小麦田杂草田间试验[J]. 农药, 2012, 51(12): 924-926.

［88］ Liu Zhuo, Pan Li, Yu Shu-jing, et al. Synthesis and Herbicidal Activity of Novel Sulfonylureas Containing 1,2,4-Triazolinone Moiety[J]. Chemical Research in Chinese Universities，2013, 29(3), 466-472.

［89］ Liu Zhuo, Pan, Li, Li, Yong-hong, et al. Synthesis and herbicidal activity of novel sulfonylureas containing 1,2,4-triazolinone moiety[J]. Chemical Research in Chinese Universities 2013, 29(003):466-472.

［90］ Song Xiang-hai, Ma Ning, Wang Jian-guo, et al. Synthesis and Herbicidal Activities of Sulfonylureas Bearing 1,3,4-Thiadiazole Moiety[J]. Journal of Heterocyclic Chemistry, 2013, 50(S1):E67-E72.

［91］ 潘里, 刘卓, 陈有为, 等. 含有单取代嘧啶的新型磺酰脲类化合物的设计、合成及除草活性[J]. 高等学校化学学报 2013， 34(6), 1416-1422.

［92］ 潘里, 陈有为, 刘卓, 等, 新型含三唑啉酮的磺酰脲类化合物的合成、晶体结构及除草活性研究[J]. 有机化学, 2013, 33(3), 542-550.

［93］ 寇俊杰，鞠国栋, 李正名.单嘧磺酯钠盐的合成及除草活性[J]. 农药学学报，2013，15(3), 356-358

［94］ 王满意, 王宇, 边强, 等, 单嘧磺隆土壤残留 12 个月对主要后茬作物的安全性[J]. 农药 2013，52(4),278-280.

［95］ 刘卓, 潘里, 于淑晶, 等.N-(4'-芳环取代嘧啶基-2'-基)-2-乙氧羰基苯磺酰脲衍生物的合成及抑菌活性[J]. 高等学校化学学, 2013, 34(8): 1868-1872.

［96］ 李芳, 魏巍, 陈伟, 等.新磺酰脲类化合物的设计、合成及生物活性[J]. 农药, 2015, 54(2), 83-87.

［97］ 陈伟, 魏巍, 周莎, 等.新型含苯基取代嘧啶基磺酰脲衍生物的设计与合成及生物活性研究[J].高等学校化学学报，2015，36(4):672-68.

［98］ Chen Wei, Li Yu-xin, Shi Yan-xia, et al.Synthesis and Evaluation of Novel N-(4-Arylpyrimidin-2-yl) sulfonylurea Derivatives as Potential Antifungal Agents[J]. Chem. Res. Chinese Universities, 2015, 31(2): 218-223.

［99］ 陈伟, 魏巍, 李玉新, 等.2-甲基-6-硝基苯磺酰脲衍生物的合成及活性[J].高等学校化学学报，2015, 36(5), 907-913.

［100］ 陈伟, 魏巍, 刘明, 等.新型含二甲氧基甲嘧啶磺酰脲衍生物的合成及活性[J].高等学校化报, 2015，36(7), 1291-1297.

［101］ 陈伟, 魏巍, 吴长春, 等.2-甲基-6-氯苯基磺酰脲衍生物的合成及活性[J].有机化学, 2015，35(7), 1576-1581.

［102］ Wei Wei, Cheng Dan-dan, Liu Jing-bo, et al .Design, synthesis and SAR study of novel sulfonylureas containing an alkenyl moiety[J]. Organic & Biomolecular Chemistry, 2016, 14(35):8356-8366.

［103］ Hua Xue-wen, Zhou Sha, Chen Ming-gui, et al. Controllable Effect of Structural Modification of Sulfonylurea Herbicides on Soil Degradation[J]. Chinese Journal of Chemistry, 2016.

［104］ Zhang Dong-kai, Hua Xue-wen, Liu Ming, et al. Design, synthesis and herbicidal activity of novel sulfonylureas containing triazole and oxadiazole moieties[J]. Chemical Research in Chinese Universities, 2016, 32(004):607-614.

［105］Hua Xue-wen, Zhou Shaa, Chen Ming-gui, et al. Design, Synthesis and Herbicidal Activity of Novel Sulfonylureas Containing Tetrahydrophthalimide Substructure[J]. Chemical Research in Chinese Universities, 2016(3):396-401.

［106］Wei Wei, Cheng Dan-dan, Chen Wei, et al. Design, Syntheses and Biological Activities of Novel Sulfonylureas Containing an Oxime Ether Moiety[J]. 高等学校化学研究:英文版，2016(2):195-201.

［107］Hua Xue-Wen, Chen Ming-Gui, Zhou Shaa, et al. Research on controllable degradation of sulfonylurea herbicides[J]. *RSC Adv.*, 2016, 6(27): 23038-23047.

［108］Wei Wei, Zhou Shaa, Cheng Dan-dan, et al. Design, synthesis and herbicidal activity study of aryl 2,6-disubstituted sulfonylureas as potent acetohydroxyacid synthase inhibitors[J]. Bioorganic & Medicinal Chemistry Letters, 2017, 27(15), 3365-3369.

［109］Zhou Shaa, Hua Xue-wen, Wei Wei, et al. Research on Controllable Degradation of Novel Sulfonylurea Herbicides in Acidic and Alkaline Soils[J]. Journal of Agricultural and Food Chemistry , 2017, 65(35), 7661-7668.

［110］Zhou Shaa, Hua Xue-wen, Wei Wei, et al. Research on controllable alkaline soil degradation of 5-substituted chlorsulfuron[J]. CHINESE CHEMICAL LETTERS, 2018, 29(6):945-948.

［111］Meng Fan-fei, Wu Lei, Gu Yu-cheng, et al. Research on the controllable degradation of N-methylamido and dialkylamino substituted at the 5th position of the benzene ring in chlorsulfuron in acidic soil[J]. RSC Advances, 2020, 10.

［112］Zhou Shaa, Meng Fan-fei, Hua Xue-wen, et al. Controllable Soil Degradation Rate of 5 Substituted Sulfonylurea Herbicides as Novel AHAS Inhibitors[J]. Journal of Agricultural and Food Chemistry, 2020, 68(10):3017-3025.

［113］李正名，贾国锋，王玲秀，等. 新磺酰脲类化合物的合成、结构及构效关系研究(I)——N-(2'-嘧啶基)-2-甲酸乙酯-苯磺酰脲的晶体及分子结构[J]. 高等学校化学学报, 1992, 13(11): 1411-1414.

［114］李正名，贾国锋，王玲秀，等. 新磺酰脲类化合物的合成、结构及构效关系研究(II)——N-[2-(4-甲基)嘧啶基]-2-甲酸乙酯-苯磺酰脲的晶体及分子结构[J]. 高等学校化学学报，1993，14（3）：349-352.

［115］严波，赖城明，林少凡，等. 应用分子图形学、分子力学、量子化学及静电势研究农药分子结构与性能关系(IV)——应用 MMX 及构象重叠方法研究磺酰脲类超高效除草剂的构象特征[J]. 高等学校化学学报，1993，14（11）：1534-1537.

［116］李正名，贾国锋，王玲秀，等. 新磺酰脲类化合物的合成、结构及构效关系研究(III)——N-[2-(4,6-二甲基)嘧啶基]-2-甲酸乙酯-苯磺酰脲的晶体及分子结构[J]. 高等学校化学学报，1994，15（2）：227-229.

［117］李正名，贾国锋，王玲秀，等. 新磺酰脲类化合物的合成、结构及其构效关系研究(IV)——合成及活性[J]. 高等学校化学学报，1994，15（3）：391-395.

［118］赖城明，袁满雪，李正名，等. 磺酰脲除草剂分子与受体作用的初级模型[J]. 高等学校化学学报，1994，15（5）：693-694 .

［119］赖城明，袁满雪，李正名，等. 应用分子图形学、分子力学、量子化学及静电势研究农药分子结构与性能的关系(V)——磺酰脲类分子中的化学键及电子结构[J]. 高

等学校化学学报，1994，15（7）：1004-1008.

[120] 孙红梅，谢前，谢桂荣，等. 磺酰脲类除草剂的三维药效团模型[J].物理化学学报，1995，11（9）：773-776.

[121] 王霞，孙莹，袁满雪，等. 应用分子图形学、分子力学、量子化学及静电势研究农药分子结构与性能关系(VIII)——表面积及构象差异对磺酰脲分子活性影响的研究[J]. 高等学校化学学报，1996，17(12)：1874-1877.

[122] 王霞，袁满雪，赖城明，等应用分子图形学、分子力学、量子化学及静电势研究农药分子结构与性能关系(IX)——结构参数及计算方法的选择对提高磺酰脲类除草剂活性预报准确性的影响[J]. 高等学校化学学报，1997，18(1)：60-63.

[123] Liu Jie, Wang Xia, Ma Yi, Li Zheng-ming, et al. Comparative Molecular Field Analysis on a Set of New Herbicidal Sulfonylurea Compounds. Chinese Chemical Letters,1997,8(6)：503-504.

[124] 李正名，刘洁，王霞，等. 新磺酰脲类化合物的合成、结构及构效关系研究(V). N-[2-(4-乙基)三嗪基]-2-硝基-苯磺酰脲的晶体及分子结构[J]. 高等学校化学学报，1997，18(5)：750-752.

[125] 刘洁，李正名，王霞，等. 应用 MOPAC 方法研究磺酰脲类化合物氮杂环结构与其除草活性的关系[J]. 计算机与应用化学,1997(增刊):155-156.

[126] 王霞，光孙莹，袁满雪，等. 应用分子图形学、分子力学、量子化学及静电势研究农药分子结构与性能关系(VII)——磺酰脲分子构象差异对活性影响的 ANN 研究[J]. 南开大学学报（自然科学),1997,30(4): 92-95.

[127] 刘艾林，曹炜，赖城明，等. 应用分子图形学、分子力学、量子化学及静电势研究农药分子结构与性能关系(X)——磺酰脲分子内旋转通道的分子力学研究[J]. 高等学校化学学报,1997,18(4): 574-576.

[128] 李正名. 新磺酰脲类除草剂的分子设计,合成及构效关系[J]. 合成化学，1997，5(A10):1-1.

[129] Liu Jie, Li Zheng-ming, Wang Xia, et al. Comparative molecular field analysis(CoMFA) of new herbicidal sulfonylurea compounds[J]. SCIENCE IN CHINA (Series B)，1998，14(1)：39-42.

[130] 刘洁，李正名，王霞，等. 应用 CoMFA 研究磺酰脲类化合物的三维构效关系[J]. 中国科学(B 辑)，1998，28（1）：60-64.

[131] 姜林，李正名，翁林红，等. 新磺酰脲类化合物的合成及构效关系研究(VI)——N-[2-(4-甲基)嘧啶基]-2-甲酸甲酯-苄基磺酰脲的晶体及分子结构[J]. 结构化学，2000，19(2)：149-152.

[132] 姜林，李正名，陈寒松，等. 含嘧啶环的苄基磺酰脲，吡唑磺酰脲的合成及生物活性[J]. 应用化学，2000，17(4)：349-352.

[133] Hou T. J, Li Z. M, Li Z,LiuJ,et al. Three-Dimensional Quantative Structure-Activity Relationship Analysis of the New Potent Sulfonylureas using Comparative Molecular Similarity Indices Analysis[J]. Chem.Inf. Comput.Sci., 2000, 40: 1002-1009.

[134] 王霞，李正名. 应用分子图形学、分子力学、量子化学及静电势研究农药分子结构与性能的关系（XII）——化学模式识别对磺酰脲类除草剂杂环结构与活性关系的分类研究[J]. 南开大学学报（自然科学版），2000，33（2）：11-14.

[135] 沈荣欣，方亚寅，马翼，等. 用分子动力学模拟方法研究磺酰脲化合物在溶液中构

象的变化[J]. 高等学校化学学报，2001，22(6)：952-954.

[136] 姜林，刘洁，高发旺，等. N-(取代嘧啶-2'-基)-2-三氟乙酰氨基苯磺酰脲的合成及除草活性[J]. 应用化学，2001，18 (3)：225-227.

[137] 李正名，赖城明. 新磺酰脲类除草活性构效关系研究[J]. 有机化学，2001，21(11)：810-815.

[138] 陈建宇，王海英，范志金，等. 单嘧磺隆稳定性的研究[J]. 四川师范大学学报（自然科学版），2002，25（3）：313-315.

[139] 姜林，李正名. 2-吡啶氨基磺酰脲的合成及除草活性[J]. 山东农业大学学报（自然科学版），2002，33（3）：384-385.

[140] 姜林，李正名，高发旺，等. N-(4'-取代嘧啶-2'-基)-2-取代苯氧基磺酰脲的合成及除草活性[J]. 应用化学，2002，19（5）：416-419.

[141] 范志金，李香菊，吕德滋，等. 10%单嘧磺隆可湿性粉剂防除谷子地杂草田间药效试验[J]. 农药，2003，42(3)：34-36.

[142] 孟和生，王玲秀，刘亦学，等. 10%单嘧磺酯 WP 防除冬小麦田杂草试验[J]. 杂草科学，2003，(4)：37-38.

[143] 范志金，钱传范，陈俊鹏，等. 单嘧磺隆对小麦的安全性及在麦田除草效果的研究[J]. 中国农学通报，2003，19(3)：4-8.

[144] 范志金，钱传范，于维强，等. 氯磺隆和苯磺隆对玉米乙酰乳酸合成酶抑制作用的研究[J]. 中国农业科学，2003，36(2)：173-178.

[145] 范志金，陈俊鹏，党宏斌，等. 单嘧磺隆对靶标乙酰乳酸合成酶活性的影响[J]. 现代农药，2003，2(2)：15-17.

[146] 野国中，范志金，李正名，等. 新磺酰脲类化合物的合成及生物活性[J]. 高等学校化学学报，2003，24（9）：1599-1603.

[147] 范志金，钱传范，陈俊鹏，等. 1,8-萘二甲酸酐对高浓度单嘧磺隆协迫下玉米的解毒作用[J]. 农药学学报，2004，6 (4)：55-61.

[148] 马宁，李鹏飞，李永红，等. 新单取代苯磺酰脲衍生物的合成及生物活性[J]. 高等学校化学学报，2004，25（12）：2259-2262.

[149] 马宁，李正名，李永红，等. 新磺酰脲类化合物的合成及除草活性[J]. 应用化学，2004，21（10）：989-992.

[150] 马翼，姜林，李正名，等. N - (4-取代嘧啶-2-基) 苄基磺酰脲和苯氧基磺酰脲的 3D-QSAR 研究[J]. 高等学校化学学报，2004，25（11）：2031-2033.

[151] 王宝雷，马宁，王建国，等. 新磺酰脲类化合物除草活性的 3D-QSAR 分析. 物理化学学报，2004，20（6）：577-581.

[152] 范志金，陈建宇，王海英，等. 10 %单嘧磺酯可湿性粉剂的 HPLC 分析. 农药，2004，43（7）：321-322.

[153] 王宝雷，马宁，王建国，等. 新磺酰脲类化合物 N-[2-(4-甲基)嘧啶基]-N′-2-甲氧羰基苯磺酰脲的合成及其二聚体结构[J]. 结构化学，2004，23（7）：783-787.

[154] 范志金，陈俊鹏，李正名，等. 单嘧磺隆正辛醇-水分配系数的测定[J]. 环境化学，2004，23（4）：431-434.

[155] 马翼，李正名，赖城明. 新型除草剂 1-4-甲基嘧啶-2-基-3-2-硝基苯磺酰脲的溶液构象研究[J]. 农药学学报，2004，6(1)：71-73.

[156] 范志金，王玲秀，陈俊鹏，等. 新磺酰脲类除草剂 NK#94827 的除草活性[J]. 中国

农学通报，2004，20(1)：198-200.

[157] 孟和生，王玲秀，李正名，等. 单嘧磺隆防除小麦田难除杂草碱茅[J]. 农药， 2004，43(1): 20-21.

[158] 李正名，范志金，陈俊鹏，等. 单嘧磺酯的除草活性及其对玉米的安全性初探[J]. 安全与环境学报，2004，14(1)：22-25.

[159] Fan Zhi-jin, Hu Ji-ye, Ai Ying-wei,et al. Residue analysis and dissipation of monosulfuron in soil and wheat[J]. Journal of Environmrntal Science,2004,16(5): 717-721.

[160] 李鹏飞，马宁，王宝雷，等. 苯环 2-位不同酯基取代的磺酰脲类化合物的合成及其除草活性[J]. 高等学校化学学报，2005，26（8）：1459-1462.

[161] 范志金，钱传范，艾应伟，等. 单嘧磺隆原药组成的定性和定量分析[J]. 高等学校化学学报，2005，26（2）：235-237.

[162] Wang Jian-Guo, Li Zheng-Ming, Ma Ning,et al. Structure-activity relationships for a new family of sulfonylurea herbicides[J]. Journal of Computer-Aided Molecular Design, 2005, 19: 801-820.

[163] Li Xing-Hai, Yang Xin-Ling, Ling Yun, et al. Synthesis and Fungicidal Activity of Novel 2-Oxocycloalkylsulfonylureas. J. Agric. Food Chem. 2005, 53, 2202-2206.

[164] Fan Zhi-Jin, Ai Ying-wei, Qian Chuan-fan, Li Zheng-Ming. Herbicide activity of monosulfuron and its mode of action[J].Journal of Environmental Science-China, 2005,17 (3): 399-403.

[165] 寇俊杰，鞠国栋，王贵启，等. 44％ 单嘧·扑灭 WG 防除夏谷子田杂草. 农药，2006，45（9）：643-645.

[166] 王静，张静，姜树卿，等. 新型除草剂单嘧磺酯亚慢性毒性研究[J]. 中国公共卫生，2006，22（8）：988-989.

[167] 陈沛全，孙宏伟，李正名，等单嘧磺隆除草剂的晶体构象-活性构象转换的密度泛函理论研究[J]. 化学学报，2006，64（13）1341-1348.

[168] 王建国，马宁，王宝雷，等.N-[2-(4-甲基)嘧啶基]-N′-2-硝基苯磺酰脲的合成、晶体结构、生物活性及其与酵母 AHAS 的分子对接[J]. 有机化学，2006，26（5）：648-652.

[169] Kou Jun-jie, Li Zheng-ming, Song Hai-bin. Synthesis and Crystal Structure of a Sodium Monosulfuron-ester （ N- [2'-(4-Methyl) pyrimidinyl] -2-carbomethoxy Benzyl Sulfonylurea Sodium) [J]. Chinese J. Struct. Chem. 2006, 25(11): 1414-1417.

[170] Wang, Jian-Guo, Xiao, Yong-Jun, Li, Yong-Hong,et al. Identification of some novel AHAS inhibitors via molecular docking and virtual screening approach[J]. Bio-organic & Medicinal Chemistry, 2007, 15 (1): 374-380.

[171] 陈沛全，孙宏伟，李正名，等. 单嘧磺隆晶体构象－活性构象转换的分子动力学模拟[J]. 高等学校化学学报，2007,28(2)：278-282.

[172] 罗伟，沈健英，李正名. 单嘧磺隆对 3 种鱼腥藻的毒性[J]. 农药，2007，46（5）：345-348.

[173] 肖勇军，王建国，刘幸海，等. 基于受体结构的 AHAS 抑制剂的设计、合成及生物活性[J]. 高等学校化学学报，2007，28（7）：1280-1282.

[174] 郭万成，王美怡，刘幸海，等.4，5，6-三取代嘧啶磺酰脲化合物的合成和除草活性

[J]. 高等学校化学学报，2007，28(9), 1666-1670.

[175] 李琼，陈沛全，陈兰，等. 酵母 AHAS 酶与磺酰脲类抑制剂作用模型的分子对接研究[J]. 高等学校化学学报, 2007，28（8）：1552-1555.

[176] Wang Mei-yi, Guo Wan-cheng, Lan Feng, Li Yong-hong, Li Zheng-ming. Synthesis and herbicidal activity of N-(4'-substituted pyrimidin-2'-yl)-2- methoxycarbonyl-5-[(un)substituted benzamido] phenylsulfonylurea derivatives. YoujiHuaxue. 2008, 28(4): 649-656.

[177] Guo Wan-cheng, Liu Xing-hai, Li Yong-hong, Wang Su-hua, Li Zheng-ming. Synthesis and herbicidal activity of novel sulfonylureas containing thiadiazol moiety. Chemical Research in Chinese Universities. 2008, 24(1): 32-35.

[178] 郭万成，谭海忠，刘辛海，李永红，等.新三取代嘧啶苯磺酰脲衍生物的合成与生物活性[J]. 高等学校化学学报. 2008, 29(2): 319-323.

[179] Ma Ning, Fan Zhi-jin, Wang Bao-lei, et al. Synthesis and herbicidal activities of pyridy-sulfonylureas: More convenient preparation process of phenyl pyrimidylcarbamates[J]. Chinese Chemical Letters, 2008, 19: 1268-1270.

[180] Wang Mei-yi, Ma Yi, Li Zheng-ming, et al. 3D-QSAR study of novel 5-substituted benzenesulfonylurea compounds[J]. GaodengXuexiaoHuaxueXuebao, 2009, 30(7): 1361-1364.

[181] Wang Jian-guo, Lee Patrick K.-M, Dong Yu-hui, et al. Crystal structures of two novel sulfonylurea herbicides in complex with Arabidopsis thaliana acetohydroxyacid synthase[J]. FEBS Journal, 2009, 276(5): 1282-1290.

[182] Guo Wan-cheng, Ma Yi, Li Yong-hong, et al. Biological activity, molecular docking and 3D-QSAR research of N-(4,5,6-trisubstituted pyrimidin-2-yl)-N'-benzenesulfonylureas [J]. HuaxueXuebao, 2009, 67(6): 569-574.

[183] 童军，郑占英，严东文，等. 玉嘧磺隆新合成方法研究[J]. 化工中间体，2009，05：29-31.

[184] 蔡飞，陈建宇，王海英，等. 单嘧磺酯的 HPLC/MS/MS 研究[J]. 农药学学报，2009，03：388-391.

[185] 鞠国栋，寇俊杰，王满意，等.30%单嘧·氯氟水分散粒剂防除冬小麦田杂草田间试验[J]. 农药，2009，10：765-766+770.

[186] 寇俊杰，王满意，鞠国栋，等.78%单嘧·扑草净 WG 防除麦田杂草碱茅药效试验[J]. 现代农药，2009，06：21-22+25.

[187] 王红学，李芳，许丽萍，等. 新(4'-三氟甲基嘧啶基)-2-苯磺酰脲衍生物的合成及生物活性[J]. 高等学校化学学报, 2010, 01: 64-67.

[188] Wang Mei-yi, Li Zheng-ming, Li Yong-hong. Microwave and Ultrasound Irradiation-Assisted Synthesis of Novel 5-Schiff Base Substituted Benzenesulfonylurea Compounds[J]. CHINESE JOURNAL OF ORGANIC CHEMISTRY, 2010, 30 (6): 877-883.

[189] Pan Li, Liu Xing-hai, Shi Yan-xia, Wang Bao-lei[J]. Solvent- and Catalyst-free Synthesis and Antifungal Activities of alpha-Aminophosphonate Containing Cyclopropane Moiety.CHEMICAL RESEARCH IN CHINESE UNIVERSITIES, 2010, 26 (3): 389-393.

［190］Li Hui-dong, Shang Jian-li, Tan Hai-zhong, et al.Design, Synthesis of 3-Substituted Benzoyl Hydrazone and 3-(Substituted Thiourea) ylIsatin Derivatives and Their Inhibitory Ativities of AHAS[J]. CHEMICAL JOURNAL OF CHINESE UNIVERSITIES-CHINESE, 2010, 31 (5): 953-956.

［191］Wang Hong-xue, Li Fang, Xu Li-ping,et al. Synthesis　and　Biological Activity of New Trifloromethyl-pyrimidine Phenylsulfonylurea Derivatives[J]. CHEMICAL JOURNAL OF CHINESE UNIVERSITIES-CHINESE, 2010, 31 (1): 64-67.

［192］Cao Gang, Wang Mei-yi, Wang Ming-zhong,et al . Synthesis and Herbicidal Activity of Novel Sulfonylurea Derivatives[J]. Chem. Res. Chinese Universities, 2011, 27(1): 60-65.

［193］Li Zheng-ming, Ma Yi, Guddat Luke, et al. The structure–activity relationship in herbicidal mono-substituted sulfonylureas[J]. Pest Management Science, 2012, 68, 618-628.

［194］徐俊英，董卫莉，熊丽霞，等.含 N-吡啶联吡唑杂环的(磺)酰胺类化合物的设计、合成及生物活性[J]. 高等学校化学学报, 2012, 33(2): 298-302.

［195］Pan Li, Jiang Ying, Liu Zhen, Liu Xing-hai, et al. Synthesis and evaluation of novel monosubstituted sulfonylurea derivatives as antituberculosis agents[J]. EUROPEAN JOURNAL OF MEDICINAL CHEMISTRY, 2012, 50: 18-26.

［196］童军，郑占英，李永红，等. 单取代嘧啶基吡啶磺酰脲化合物的合成和生物活性[J]. 农药, 2012, 51(9): 638-641.

［197］　郑占英，陈建宇，刘桂龙，等.4-取代嘧啶基苯磺酰脲类化合物的合成与除草活性[J]. 农药学学报，2012，14(6): 607-611.

［198］Wang Di,　Pan Li, Cao Gang, et al. Evaluation of the in vitro and intracellular efficacy of new monosubstituted sulfonylureas against extensively drug-resistant tuberculosis[J]. INTERNATIONAL JOURNAL OF ANTIMICROBIAL AGENTS, 2012, 40(5): 463-466.

［199］鞠国栋, 李正名. 25%单嘧·2 甲 4 氯钠盐水剂防除冬小麦田杂草田间试验[J]. 农药, 2012, 51(12): 924-926.

［200］Liu Zhuo, Pan Li, Yu Shu-jing, Li Zheng-Ming et al. Synthesis and Herbicidal Activity of Novel Sulfonylureas Containing 1,2,4-Triazolinone Moiety[J]. Chemical Research in Chinese Universities，2013, 29(3), 466-472.

［201］Liu Zhuo, Pan, Li, Li, Yong-hong, Li Zheng-Ming et al. Synthesis and herbicidal activity of novel sulfonylureas containing 1,2,4-triazolinone moiety[J]. Chemical Research in Chinese Universities 2013, 29(003):466-472.

［202］Song Xiang-hai, Ma Ning, Wang Jian-guo, Li Zheng-Ming et al. Synthesis and Herbicidal Activities of Sulfonylureas Bearing 1,3,4-Thiadiazole Moiety[J]. Journal of Heterocyclic Chemistry, 2013, 50(S1):E67-E72.

［203］潘里，刘卓，陈有为，李正名等. 含有单取代嘧啶的新型磺酰脲类化合物的设计、合成及除草活性[J]. 高等学校化学学报 2013，34(6)，1416-1422.

［204］潘里，陈有为，刘卓，李正名等, 新型含三唑啉酮的磺酰脲类化合物的合成、晶体结构及除草活性研究[J]. 有机化学，2013, 33(3), 542-550.

［205］寇俊杰，鞠国栋，李正名.单嘧磺酯钠盐的合成及除草活性[J]. 农药学学报，2013，15(3), 356-358

［206］王满意，王宇，边强，等，单嘧磺隆土壤残留 12 个月对主要后茬作物的安全性[J]. 农药 2013，52(4),278-280.

［207］刘卓，潘里，于淑晶，李正名等.N-(4'-芳环取代嘧啶基-2'-基)-2-乙氧羰基苯磺酰脲衍生物的合成及抑菌活性[J]. 高等学校化学学，2013，34(8)：1868-1872.

［208］李芳，魏巍，陈伟，李正名等.新磺酰脲类化合物的设计、合成及生物活性[J]. 农药，2015， 54(2)，83-87.

［209］陈伟，魏巍，周莎，等.新型含苯基取代嘧啶基磺酰脲衍生物的设计与合成及生物活性研究[J].高等学校化学学报，2015，36(4):672-68.

［210］Chen Wei, Li Yu-xin, Shi Yan-xia, Li Zheng-Ming et al.Synthesis and Evaluation of Novel N-(4-Arylpyrimidin-2-yl) sulfonylurea Derivatives as Potential Antifungal Agents[J]. Chem. Res. Chinese Universities, 2015, 31(2): 218-223.

［211］陈伟，魏巍，李玉新，李正名等.2-甲基-6-硝基苯磺酰脲衍生物的合成及活性[J].高等学校化学学报，2015，36(5)，907-913.

［212］陈伟，魏巍，刘明，李正名等.新型含二甲氧基甲嘧啶磺酰脲衍生物的合成及活性[J].高等学校化报，2015，36(7)，1291-1297.

［213］陈伟，魏巍，吴长春，李正名等.2-甲基-6-氯苯基磺酰脲衍生物的合成及活性[J].有机化学，2015，35(7)，1576-1581.

［214］Wei Wei, Cheng Dan-dan, Liu Jing-bo, Zheng-Ming Li et al .Design, synthesis and SAR study of novel sulfonylureas containing an alkenyl moiety[J]. Organic & Biomolecular Chemistry, 2016, 14(35):8356-8366.

［215］Hua Xue-wen, Zhou Sha, Chen Ming-gui, Li Zheng-Ming et al. Controllable Effect of Structural Modification of Sulfonylurea Herbicides on Soil Degradation[J]. Chinese Journal of Chemistry, 2016.

［216］Zhang Dong-kai, Hua Xue-wen, Liu Ming, Zheng-Ming Li et al. Design, synthesis and herbicidal activity of novel sulfonylureas containing triazole and oxadiazole moieties[J]. Chemical Research in Chinese Universities, 2016, 32(004):607-614.

［217］Hua Xue-wen, Zhou Shaa, Chen Ming-gui, Li Zheng-Ming et al. Design, Synthesis and Herbicidal Activity of Novel Sulfonylureas Containing Tetrahydrophthalimide Substructure[J]. Chemical Research in Chinese Universities, 2016(3):396-401.

［218］Wei Wei, Cheng Dan-dan, Chen Wei, et al. Design, Syntheses and Biological Activities of Novel Sulfonylureas Containing an Oxime Ether Moiety[J]. 高等学校化学研究:英文版，2016(2):195-201.

［219］Hua Xue-Wen, Chen Ming-Gui, Zhou Shaa, Zheng-Ming et al. Research on controllable degradation of sulfonylurea herbicides[J]. *RSC Adv.*, 2016, 6(27): 23038-23047.

［220］Wei Wei, Zhou Shaa, Cheng Dan-dan, Li Zheng-Ming et al. Design, synthesis and herbicidal activity study of aryl 2,6-disubstituted sulfonylureas as potent acetohydroxyacid synthase inhibitors[J]. Bioorganic & Medicinal Chemistry Letters, 2017, 27(15), 3365-3369.

［221］Zhou Shaa, Hua Xue-wen, Wei Wei, Li Zheng-Ming et al. Research on Controllable Degradation of Novel Sulfonylurea Herbicides in Acidic and Alkaline Soils[J]. Journal of Agricultural and Food Chemistry , 2017, 65(35), 7661-7668.

［222］Zhou Shaa, Hua Xue-wen, Wei Wei, Li Zheng-Ming et al. Research on controllable alkaline soil degradation of 5-substituted chlorsulfuron[J]. CHINESE CHEMICAL LETTERS, 2018, 29(6):945-948.

［223］Meng Fan-fei, Wu Lei, Gu Yu-cheng, Li Zheng-Ming et al. Research on the controllable degradation of N-methylamido and dialkylamino substituted at the 5th position of the benzene ring in chlorsulfuron in acidic soil[J]. RSC Advances, 2020, 10.

［224］Zhou Shaa, Meng Fan-fei, Hua Xue-wen, Li Zheng-Ming et al. Controllable Soil Degradation Rate of 5 Substituted Sulfonylurea Herbicides as Novel AHAS Inhibitors[J]. Journal of Agricultural and Food Chemistry, 2020, 68(10):3017-3025.

致　谢

一、感谢单嘧磺隆课题组全体成员

王玲秀，贾国峰，王素华，王建国，赖成明，马　翼，李永红，王立坤，么恩云，钱宝英，黑中一，王红学，童　军，寇俊杰，郑占英，鞠国栋，王海英，王满意等。

此外，真心感谢在课题组研制工作中做出辛勤贡献的全体硕士生和博士生，本文部分图表信息引自南开大学2015届博士生陈伟博士论文。

二、感谢指导、帮助、支持我课题组的单位和个人

国家发改委，教育部，科技部，化工部、工信部，国家自然科学基金委，中国科学院、中国工程院、农业部药物鉴定所、天津市科委，天津市科协，天津市农委，天津市植保所，张家口农科院，河北农科院谷子所，河北农科院遗传所等。

Ronald Duggleby，George Levitt，Philip Lee，董宇辉，马其慧，赵治海，程汝宏，周汉章，段胜军，王彦庭，李钟华，刘中须等。

　　李正名，1931 年出生，有机化学与农药学家，南开大学讲席教授，中国工程院院士。1953 年毕业于美国欧斯金（Erskine）大学化学系，1956 年毕业于南开大学化学系并获硕士学位，师从杨石先先生。1980 年至 1982 年美国农业部研究中心访问学者。1995 年当选中国工程院院士。

　　先后担任南开大学元素有机化学研究所所长、元素有机化学国家重点实验室主任兼学术委员会主任、农药国家工程研究中心（天津）主任、南开大学化学学院副院长等职务。主要从事新型生物活性物质分子设计合成研究，参加国家"六五"到"十四五"攻关项目、国家重点基础研究发展计划（973 计划）项目、国家自然科学基金重点项目、国家新农药创制与产业化项目。

　　本人和带领（参与）的团队在工作中曾获国家自然科学二等奖、国家科技进步一等奖、国家技术发明二等奖、化工部科技进步一等奖、教育部科技进步二等奖、全国发明创业奖、中国农药工业协会"杰出成就奖"、新中国 60 周年中国农药工业突出贡献奖、日本农药学会"外国科学家荣誉奖"、天津市科技重大成就奖、天津市最有价值发明专利奖、天津市劳动模范、天津市中青年有突出贡献专家、为国家重点实验室做出重大贡献的先进工作者（金牛奖）、南开大学良师益友奖、天津市优秀科技工作者、上海有机化学研究所国家重点实验室学术指导委员会委员、中国化工协会农药专业委员会终身成就奖、中国农药工业协会农药市场信息中心特别荣誉奖、天津市最美科技工作者、庆祝中华人民共和国成立70周年纪念章、新中国70周年与中国农药行业共成长贡献人物奖、"真情天津"都市年度人物奖等。曾担任国际纯粹与应用化学联合会（IUPAC）资深代表，国际刊物 Pest Management Science 执行编辑，中国工程院学部常委、国家自然科学基金委有机化学评审组组长、中国化工学会农药分会副理事长、国家学位委员会评委、教育部长江学者化学化工组组长、国家基金委杰出青年评委、中国化学会副秘书长、天津市科学技术协会副主席、中国农药工业协会高级顾问、中国农药发展与应用协会高级顾问等。

先后指导 168 名研究生（含 71 名博士与博士后）。共发表学术论文 680 篇、主编专业书 4 本、我国授权发专利 17 项。

邮箱：nkzml@vip.163.com

第六章

谷田除草剂在谷子生产上的应用与发展前景

段胜军

谷子起源于中国，已有 8000 多年历史记载，是养育中华民族的主要作物。谷子抗旱、耐瘠、适应性广的特点及在水肥地高产、贫瘠地稳产，比玉米节水三分之一[1]，在干旱地区种植谷子投入少效益高，是农民增收很好途径[2]；谷草是牲畜的优质饲料，谷子全身都是宝，人吃籽实，牲畜吃秸秆。同时，谷子中富含钙、磷、铁、半胱氨酸、甲硫氨酸，营养物质含量丰富，营养价值高，各种氨基酸含量均衡，适于儿童、老年人的食用，小米粥被称为养生粥，被越来越多中老年所喜爱。随着消费观念的转变，健康生活理念逐步形成，对小米需求正在快速增长[3]。

谷子科技人员经过多年新品种的培育、高产栽培技术创新，使谷子由低产作物，跃升高产作物。常规谷子品种亩产可达到 400 kg（公顷产 6000 kg），杂交谷子最高亩产可达到 800 kg（公顷产 12000 kg）以上，谷子不再是低产作物。近年来培育谷子新品种不但产量高，而且小米适口性、感观、香气都有了显著的提升，能够满足消费者的要求。另外，谷子播种、中耕、病虫害防治和收获，都已基本实现了机械化[4]。目前谷子在北方干旱半干旱地区，常年种植面积约为1000万亩（66.7万公顷）。谷子生产方式正在发生转变，由一家一户小面积自给自足种植模式，向规模化、企业化、商品化的生产方式发展。谷子一般随着降雨而播种，杂草与谷苗同时生长，防除谷田杂草是谷子生产管理中主要工作。化学除草是最经济、最快速的消灭杂草的一种方式。化学除草最早从西方国家兴起，由于其他国家基本上不种植谷子，因此无人研究谷子和谷子除草剂。谷子作为一种特殊作物，而从事谷子杂草防治科技人员少，谷子杂草防治研究十分落后，一直没有适合谷田应用的化学除草剂，谷田除草的解决必须依靠我国科技创新。

南开大学农药国家工程研究中心从事农药创新研究具有悠久的传统。20世纪90年代在创新农药研究中，李正名团队创制出一种高效广谱磺酰脲类除草剂——单嘧磺隆。经试验证明，谷子对该药具有很好抗性，能够在谷子生产上使用。为扩大杀草谱，提高对谷田杂草防效，该药与扑灭津混配，创制出谷田除草剂"谷友"，填补了谷子除草剂的空白。经过20多年的示范与推广，它适宜所有谷子品种，能够防除谷田单双子叶杂草，具有很好的推广前景，对促进谷子生产发展具有重要作用[5,6]。

第一节   除草剂应用现状

在作物种植中，杂草是伴随着作物生长而出现的，与作物争水、肥、阳光和空间，限制作物生长，影响作物产量。从 1956 年我国开始引进和开展农田化学除草剂试验，至今已有 60 多年的历史。

1956 年开始，全国开展除草剂试验，以防除水稻、麦田杂草为主，兼顾大豆和杂粮作物，主要使用 2,4-D、2,4,5-涕、二甲四氯、敌稗、除草醚等除草剂。1967 年全国化学除草面积达 495 万亩（33 万公顷）。1975 年全国化学除草面积达 2550 万亩（170 万公顷）。1978 年以后以试验和防除稻、麦、大豆、棉田杂草为主，兼顾杂粮和经济作物田杂草防除。从 1978 年开始引进国外新型高效除草剂，使我国化学除草面积进一步扩大，1989 年化学除草面积达 1.9 亿亩（0.13 亿公顷）。1990 年以后，由于一次性化学除草技术的推广和应用，农田化学除草日益为广大农民所接受，化学除草面积在 1991 年猛增至 3.5 亿亩（0.23 亿公顷），至 1995 年更增至 6.25 亿亩（0.41 亿公顷），占全国农作物播种面积的 1/4 以上。2002 年我国农田化学除草面积达 10.14 亿亩（0.67 亿公顷）[7-10]。

随着我国科技投入增加，科技创新能力提高和化学除草应用面积的持续扩大，国产除草剂品种从 20 世纪 80 年代的 10 多个猛增到 1995 年的 40 余个，高效、选择性强的磺酰脲类除草剂也在我国开发成功并广为应用。从 1991 年到 1994

年，除草剂年产量由 2.0 万吨上升到 4.0 万吨，远远超过杀虫剂和杀菌剂的增长速率。化学除草剂是继种子、肥料之后最重要的农业生产资料，特别是农业生产已进入规模化、机械化和企业化生产，人工除草已经成为过去[11-13]。

21 世纪科技飞速发展，产业向规模化、集约化发展。农业生产向种植大户和合作社集中，化学除草是实现农业机械化，降低种植成本，提高种植效益重要方法[14-15]。近年来，主要作物化学除草得到普遍的应用，除草剂品种多样，对杂草防效和安全性，都得到了显著提高，基本满足生产上化学除草的需要。但是，存在着同质化严重，低价竞争；而对于小作物或地域性强作物，缺少专用高效、安全的除草剂。例如谷子、黍子、高粱、油葵等作物。

第二节　谷子除草发展历程

谷子主要在我国北方干旱和半干旱地区种植[16]。化学除草剂从西方兴起，主要为解决小麦、玉米等大宗作物化学除草而研制。自从 20 世纪 70 年代化学除草剂引进以来，我国谷子生产和科研工作者，进行过广泛的筛选，获得一些能够在谷田使用、有一定防效的化学除草剂。如 2,4-D 丁酯、扑草净、扑灭津。近年来，这些除草剂在一些地区还有一定需求，当杂草发生较轻、低剂量使用时，对谷田杂草有一定防效。但存在问题是防除效果不稳定，安全性差，易产生药害，达不到生产要求，因而未得到大面积推广。

第三节　谷田杂草种类和发生时期

　　依据谷子品种生育期和播种期，分为春播谷子和夏播谷子。春播谷子播种期为 4 月下旬到 5 月下旬，谷子生育期 100 天以上。春播谷田杂草的发生与气温、降水密切相关，气温高、降水多，杂草就发生得早且多（图 6-1），这时田间杂草以双子叶杂草为主，有反枝苋、马齿苋、苦买菜、藜、龙葵；6 月中下旬也有马唐、狗尾草、牛筋和稗草等单子叶杂草发生。夏播谷子播种时间为 6 月中旬到 7 月初，生育期 90 天左右，危害谷子生长的以单叶杂草为主，有马唐、谷莠子、狗尾草、稗草、野燕麦、碱茅（赖草），双子叶杂草有马齿苋、苍耳、苘麻、刺儿菜等[17]。

图 6-1　谷田杂草

　　了解谷田杂草发生时期，在杂草出土前或者其幼苗期，进行化学防治，是提高防除效果，减少用药的关键。春播谷田杂草发生期有 2 个时期，谷子播种后 20 天是杂草出土的第一个高峰期，也是春播谷田化学防除的最佳期，控制住这个时期的杂草，可增产 15%～20%。第 2 个发生高峰在 6 月中下旬，如果谷子出苗不齐，缺苗断垄，雨水充足，为马唐、狗尾草、谷莠子提供了快速生长的空间。在夏播谷田里，只有 1 个杂草高峰发生期，一般播种后 10～20 天，即 6 月下旬到 7 月上旬，以单子叶杂草为主，主要危害杂草有马唐、狗尾草、谷莠子、牛筋草。双子叶杂草发生相对较少，有马齿苋、苋菜、龙葵、藜和苘麻等[18]。

第四节　谷田中应用过的除草剂

一、2,4-D 丁酯(2,4-D)除草剂

2,4-D 丁酯为苯氧乙酸类激素型选择性除草剂，具有较强的内吸传导性，主要是对作用部位核酸和蛋白质的合成产生影响。在植物顶端抑制核酸代谢和蛋白质的合成，抑制光合作用的正常进行；传导到植物下部的药剂，使植物茎部组织的核酸和蛋白质的合成增加，促进细胞异常分裂，根尖膨大，丧失吸收能力，造成茎秆扭曲、畸形、筛管堵塞，韧皮部破坏，有机物运输受阻，从而破坏植物正常的生活能力，最终导致植物死亡[19]。该除草剂主要用于防治谷子田中早期双子叶杂草，如播娘蒿、藜、蓼、芥菜、离子草、反枝苋、田旋花、马齿苋等阔叶杂草，对禾本科杂草无效。

施药时期和用药量：主要应用在春播谷子田，作为苗后

茎叶处理除草剂。谷子苗后 4～5 叶时，用 72％的 2,4-D 丁酯，100 毫升/亩（1500 毫升/公顷）叶面喷雾，防治 2～3 叶期双子叶杂草。谷子拔尖后用药和超量用药，易产生药害，影响谷子穗分化。在施药时，对风速、气温、使用量、喷药技术和谷子叶片数有严格要求，如四级风以上常规喷药，可对下风头 2000 米以外的果园造成危害。避免飘移到马铃薯、豆类和瓜类等敏感作物上。目前，在东北、西北干旱地区，还有少量的农民使用，以防除谷田中的双子叶杂草。

二、扑草净除草剂

扑草净是均三氮苯类选择性、内吸传导型除草剂，主要通过茎叶、根部吸收到杂草体内，通过杂草体内的蒸腾流进行上下传导，抑制光合作用，从而使杂草失绿，干枯死亡，对刚萌发的杂草防效最好[20]。扑草净最初在水稻、小麦、玉米、向日葵、豌豆、蚕豆、芹菜、胡萝卜、棉花等中应用,防治稗草、马唐、看麦娘、马齿苋、蟋蟀草、黎、眼子菜、牛毛毡、四叶萍、莎草等杂草。

20 世纪 80 年代，由于谷田无化学除草剂，农民为了消灭谷田杂草，经过试验发现，扑草净在谷子播后苗前低剂量使用，对谷田杂草有一定防效。扑草净对谷子生理的影响主要表现在：谷子吸收扑草净后，POD 酶活性和可溶性糖含量都有提高，气孔导度、蒸腾强度也有所提高，大部分谷子对扑草净有一定的耐药性[21]。扑草净能够防除谷田马唐、狗尾草、稗草、反枝苋、黎、马齿苋等杂草。使用不当易发生药害，当用药量超过 150 克/亩（2250 克/公顷），喷药后土壤湿度大，气温较高，会给谷子造成严重药害[22]。

施药时期：在春谷地区使用扑草净。40%扑草净 100～150 克/亩（1500～2250 克/公顷），气候干旱少雨、黏壤土时使用剂量要高些，气候多雨湿润、沙壤土时使用低剂量[23]。如果低洼处积水药液汇集，会引起谷苗发黄甚至死亡，所以要在雨前 72 小时喷施效果最理想。苗前喷施要及时，不要超过播种后 2 天，喷洒要均匀，不留死角，否则达不到防除效果；苗期 3 叶前喷施，一定要将喷雾器的喷嘴压低到距地面 20～25 厘米。如果在膜覆谷子使用，要降低施药量，不能滴灌施药，施药要均匀，不重喷漏喷，要根据不同土壤条件做好试验。扑草净对环境条件要求严格，如连续遇30℃以上高温，土壤湿度大，要慎重使用。

三、扑灭津除草剂

扑灭津是三嗪类除草剂，水溶性较强的代谢物。可以直接通过皮肤、黏膜、呼吸道吸收直接危害人类健康。但是扑灭津对阔叶杂草和单子叶稗草、狗尾草有很好的防效，而谷子又有很好抗性[24]。目前，一些地区还使用扑灭津作为谷田除草剂，防除谷田杂草。在谷子播种后出苗前，每亩喷施 50%扑灭津 100～130 克/亩（1500～1950 克/公顷），防除谷田杂草，一般年份对单双子叶杂草防除效果 60%以上；如果施药时土壤墒情适宜或者用药后遇上小雨，防除效果达到 80%以上。扑灭津无论是对谷田杂草除草效果，还是对谷子安全性都优于扑草净。

第五节　磺酰脲类除草剂对谷子安全性的试验

单嘧磺隆是南开大学创制的新型磺酰脲类谷田除草剂，是农业部批准获得三证的第一个谷田除草剂。为明确已有磺酰脲类除草剂对谷子的安全性，开发安全、超高效谷田除草剂，开展了磺酰脲类除草剂对谷子安全性的试验。

试验材料：谷子品种冀谷 26 号。供试除草剂：单嘧磺隆、单嘧磺酯、烟嘧磺隆、氯嘧磺隆、氯磺隆、苯磺隆、甲磺隆的原药；人工配制杂草：油菜、反枝苋、马唐、牛筋草。试验药品和杂草种子由南开大学农药国家工程研究中心提供。试验在河北省农林科学院试验地进行，每个处理重复 3 次，随机排列，播后苗期喷药。试验结果如下：①单嘧磺隆：0.5～1 克/亩（7.5～15 克/公顷）对谷子是十分安全，鲜重影响较小，杂草的防效随着施药量增加，防效在增强；单嘧磺隆施药量 4 克/亩（60 克/公顷）对谷子出苗有些抑制，对杂草防效最好。由于谷子播种量较大，不会影响谷子产量。②单嘧磺酯：0.5～1 克/亩（7.5～15 克/公顷），谷子出苗率为 87%～70%，杂草防效 66%～82%。随着施药量的增加，谷子出苗率有所降低，当单嘧磺酯施药量 4 克/亩（60 克/公顷），谷子出苗和苗期生长受到明显的抑制。③烟嘧磺隆：0.5～1 克/亩（7.5～15 克/公顷）谷子出苗率为 55%～47%，当施药量达到 2～4 克/亩（30～60 克/公顷）时，谷子出苗率为 22%～0%，该药对谷子出苗有严重的抑制作用，不能在谷田使用。

④氯嘧磺隆：施药量为 0.5～1 克/亩（7.5～15 克/公顷）谷子出苗率为 41%～28%，施药量达到 2～4 克/亩（30～60 克/公顷）时谷子出苗率为 13%～0%。氯嘧磺隆对谷子出苗有严重的抑制作用，不能在谷田中使用。⑤氯磺隆：施药量为 0.5～1 克/亩（7.5～15 克/公顷）谷子出苗率为 56%～47%，当施药量达到 2～4 克/亩（30～60 克/公顷）时谷子出苗率为 22%～0%。氯磺隆对出苗有严重的抑制作用，对谷子不安全，不能在谷田中使用。⑥苯磺隆：施药量为 0.5～1 克/亩（7.5～15 克/公顷）谷子出苗率为 44%～36%，施药量为 2～4 克/亩（30～60 克/公顷）时谷子出苗率为 8.6%～0%。苯磺隆对出苗有严重的抑制作用，比烟嘧磺隆、氯嘧磺隆、氯磺隆更不安全，所以苯磺隆也不能作为谷田除草剂。⑦甲磺隆：施药量为 0.5～1 克/亩（7.5～15 克/公顷）谷子出苗率为 0%，甲磺隆对谷子出苗有严重抑制作用，比烟嘧磺隆、氯嘧磺隆、氯磺隆更不安全，甲磺隆也不能在谷田中使用。⑧噻吩磺隆：施药量 0.5～2 克/亩（7.5～30 克/公顷）谷子出苗率为 87%～83%，对双子叶杂草的防效为 31%～45%；当施药量达到 4 克/亩（60 克/公顷）时谷子出苗率为 75%。噻吩磺隆对谷子出苗和幼苗的生长抑制较小，对谷子是安全的，需要进一步大面积试验，确定其安全性。

综上所述：烟嘧磺隆、氯嘧磺隆、氯磺隆、苯磺隆、甲磺隆对谷子都不安全，不能作为谷田除草剂；单嘧磺隆、单嘧磺酯和噻吩磺隆对谷子安全，可以在谷田应用，防除谷田双子叶杂草。

第六节　广谱高效谷田除草剂谷友（单嘧磺隆）的应用

　　单嘧磺隆是南开大学农药国家工程研究中心李正名院士团队经过多年研究创制出的，在谷子上广泛应用的第一个谷田化学除草剂。单嘧磺隆是新型磺酰脲类除草剂，是乙酰乳酸合成酶（ALS）抑制剂，通过抑制乙酰乳酸合成酶（ALS）的活性，进而抑制植物根的生长，造成敏感植物停止生长而逐渐死亡[25]。

　　谷友是由 1.5％单嘧磺隆和 42.5％扑灭津复配而成的混合型除草剂，灰色可湿性粉剂，高效、低毒、内吸的选择性除草剂[26]。除草原理为喷施到土壤后，渗入土壤表层 3～5cm，杂草种子在萌发时通过种子根吸收该药，抑制杂草氨基酸的合成和根的生长，造成杂草停止生长而逐渐死亡（图 6-2）。在施药量 120～140 克/亩（1800～2100 克/公顷）时对谷子出苗和苗期生长有一定抑制作用。但是谷子播种量大、出苗多，

图 6-2　谷田苗前喷施谷友（制剂）140 克/亩（2100 克/公顷）

苗期又需要蹲苗，虽然对苗期生长有些影响，但对谷子后期生长和产量未造成影响。使用量超过 1 倍以上，也会造成谷子死苗断垄，喷药时一定控制施药量，禁止超量用药。谷友对谷田中常见一年生单、双子叶杂草，如马唐、牛筋草、马齿苋、反枝苋、藜等，有较好防除效果，但对谷莠子无效[27]。

谷友作为谷田第一个广谱高效除草剂，填补谷田除草剂的空白，是目前生产推广面积最大，使用范围最广的化学除草剂。由于推广时间还较短，谷子品种多、土壤多样、气候差异性较大，因此，使用谷友，需要在试验示范的基础上进行推广。多年来，本人从事谷田除草剂谷友的推广工作，总结了一些使用方法。

一、夏播谷田使用谷友注意事项

夏播谷子播种时，气温高、多遇阴雨天，谷子发芽出苗快，3～4 天就出苗，谷子出苗时对除草剂最敏感，需要掌握好施药时间，减少除草剂对谷子的药害。

1. 播前整地

夏播谷子，前茬作物多为小麦、油葵和油菜等作物，在前茬作物收获后，及时耕地、灭除田间杂草，平整田地。耕地能把地表杂草翻到土壤里，降低杂草基数，耕地播种比贴茬播种能够减少 30%～50% 杂草的出土量，也容易保证一播全苗，苗齐苗壮。

2. 适时早播

农谚：春争日，夏争时。前茬作物收获后，及时整地，土壤墒情达到 70% 及时耕地播种，播种后及时镇压、擦平。

3. 喷施谷友

夏季气温高，谷子发芽快，谷子播种后 3～4 天出苗，随之杂草也迅速出土，谷苗出土时对除草剂极为敏感。因此，谷子播后 2 天内喷施谷友，用量 120～140 克/亩（1800～2100 克/公顷），除草效果最好，土壤墒情达到 80％以上对杂草防效达 85％以上。

4. 贴茬播种

播种前先喷洒一遍"一扫光"除草剂，消灭田间出土的杂草。播种后喷施谷友，可以提高谷友对杂草的防除效果。但是，谷子种在播种沟内，播后如遇上大雨，除草剂聚集到播种沟，加大了沟内除草剂的剂量，易产生药害，影响谷子生长，严重时出现死苗，影响谷子生长发育。

5. 喷施谷友后杂草防治效果不好是什么原因呢？

（1）谷田杂草基数大，除草剂使用量低。

（2）喷药时土壤墒情差，除草剂不能被杂草吸收。

（3）喷药时间偏晚，喷药时杂草已萌发或出土，须根长出，杂草抗性增强，抑制能力降低。

6. 补救办法

如果种植抗除草剂谷子，谷子 4 叶期喷施苗后谷田除草剂；普通谷子，在谷子 4 叶期用 2,4-D 或者谷阔清防除谷田双子叶杂草，人工拔除谷莠子和单子叶杂草。

二、春播谷田使用谷友注意事项

春播谷一般种植在半干旱地区，土壤瘠薄等雨播种，播种时间 4 月下旬到 5 月中旬，此时气温低、刮风多、降雨少，谷田多采用集雨和保墒-垄沟种植法。田间杂草主要是双子叶杂草。在使用谷友时注意以下事项。

1. 整地

谷子田多在秋季翻耕地，进行晾晒和集雨。开春后结合翻地，亩施农家肥 3～5 吨（公顷施 45～75 吨）做底肥，在播种前进行旋耕和播种。

2. 适时播种

当地温稳定在 10℃ 以上，土壤墒情适宜及时播种，播后马上镇压，防止失墒影响出苗。如果不用集雨，把地擦平防止雨后药液集积，对谷苗产生药害，影响谷苗生长。

3. 喷施谷友

春播谷子，出苗时间较长，一般需要 7～10 天，杂草 15 天之后长出，生长缓慢，容易防除。在谷子播后出苗前喷施谷友，用量 100～130 克/亩（1500～1950 克/公顷），对杂草有很好的防效；如果雨后或土壤墒情达 80% 以上，谷友使用量应控制在 100 克/亩（1500 克/公顷）以内。

4. 覆膜谷子怎样使用谷友

东北、西北地区是我国谷子主要生产区，由于积温和降雨较少，谷子产量低。为提高地温，提早播种，一些地区开始推广谷子覆膜种植[28]。试验表明：覆膜后谷子株高、千粒重、穗粒重均有增加，植株内水分含量增高，营养体生长发育得好；覆膜后，谷田地温和土壤含水量增加，同时也增加了积温，使谷子生育期缩短，亩产增产 20% 以上[29]。谷子覆膜种植，减少了土壤水分和药液的蒸发，提高了除草剂药效，覆膜谷友除草剂用量 100～120 克/亩（1500～1800 克/公顷）。采用黑色地膜也可减少杂草发生量。

5. 喷施谷友后对杂草防治效果不好，是什么原因呢？

（1）谷田杂草基数大，除草剂用量低，对杂草有一定抑制作用，但不能彻底杀死杂草。

（2）喷药时土壤干燥、墒情差，除草剂药效差。

（3）施药时间偏晚，杂草已萌发或出土。多发生在播前未旋耕抢墒播种田间，喷药时杂草已萌发，须根已长出，抗药性增强，除草剂不能完成杀死杂草。

6. 补救办法

种植抗拿捕净除草剂的谷子，用 72％的 2,4-D 丁酯 100 毫升/亩（1500 毫升/公顷）防除双子叶杂草，100～150 毫升/亩（1500～2250 毫升/公顷）拿捕净，防除谷莠子和单子叶杂草；普通谷子，用 72％的 2,4-D 丁酯 100 毫升/亩（1500 毫升/公顷）叶面喷雾，防治双子叶杂草，谷莠子和单子叶杂草需要人工拔除。

第七节　易对谷子造成危害的除草剂

在谷田除草剂推广中，经常接到春播地区的谷农反映，谷子播种后为什么不出苗？谷子出苗后，有些谷苗不生长慢慢地死了是怎么回事呢？

东北、西北半干旱地区是我国谷子生产的主产区，为防止谷子重茬，减少谷子生育期病、虫、草害，采用轮作倒茬，前茬多为豆科作物，种植时大量使用化学除草剂。由于农民对除草剂特性了解不够、超剂量使用，有的农民为了追求除草效果，使用残留期长的除草剂，导致土壤中除草剂残留量大，严重影响后茬谷子的生长。下面介绍几种在生产中经常使用，对后茬种植谷子有影响的除草剂[30]。

一、精噁唑禾草灵（威霸）

谷子对精噁唑禾草灵敏感，误施或药液飘移到谷子上会产生药害。叶片接触药液后出现水浸状药害斑，变黄褐色、干枯，从叶片基部开始退绿,心叶基部坏死,叶基部断开，断处变褐。两周左右全株枯死。轻度药害也会抑制生长。

预防措施。精噁唑禾草灵不能用于谷子田。邻近地块施用精噁唑禾草灵，要留出足够距离的隔离带，注意施药时的风向和风力，防止药液飘移至谷子田。若误施药害严重，应及时毁种。

二、氟乐灵

谷子对氟乐灵敏感，施到谷子上会产生药害。土壤处理对种子发芽没有抑制作用，主要抑制幼根和幼芽生长，不产生次生根或次生根少而短，膨大或畸形。幼芽矮化、弯曲，出土后叶片宽短，生长缓慢，叶片黄枯，全株死亡。氟乐灵除草剂严禁用于谷田除草。

三、二甲戊灵

谷子对二甲戊灵比较敏感，施入可产生药害。土壤处理不影响种子萌发，幼芽接触土壤中药剂，生长受到严重抑制，芽短小，次生根少而短、膨大。谷苗出土后叶片宽短、心叶扭曲。二甲戊灵不适用于谷田除草。一旦误施，如果苗数够，应及时追肥，促进生长，以缓解药害。

四、嗪草酮

谷子对嗪草酮敏感，土壤处理误施可产生药害。土壤处理不影响种子萌发，但抑制幼苗生长，幼根和幼芽细弱。幼苗出土后叶片从叶脉开始失绿，扩展至全叶，最后枯萎。严重者全株枯死。受害较轻者可长出新叶，但叶片窄，植株细弱。嗪草酮不适用于谷田除草。误施药害严重，应及时补种或毁种。

五、异丙甲草胺

谷子对异丙甲草胺敏感，土壤误施可产生药害。土壤处理一般不影响种子萌发，但抑制芽、根生长，幼芽短、根细、无须根。严重时幼苗生长缓慢，芽鞘紧包生长点，心叶扭曲，生长受到抑制。异丙甲草胺不适用于谷田除草。发生药害及时补种、追肥，以缓解药害。

六、咪唑乙烟酸

谷子对咪唑乙烟酸敏感，飘移和残留都能造成谷子产生药害。前茬豆科作物每亩用有效成分5克（每公顷用75克）咪唑乙烟酸，需间隔24个月才能种植谷子。

七、氟磺胺草醚（虎威）

谷子对氟磺胺草醚敏感，前茬豆科作物每亩用药有效成分16克（每公顷用240克）氟磺胺草醚，需间隔24个月才能种植谷子。

第八节　谷田除草剂发展方向

谷子具有抗旱、耐瘠薄、水分利用率高、适应性广，投入少效益好，是北方干旱和半干旱地区主要的杂粮作物。随着健康养生观念不断深入人们的生活，小米消费地域和人群不断扩大，小米年需求量逐年增加，谷子每年种植面积保持在 1000 万亩（66.7 万公顷）以上，才能满足市场的需求。谷子作为一种主要杂粮作物，谷子生产正在发生着变化，由一家一户种植，自给自足的生产方式，发展成以市场为导向，效益为中心，以企业或合作社为生产主体，向商品化规模化生产发展。机械化代替人工，种植规模一般几百亩到几千亩，化学除草代替人工除草。除草剂成为种子之后重要生产资料，需要创制更安全、除草谱广的谷田除草剂。高效广谱谷田除草剂发展方向主要由三种方式：新的化合物创制、谷子抗除草剂基因突变和谷子抗除草剂转基因技术的应用。

一、新的化合物创制——谷田除草剂

化学除草剂发明于美欧等西方国家，主要以世界性作物化学除草为研究对象，谷子是中国独有作物，国外很少有人开展谷田化学除草剂的研究。因而谷子的学术研究在中国，谷田除草剂创制研究也需要中国科学家来开展。南开大学农药国家工程中心在开展新除草剂创制研究过程中，发现了活性高、除草效果好、对谷子安全、新的化合物——单嘧磺隆。该化合物的创制，填补了谷田除草剂的空白，为化学除草

的研究开创了新局面。目前国内有许多高校和科研单位把谷田化学除草剂研究列入创新计划，希望经过科研人员的潜心研究，会推出更多对谷子更安全、防除效果更好的谷田化学除草剂，进一步为国家粮食安全保驾护航。

二、抗除草剂谷子基因突变体的筛选

化学因素和辐射因素诱发突变体，具有突变频率高、操作简便和实验条件要求低等特点，较易发生单基因点突变，且突变后代很快就稳定，现已广泛地应用于各种植物遗传育种、生物学和功能基因组学的研究[31]。

化学诱变法主要分为 3 类：

1. DNA 分子修饰物

利用具有活跃烷基的化合物分子，能够颠换置换 DNA 或 RNA 分子中特定的 H 原子，通过烷化作用对 DNA 或 RNA 分子起作用，导致遗传物质复制、转录等过程中遗传基因编码错误，进而造成突变或者变异，产生新的突变体。中国科学院上海植物生理研究所于 1995 年通过辐射育种的方法，获得了耐草甘膦、抗枯萎病的种质系"PI3910"[32]，祝水金等利用体细胞诱变技术，结合抗性定向连续筛选的方法，获得了 1 个高抗草甘膦的棉花突变体[33]。

2. 核酸基类似物

这类化合物具有与 DNA 碱基十分相似的基本结构，因此在 DNA 复制过程中被错误地作为 DNA 的碱基添加到 DNA 分子中，从而使碱基发生错配，导致点突变和变异。

3. DNA/RNA 合成抑制剂

这类抑制剂作用于 DNA 复制系统，破坏脱氧核糖核酸酶，从而破坏和影响 DNA 复制过程中有序的合成和分解，从而造成染色体断裂，引起植物突变和变异。阿特拉津从 20 世纪 50 年代起就广泛地应用于作物除草，至今北美及欧洲已发现有 40 多种对该除草剂具抗性的杂草。通过特设环境条件突出耐药因子，加以强化选择，是选育天然耐或抗除草剂作物种质资源的重要途径。在培养细胞与组织培养基中逐步提高草甘膦浓度，分阶段进行选择，选出耐性细胞系，培养再生植株。曾潜等[33]经过实验认为棉花的耐除草剂特性与棉花生育进展呈相关效应，在苗期进行重点筛选，可以筛选出天然抗（耐）除草剂的材料。自从 20 世纪 70 年代，欧美地区地区开始在农田大量使用化学除草剂，由于多年长期使用，使玉米、大豆等农作物田的青狗尾草基因发生突变，对除草剂产生抗药性。20 世纪 80 年代，法国的 H. Darmency 等研究人员在谷子的近缘种野生青狗尾草群体中发现了抗阿特拉津材料除草剂的突变体，受细胞质基因控制。由细胞质中的叶绿体突变产生，影响植株的光和作用，对谷子产量有影响，因此未能在谷子中应用[34]。加拿大的研究人员在青狗尾草中，发现了受到核显性单基因控制的抗拿捕净突变材料[35]。2001 年加拿大的 François Tardif 以及 Hugh Beckie 等杂草专家先后从野生青狗尾草中发现了抗咪唑乙烟酸除草剂的一系列的突变材料，遗传性稳定、抗性强，初步认为是显性寡基因控制[36]。河北省农林科学院谷子研究所程汝宏研究员带领谷子创新团队，开始了抗除草剂谷子品种的培育工作，先后培育出抗拿捕净谷子新品种：冀谷 25、冀谷 29、冀谷 31、冀谷 36、冀谷 38 等谷子新品种；抗咪唑乙烟酸除草剂谷子新品种：冀谷 39。为谷田除草剂应用开辟了新天地，抗除草剂新品种已进入大面积推广期，深受谷农欢迎。

三、抗除草剂谷子转基因技术的应用

植物转基因技术，能打破物种间生殖隔离的障碍，实现了遗传物质的定向交流，从而克服某些特定性状在遗传改良中的不足，实现优良农艺性状的稳定聚集，创造新物种。从获得第一例转基因植株到现在，已经有多种基因成功转化的报道。20 世纪 80 年代，孟山都公司培育出广谱、高效抗草甘膦除草剂作物 Roundup，2000 年美国氰胺公司创制出抗咪唑啉酮类除草剂作物品种，杜邦公司研制出抗磺酰脲类除草剂作物品种，并进行大面积推广，扩大了除草剂使用范围，提高了除草效果，降低了劳动投入，深受农场主欢迎[37]。

目前，谷子转基因技术处于初级研究阶段，建立简单、高效的转化体系对于创制谷子新种质，培育谷子抗除草剂品种，具有重要意义[38]。谷子抗除草剂转基因技术已列入国家创新计划，北京生物技术中心正在开展谷子抗除草剂基因转化工作，不久转基因谷子的问世，抗除草剂谷子品种的培育将实现常态化。

参考文献

［1］ 古世禄.谷子的水分利用及节水技术研究.干旱地区农业研究[J].2001，19（1）：40-47.
［2］ 张新仕.张杂谷品种效益与推广影响因素的证实研究[D].石家庄：河北农业大学，2011.
［3］ 张雪锋.中国谷子产业发展研究[D].哈尔滨：东北农业大学,2013.
［4］ 管延安.我国谷子科研与生产概况[J].国外农学·杂粮作物,1994,(5):16～19.
［5］ 郭平毅.农田化学除草[M]. 北京：中国农业科技出版社，1996 .
［6］ 范志金,钱传范,陈俊鹏,李正名,王玲秀.单嘧磺隆对小麦的安全性及在麦田除草效果的研究[J]. Chinese Agricultural Science Bulletin，Vol.19 No.3，2003.
［7］ 范志金.单嘧磺隆对靶标乙酰乳酸合成酶活性的影响[J]. 现代农药, 2003(2) .

［8］　苏少泉. 除草剂概论[M]. 北京：科学出版社，1989.

［9］　王健. 杂草治理[M]. 北京：中国农业出版社，1997:118-124;153-155 .

［10］　本书编委会. 农田杂草化学防除大全[M]. 上海：上海科学技术文献出版社,1992.

［11］　张法颜. 除草剂混用与相互作用[J]. 农药译丛，1985，7(3):32-37.

［12］　钱希. 杂草抗药性研究的进展[J]. 生态学杂志，1997，16（3）：58-62.

［13］　张玉聚，赵永谦. 除草剂药害诊断原色图谱[M]. 郑州：河南科学技术出版社,2002.

［14］　陈卫军，魏益民，张国权.国内外谷子的研究现状[J]. 杂粮作物，2000，20（3）：27-29.

［15］　宋凌波，韩其成，徐司英. 除草剂的综合应用及发展方向[J]. 北京农业,2002(8) .

［16］　张海金. 谷子在旱作农业中的地位和作用[J]. 安徽农学通报,2007,13(10):169-170.

［17］　舒占涛，辛华.赤峰市谷田化学除草及药害预防[J]，现代农业 2016(7):28-29.

［18］　周汉章. 冀中南谷田杂草发生与除草剂筛选试验[J]. 作物杂志，2011(6)：81-85.

［19］　姜德峰，倪汉文. 2,4-D 丁酯对麦田杂草演替研究[C] // 面向 21 世纪中国农田杂草可持续治理. 南宁：广西民族出版社. 1999：104-106 .

［20］　李伶伶.三嗪类除草剂扑草净快速免疫检测方法的研究[D].天津：天津科技大学,2012.

［21］　李萍，杨小环. 不同谷子品种对除草剂的耐药性[J]. 生态学报，2009，2（29）．

［22］　王虎瑞.除草剂茎叶处理对谷子生长发育的影响[J]. 中国植保导刊，2015，35（3）：75-77.

［23］　赵长龙. 谷子和糜子田土壤处理除草剂安全性与药效筛选试验研究[J]. 农药科学与管理，2013，34（3）：60-64.

［24］　姚浩然. 谷子田化学药剂除草[J]. 农业科技通讯，1980（4）.

［25］　范志金，王玲秀，陈俊鹏，李正名. 新磺酰脲类除草剂 NK#94827 的除草活性[J]. ChineseAgricultural Science Bulletin，2004，20（1）:198-200.

［26］　段胜军,李顺国,全建章等.谷田除草剂谷草灵应用技术研究[J]. 河北农业科学,2004，8（2）：104-106.

［27］　周汉章，刘环，薄奎勇，等.44％谷友（单嘧·扑灭）可湿性粉剂防治谷田阔叶杂草的田间试验研究[J]. 现代农业科技，2011（17）:150-151.

［28］　张野，王显瑞，赵禹凯，李书田，赵敏. 覆膜对谷子农艺性状、产量及土壤物理性质的影响[J]. 作物杂志，2012（5）：154-158.

［29］　郭志利，古世禄. 覆膜栽培方式对谷子（粟）产量及效益的影响[J]. 干旱地区农业研究，2000，18(2): 33-39.

［30］　黄春艳，王宇，吴竞仑. 谷子除草剂发生的原因及补救措施[J]. 农药市场信息，2006（15）.

［31］　马宏，王永芳，李伟. 谷子突变体研究进展[J]. 广东农业科学，2014（4）：23-27.

［32］　刘俊，龙震，陈金湘. 棉花抗除草剂研究现状及其展望[J]. 作物研究，2007，21（5）.

［33］　祝水金，汪静儿，俞志华，等. 棉花抗草甘膦突变体筛选及其在杂种优势利用中的应用[J]. 棉花学报，2003，15(4):227-230.

［34］　籍贵苏，杜瑞恒，侯升林，等. 细胞质抗除草剂谷子遗传发育特点及应用研究[J]. 中国农业科学，2006，39(5): 879-885.

［35］　师志刚，谷子抗咪唑乙烟酸材料创新与应用[D]. 中国农业科学院，2014.

［36］　董合忠，代建龙. 转基因抗草甘膦棉花及其对草甘膦抗性的时空表达[J]. 中国农学通报，2007,23(2):355-359.

［37］　柳林. 根癌农杆菌介导的谷子遗传转化体系的构建[D]. 河北师范大学，2008.

段胜军，男，河北高邑人，1961 年出生，1986 年毕业于河北农业技术师范学院农学专业。同年加入中国共产党。在河北省农林科学院遗传生理研究所从事科研工作 30 多年，先后承担了多项国家级、省部级科技项目。获国家科技进步三等奖 1 项，省科技进步三等奖 4 项。在《中国农业科学》《西北植物学报》等发表论文 10 余篇。

邮箱：duanshjhbnky@163.com

第七章

谷友(单嘧磺隆)与张杂谷合作发展之路

王彦廷　　王　千

谷子(去壳就是小米)一直以来是我国北方不可或缺的优质食品。1952年我国谷子种植面积高达1.5亿亩(0.1亿公顷),是我国的主要粮食作物。由于多种因素的影响,2012年我国谷子种植面积降至1100万亩(73.5万公顷)左右。究其原因:一是由于人们生活节奏加快,速成食品和方便食品替代了传统食品——小米稀饭;二是谷子新品种研发创新能力不足,品种多杂乱,产量没有得到突破;三是没有理想的谷田专用除草剂,在栽培管理上用工大、费用高、效益低。

上述问题近20年有了较大变化。首先,随着人们生活节奏加快,原有的饮食结构和饮食习惯发生改变,食用一些速成食品和方便食品,致使人们的饮食质量下降,营养不平衡,久而久之,亚健康人群增多,造成全民健康极大的安全隐患,导致肥胖症、糖尿病、心脑血管病剧增。针对这些问题,提高全民健康水平已经到了急需解决的重要关头,不少营养学家强烈呼吁，在提高肉蛋奶饮食质量的同时要合理膳食，粗细搭配，营养均衡，来减少和降低这些病症的发生。食用小米恢复原有的传统饮食习惯是解决和防止亚健康的最有效途径；第二，在新品种创新能力上，以张家口农科院赵治海研究员为首席的专家研发团队合作，经过几十年不懈努力成功培育出"国内首创，世界领先"的超千斤杂交谷子系列品种——"张杂谷"。这一成果不但填补了国内空白，也改变了学术界一些谷子专家断言的"谷子没有杂种优势"的论断；第三，谷子是由狗尾草驯化而来，它与禾本科等多种杂草共生，争夺养分，没有特效除草剂的防治极易形成草荒，造成减产甚至毁种。解决不了谷田杂草的危害问题，难以恢复谷子产业的发展。以南开大学农药国家工程中心李正名院士为核心的科研团队，创制出了国内第一个谷田专用除草剂——"谷友"（单嘧磺隆），该谷田专用除草剂一经推广，深受广大用户的好评，并且在产业扶贫等方面也起到了重要作用。

第一节　谷友（单嘧磺隆）在张杂谷夏播区上的推广应用

"谷友"（单嘧磺隆）是谷田第一个高效广谱除草剂，对谷田一年生单双子叶杂草：马唐、牛筋草、马齿苋、反枝苋、藜、蓼等有较好的防除效果，对谷子安全，对狗尾草、谷莠子无效。

根据以上情况，经过反复试验对比，总结出夏播区使用方法和注意事项：

①夏播区谷子播种时，前茬不管是秋白地还是麦茬地，都需要整地、灭茬，去除田间杂草，播种时要求土壤湿度达到 70％～80％或地表层见湿土，墒情不足时应造墒后播种，播种后两天内（谷子播种后三天出土）用 10％"谷友"20g＋草铵膦（按说明书使用），均匀喷洒地表，不重喷，不漏喷，起到杀死田间大草和封闭土壤的作用；②黏土地效果好，沙壤土效果差。若是沙壤土可适当增加十分之一单嘧磺隆使用量，但是不管什么土壤条件都要确保土壤湿度在 70％以上且选择无风喷洒，避免药剂飘移造成药害；③播种后需盖平垄沟，喷药时注意了解天气情况，避免遇到大雨在田间形成水洼，使药液聚集，增加单位面积药量，造成谷苗发生药害。

"谷友"与"张杂谷"的配套使用，可谓是"黄金搭档"。"谷友"的推广降低了谷田除草剂的用工成本，提高了产量，增加了效益（图 7-1）。

图 7-1　治海农业科技公司谷子样板田

自 2014 年至 2019 年，共推广使用"谷友"300 万亩（20

万公顷），节约费用开支和降低除草成本每亩达 250 元（每公顷 3750 元），共计节省人民币 7 亿多元，每亩农民增收 350 元（每公顷 5250 元），增加社会效益 10 亿元。由于"谷友"+"张杂谷"的推广，为社会做出突出贡献，赵治海同志多次受到国家领导人的亲切接见。赵治海同志在 2013 年第十二届全国人民代表大会上向国务院主管农业的有关领导就"张杂谷"的研发和推广工作进行了专题汇报，得到了充分的肯定。国务院主管领导号召各部委对"张杂谷"给予大力支持。

第二节 "谷友"+"张杂谷"组合助力脱贫攻坚

脱贫攻坚是我国全面建成小康社会的根本保证和刚性目标。2019 年 7 月 18 日国务院有关领导在《人民日报》内刊（第 670 期）《让"张杂谷"飘香在南疆大地上——河北援疆干部久久为功，把小谷子做出大产业》上批示，请中央农办、农业农村部、扶贫办研阅，并在推进乡村振兴、脱贫攻坚和产业发展上予以梳理总结、交流推广。

"谷友"+"张杂谷"作为产业扶贫的优势项目，深受广大农民欢迎，并得到各级政府的支持。截至 2019 年，在河北省邢台市、保定市、石家庄市，以及河南省、山西省等地区，共争取政府支持 100 万亩（6.67 万公顷），为农民增产粮食 1 亿千克，增加农民收入 3.5 亿元。2020 年河北省石家庄市政府扶贫补贴种植"张杂谷"16.5 万亩（1.1 万公顷），使该地区 3 万户农民脱贫。

　　河北省邢台市巨鹿县经济落后，基础设施薄弱，是纯农业县，常年种植小麦、玉米等低收入作物。为了摘掉贫困帽子，在巨鹿县委县政府的正确引导下，"张杂谷"的种植面积常年在 3 万亩（0.2 万公顷）以上，河北治海农业科技有限公司为了保证农民的利益不受损失，与种植户签订订单"托底回收协议"，解决农户的后顾之忧，让农民得到了实惠，使3000 户农民摘掉了贫困帽子。

图 7-2　治海农业科技公司谷子样板田

　　为了响应政府号召，河北治海农业科技有限公司在巨鹿县对口帮扶城关镇、西郭城镇，使两镇 660 户农民入股分红，年分红达 46 万元。

第三节　"谷友"+"张杂谷"组合走出国门

　　自"张杂谷"问世以来，得到了国内和国际普遍认可。前世界粮农组织总干事雅克·迪乌夫专程来中国考察"张杂谷"的种植生产情况，他建议成立国际杂交谷子培育中心，把杂交谷子作为"南南合作"的核心项目在全球推广。

由于非洲是极度干旱缺粮的不发达地区，于是我国政府启动了对非农业援助项目。"张杂谷"及其配套的单嘧磺隆除草剂作为我国重要的农业科技成果项目被埃塞俄比亚、乌干达、纳米比亚、尼日利亚等十多个国家引进并推广。在埃塞俄比亚"张杂谷"的产量比当地作物苔麸高达 2 倍以上。目前河北治海农业科技有限公司与非洲五个国家签订了杂交谷子合作协议，推广种植面积 2 万余公顷。

"张杂谷"将在非洲等世界干旱国家和地区的粮食生产中发挥出巨大作用，造福全人类。

第四节　张杂谷科技扶贫效果好

夏播张杂谷在黄淮海流域种植。雨热同季、草苗同期。间苗除草是夏播张杂谷栽培管理的关键技术。河北治海农业科技有限公司经多年试验，研究出化学间苗除草技术，收到明显效果。

张杂谷品种是谷子杂交种与母本自交种的混合种。杂交种苗抗拿捕净除草剂，母本苗不抗拿捕净除草剂。在谷苗长到 3～5 片叶子时，亩用拿捕净除草剂 1 瓶（公顷用 15 瓶）、单嘧磺隆一袋（公顷用 15 袋）。单嘧磺隆主要防治阔叶草，也能防治禾本科草，拿捕净可杀死禾本科杂草和谷子自交苗，保留杂交苗。两种除草剂混用，起到了化学间苗除草的效果，省工高产高效。张杂谷在夏播区一般亩产 400 千克（公顷产 6000 千克），亩收益 1600 元（公顷收益 24000 元）。并且省水、省肥、省工，纯效益与玉米相比高了一倍。

张杂谷不仅是粮食作物，因效益高，又成为经济作物，还是一个扶贫作物。巨鹿县每年都在贫困户中发展上茬油葵、下茬张杂谷，即张杂谷+拿捕净+单嘧磺隆，为唯一的种植模式，两茬亩收益 3000 元（公顷收益 45000 元），一户种 3 亩（0.2 公顷）张杂谷，即实现脱贫。河北治海农业科技有限公司的行动得到了广大贫困户的欢迎，在县扶贫办的安排下，巨鹿县巨鹿镇、西郭城镇两个镇的 637 户贫困户因入股经营和种植张杂谷实现了脱贫并年分红 41.24 万元。巨鹿县委政府把种植张杂谷及其配套技术作为精准扶贫的有效措施，在全县推广累计 30 万亩（2 万公顷），增产 3000 万千克，农民增收 1.2 亿元。改善了人们的生活水平，提高收益，实现了脱贫。

第五节　单嘧磺隆应用情况说明

张家口农科所赵治海研究员培育出谷子高产良种"张杂谷"。河北治海农业科技有限公司在全国独家经营夏播张杂谷种，并与南开大学长期合作推广单嘧磺隆配套除草剂，达到省水、省肥、省工、保产增产的明显效果，经济效益可达到种植玉米的两倍。

河北省巨鹿县委县政府将推广张杂谷及采用配套除草

技术作为精准扶贫的有效措施，在巨鹿县累计推广 30 万亩（2 万公顷），增产 3000 万千克，农民增收 1.2 亿元，实现了地区脱贫。

自 2015 年以来，5 年累计推广单嘧磺隆 200 万亩（13.3 万公顷），以每亩增产 250 斤（每公顷增产 3750 斤）计算，累计增产谷子 2.5 亿千克，农民增收 10 亿元以上。

在国家大力支持下，"张杂谷"高产良种在埃塞俄比亚、布基纳法索、加纳、肯尼亚、尼日利亚、纳米比亚、乌干达、苏丹等非洲国家干旱地区推广应用，单嘧磺隆结合张杂谷逐步走向国际市场，为祖国做出应有的贡献。

王彦廷，男，汉族，1961 年出生，中共党员，农艺师。

1979 年 4 月至 1983 年 4 月在河北巨鹿县农业农村局工作。1983 年 5 月至 2009 年 5 月在河北巨鹿县种子公司工作，担任副经理。2009 年 6 月至今，担任河北治海农业科技有限公司法人和总经理。

邮箱：zhkj.8@163.com

王千，男，汉族，1982年出生，2019年毕业于四川农业大学农业技术与管理专业。

2005年至2009年中国农业科学院作物科学研究所任科研助理。2009年至2016年河北沿海农业科技有限公司任技术开发部经理，负责新品种开发、育种及种植管理技术，兼任张家口市农业科学院夏播杂交谷子育种工作。2017年开始担任河北沿海农业科技有限公司副总经理，兼任张家口市农业科学院谷子研究所巨鹿分所所长。

从事选育抗旱优质张杂谷16号、18号、22号等黄淮海农作区主栽品种，累计面积350万亩，农民增收3亿千克、增收4.5亿元，节水1.75亿立方，参加"一带一路"，到非洲9国推广夏播杂交谷子。

2019年至2020年推广"单嘧磺隆"在夏播区谷田施用新技术，推广面积60万亩，增收6000万斤，增效1.2亿元。

获得荣誉称号：2018年隆平巡天"先进个人"和"杂交谷子杰出贡献奖"，2019年隆平巡天"十佳员工"，2020年邢台市"新时代青年创新创业先锋标兵"。

邮箱：310880895@qq.com

第八章

创制除草剂单嘧磺隆在谷田上的应用

鞠国栋

第一节　世界谷子种植情况

谷子是中国的传统特色作物，中国是世界上谷子种植面积最大的国家，世界上 80％ 以上的谷子栽培于中国，其次是印度和苏联；日本、朝鲜、阿富汗、伊朗、美国、加拿大，以及罗马尼亚、波兰、澳大利亚等国家也有少量栽培。中国是世界栽培谷子的起源中心，有着最为悠久的种植历史，拥有最丰富的生产与利用经验[1]。

第二节　我国谷子种植面积的变化

谷子在我国是传统的优势作物，1952 年我国谷子的种植面积达到 983.5 万公顷[2]，占粮食作物种植面积的 17％。从

20 世纪 70 年代开始，由于小麦、玉米等科研水平的快速发展，农田灌溉条件的改善，使得玉米和小麦等高产作物播种面积迅速增加，谷子则从粮食主产区逐渐退出，面积大幅度减少，到 2010 年，全国谷子播种面积仅余 81 万公顷，使谷子逐渐沦为辅粮和配角作物。近 20 年由于我国天气的剧烈变化，使我国耕地干旱缺水地区不断扩大。我国河北某些地区由于长期超量使用地下水灌溉，导致地下水位急速下降，2013 年河北省有关地区加速谷子种植面积的推广，以减少地下水位的继续降低。2008 年谷子被列入国家现代农业产业技术体系，为谷子产业技术研发提供了稳定的经费，使我国谷子科研摆脱了困境，出现历史性转折，迈入了现代化农业科研轨道，同时干旱形势的日益严峻和膳食结构多样性的需求，也增加了社会和市场对谷子的需求，使得谷子产业面临又一次难得的机遇。近 10 年我国谷子播种面积基本保持在接近 100 万公顷（图 8-1），发展趋势较为平稳。

图 8-1　我国谷子种植面积变化图

第三节　谷子的种植优势

一、谷子抗旱耐瘠，是干旱地区发展生态农业的首选作物

谷子高度耐旱，被称为"旱地农业的绿洲"，种子萌发需水量仅为自身重量的 26%，而高粱、小麦、玉米分别为 40%、45% 和 48%。谷子有发达的根系，能从土壤深层吸收水分。谷子叶面积小，蒸腾系数比其他作物都小，对水分的利用效率最高，在同样干旱条件下，比小麦、玉米等受害较轻。我国北方干旱地区的气候条件很适合谷子生长，春季干旱少雨，有利于谷子出苗后扎根缚苗；夏季雨量集中，有利于谷子孕穗期的营养生长和生殖生长，并能满足其对水分的大量需要；秋季天高气爽，温差大，有利于谷子灌浆，就是在降雨量少的情况下，也能获得较高产量。

据研究，每生产 1 克干物质，谷子需水 257 克，玉米需水 470 克，小麦需水 510 克，而水稻更高。同时，谷子具有较好的耐瘠特点，谷田的施肥水平显著低于玉米、小麦等大宗农作物，在含氮 0.04%~0.07%、有机磷 8ppm、有机质 0.04% 的贫瘠土地上，仍能获得较高产量。

我国水资源贫乏，人均水资源仅为世界平均水平的 1/4，每亩耕地占有水资源为世界平均水平的 3/4，是世界上的缺水国家之一，而我国北方水资源贫乏状况尤为严重，特别是华北、东北部分区域，深层地下水严重超采，在这些地区减

少耗水作物种植面积，增加抗旱耐瘠的谷子种植面积对于环境修复，生态保育，开展生态农业发展具有十分重要的意义。

二、谷子是投入低、产出高的高效益作物

谷子抗旱耐瘠，省水省肥，病害相对较少，农药使用少，投入相对较低；在产量方面，根据 2008 年、2009 年河北省谷子与其他作物的成本收益情况看（表 8-1），谷子的收益比玉米和大豆高，低于棉花和花生。谷子在五种作物中的成本投入最少，为 4609 元/公顷，而收益为 7099.8 元/公顷（谷子收购价格按照 3.5 元/千克计算），收益排在第三位。从各作物的产投比看，谷子的产投比达到 2.54，排在第一位，说明谷子种植的比较效益较好（图 8-2）。2010 年以来，谷子/小米价格持续上涨，谷子单价由 3.0 元/千克上涨到 2014 年 6.0元/千克，小米批发价格由 4.0～6.0 元/千克上涨到 2014 年的10～12 元/千克，谷子/小米价格上涨 50%～100%。适口性好、商品性好的优质小米需求旺盛，价格远高于普通小米。这样计算来看，谷子的经济效益远远高于其他传统作物，属于高效益作物[3]。

表 8-1 谷子与其他作物的成本收益比较（2008 年和 2009 年平均）

作物	单产 （千克/公顷）	产值 （元/公顷）	成本 （元/公顷）	收益 （元/公顷）	产投比
谷子	3317.3	11708.9	4609.1	7099.8	2.54
花生	3680.2	17215.8	8245.3	8970.5	2.09
棉花	1168.6	17936.6	9981.8	7957.9	1.80
大豆	2394.0	9398.6	4994.6	4404.0	1.88
玉米	6712.6	10485.8	5739.2	4746.5	1.83

注：数据来源河北省农产品成本资料汇编，2008 年和 2009 年

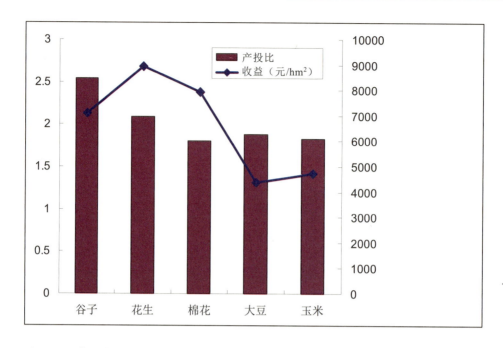

图 8-2 谷子与其他作物的产投比及收入比较（2008 年和 2009 年平均）

注：数据来源河北省农产品成本资料汇编，2008 年和 2009 年

三、谷子是粮草兼用作物，是缓解粮草争地的首选作物

种植谷子除收获籽粒外，还能收获数量较多、质量较高的谷草和谷糠。谷草和谷糠质地柔软，有甜味，适口性好，在禾谷类作物秸秆中是最佳的牲畜饲草。谷子的干草、鲜草及青贮物中的营养成分相当丰富。谷草中粗蛋白质含量为3.16％，虽低于豆科作物，但高于其他禾谷类作物。钙、磷的含量比较丰富，谷草含可消化蛋白质 0.7％～1.0％，可消化总养分 47.0％～51.1％，比麦秸、稻草等可消化蛋白质的含量高 0.2％～0.6％，可消化养分总量高 9.2％～16.9％，其饲料价值接近豆科牧草。谷粒、谷糠是家禽的良好饲料，谷糠还是生产谷维素的原料。完整的标准谷穗作为鸟食，在国际市场上价格高昂。在人均耕地逐年减少的形势下，发展谷

子可缓解粮草争地的矛盾。

四、谷子营养价值高、营养均衡、营养成分易被吸收

①营养素种类齐全、营养全面。含有蛋白质、脂肪、碳水化合物、无机盐、维生素、水和膳食纤维。

②营养素含量适宜、营养均衡。

③营养素构成合理、消化吸收率高。

④保健成分含量丰富。膳食纤维、抗性淀粉、植酸、酚类和维生素 E 等。

第四节　全国谷子田分布情况及谷田杂草介绍

近 10 年全国谷子种植面积平均为 1200 万亩（80 万公顷），主要分布在河北、山西、内蒙古、陕西、辽宁、河南、山东、黑龙江、甘肃和吉林，上述 10 个省区谷子面积占全国谷子总面积的 97%，其中 60% 分布在华北干旱最严重的河北、山西、内蒙古三省区（图 8-3）。

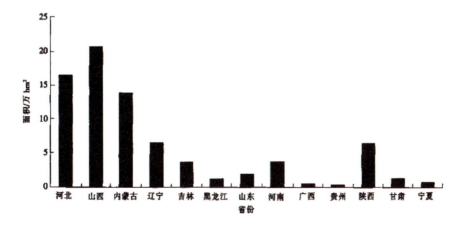

图 8-3　2011 年中国主要谷子种植省份面积情况

一、谷子具体分布

河北南部邢台，巨鹿，河北北部张家口，承德；辽宁朝阳、建平、阜新等地；吉林松原地区面积较大，有几十万亩；内蒙古主要集中在赤峰、通辽等地，大概面积在100多万亩至200万亩（6.67万公顷至13.3万公顷），阿拉善地区也有种植；山西大同、长治等地，山东平阴县，河南洛阳、平顶山；黑龙江地区比较分散，主要集中在肇东地区；陕西、甘肃、新疆也有种植。

二、谷子种植方式

我国谷子种植区域基本上都有自己的传统的谷子品种，如冀谷、晋谷等。高产的杂交谷子越来越受到大家的青睐，如河北省的懒谷、张杂谷等。杂交谷子谷种含抗间苗剂和非抗间苗剂种子，出苗率多，3～5叶期，喷洒间苗剂，除去非抗的，其优点是苗齐、苗壮、除草简单。

三、谷田杂草发生情况

谷田杂草种类繁多，为害严重，严重影响了谷子生产。谷田主要杂草包括禾本科杂草和阔叶杂草。禾本科杂草有狗尾草、稗草、马唐、牛筋草、野糜子等；阔叶杂草有马齿苋、反枝苋、藜、苘麻、龙葵、田旋花等；多年生类型杂草有问荆、刺儿菜[5]。其中狗尾草属于谷田恶性杂草，在谷田发生基数较大而且很难化学防除。谷田杂草的发生与气温和降水相关，气温高、降水多、土壤墒情好的情况下杂草就发生得多，通常杂草发生时期在4月10日至5月20日期间，正值春谷播种期，也是春播谷田化学防除最佳适期。6月10日后是夏播谷子的适播期，夏播谷田杂草为禾本科杂草与阔叶杂草共生，并且阔叶杂草的发生数量远远大于禾本科杂草的发生的数量。由于杂草与谷苗伴生，密度大，竞争力强，为害严重，一旦遇到特殊天气，极易造成草荒而导致谷子减产甚至绝收。控制住谷子出苗后 30 天内的杂草，就能控制住谷田草害的发生，就能保证谷子的丰产丰收。

第五节　谷田除草剂的使用情况

历年来我国谷田长期用人工除草，费工耗时，劳动强度大，农工费用高。缺乏谷田专用除草剂已成为谷子种植面积迅速增加的重要制约因素，我国谷子产业的快速发展为其配套专用除草剂的使用提供了广阔的前景。我国是一个农业大国，而旱地土壤总面积超过 1 亿公顷，占全国耕地总面积的 76.8％，是水田面积的 3.53 倍，在耕地数量上居于主导地位。新型除草剂特别是旱田除草剂的创制与复配制剂的开发将大大降低人工除草的劳动强度和工本，有效控制杂草与谷子争水、争光、争肥现象，促进农业现代化程度的提高。

20 世纪 80 年代农业部曾组织技术攻关，但由于谷苗对已有的这些除草剂的高度敏感性而没有找到合适药剂。国内各重要的大田作物（如水稻、小麦、玉米、棉花等）都有国外发明的各种配套除草剂由我国仿制后大规模生产使用。因为外国基本上没有谷子作物，因此也没有外国机构去研究其专用除草剂。

由于谷苗对除草剂的高度敏感性，谷子对除草剂的种类

以及施用的天气条件等均要求十分苛刻，低温、多雨天气易
对谷子造成药害，干旱、多风天气又容易影响除草效果。

　　我国谷子生产上曾试用过国际上流行的老一代除草剂
如莠去津、扑草净等，由于谷子对这些除草剂敏感，使用不
当很易造成药害，同时这些除草剂的杀草谱也比较单一，并
且谷子种植区大多干旱、少雨、风沙大，其除草效果受气候、
土壤条件影响较大，很难达到理想除草效果。因此，这些药
剂一直未得到大面积推广。

　　谷田常用的茎叶处理除草剂有 2,4-D 及其衍生物，主要
防除阔叶草，但由于其飘移严重，很容易使其他作物受到药
害，同时 2,4-D 使用不当也容易对谷子产生药害，必须很谨
慎地使用。此外，茎叶处理的谷田除草剂还有张杂谷和懒谷
专用的烯禾啶。烯禾啶并未登记在谷子上，仅作为抗烯禾啶
谷子品种配套使用除草剂。扑草净作为土壤处理除草剂可防
除单子叶杂草和部分阔叶杂草，但是使用不当易产生药害，
在室内试验时扑草净对谷子能造成 100％的死亡（图 8-4、图
8-5），因此扑草净在谷田生产上未能得到普遍推广。

图 8-4　扑草净室内对谷子安全性试验

图 8-5　扑草净和单嘧磺隆室内对谷子安全性比较试验

　　另外谷田可以使用的茎叶处理除草剂还有灭草松、氯氟吡氧乙酸，这两个除草剂对谷子相对安全，可以用来防除谷田部分阔叶杂草。但是这两个除草剂并未登记在谷田，使用上存在许多未知风险，目前并未得到大面积推广。

　　南开大学农药国家工程研究中心经过长期研究所创制的超高效除草剂单嘧磺隆（ZL98100257.9）是经过国家各部门专家经过详细审查正式授予国家新农药"三证"的谷子田专用除草剂，可以土壤处理也可以茎叶处理，对谷苗的安全性大大优于国外已生产的其他磺酰脲类产品。10％单嘧磺隆可湿性粉剂对谷子地的双子叶杂草有优异的防除效果，播后苗前土壤处理的封草效果十分突出，且药效持效期长，而对谷田阔叶杂草防效达到 96％以上，对单子叶杂草也有一定的抑制作用。在推荐剂量下，10％单嘧磺隆可湿性粉剂对谷子安全，有显著增产作用[6-8]。

　　我国登记在作物谷子上的除草剂共有 5 个：①谷友：单嘧磺隆 1.5％+扑灭津 42.5％，能很好防治单双子叶杂草，市场上得到大面积推广的谷田除草剂，登记证已过期；②山东东泰登记过的"泰锄"扑灭津+西草净，登记过期；③扑草净，安全性较差，尽管登记了却不敢大面积使用；④2,4-滴丁酯，茎叶处理，只防除阔叶杂草，易漂移，容易产生药害，使用面积也很小；⑤10%单嘧磺隆可湿性粉剂，推荐用量下对谷子安全，主要防治阔叶杂草，对阔叶杂草有90%的防效，对禾本科杂草有50%的防效。

第六节　单嘧磺隆在谷田上的使用情况

一、单嘧磺隆室内除草效果及安全性

室内除草活性试验（见表 8-3 和图 8-6）。

表 8-3　室内除草活性试验（单嘧磺隆 2 克/亩）

单双叶草	单子叶杂草		双子叶杂草			
杂草名称	稗草	马唐	马齿苋	反枝苋	苘麻	藜
鲜重抑制率%	70	65	98	92	70	90
安全性	单嘧磺隆 2 克/亩对谷子安全，株高、鲜重抑制率约 5% 单嘧磺隆倍量 4 克/亩对谷子安全，株高、鲜重抑制率约 10%					

图 8-6　单嘧磺隆 2 克/亩（30 克/公顷）室内对稗草和马唐的除草效果

二、单嘧磺隆在谷田上的除草效果

1.试验地点：2017 年河北省海南农作物种子繁育基地

空白对照　　　　　　单嘧磺隆 2.1 克/亩（31.5 克/公顷）

单嘧磺隆 3 克/亩（45 克/公顷）　　单嘧磺隆 4.2 克/亩（63 克/公顷）

图 8-7　空白对照和单嘧磺隆除草效果

2．试验地点：2018 年吉林省松原市兴源农民种植专业合作社谷田

嘧磺隆 2 克/亩（30 克/公顷）　　　空白对照

图 8-8　吉林松原地区单嘧磺隆除草效果

3．试验地点：2019 年河北省巨鹿县单嘧磺隆除草试验

图 8-9　未施药空白对照区（红线左侧图片，谷子绝收）

与单嘧磺隆除草区（红线右侧图片，谷子丰收）效果对照图

图 8-10　赵治海所长、李正名院士在张家口考察张杂谷试验田

第七节　单嘧磺隆在谷田使用中应注意的问题

尽管 10％单嘧磺隆及其复配制剂得到了广大农民的普遍认可，但是其在使用中仍然存在一些问题，例如沙土地中应慎重使用，沙土地施用谷友后如果遇到大量有效降雨会对谷苗造成较严重的抑制。

一、单嘧磺隆使用过程中药效不好的原因及解决办法

药效不好的原因有：①土地不平整、土坷垃大而多（图 8-11），地表有上茬秸秆覆盖（图 8-12）。这种情况下土坷垃及秸秆遮挡药液，造成部分土壤无法接触到药液，难以形成药层有效覆盖。②土壤墒情差。土壤干燥情况下难以形成药膜，降低防效。③大风天施药。大风天用药，雾滴随风漂移，

导致喷药不均。④施药时搅拌、喷施不均匀。⑤农民 2 次毁种，破坏药层。⑥假冒伪劣产品。

　　针对药效不好的解决方案：①尽量平整土地，精细耕地（图 8-13）；②播种前灌溉，或者雨后播种、施药；③避开大风天施药，尽量选择无风或微风天气施药；④混药时应进行 2 次搅拌，严格按照说明书兑水，均匀喷施；⑤避免因种植技术产生的 2 次种植；⑥购买前应电话咨询厂家，避免买到假产品。

图 8-11　不整地、土坷垃多、施药难以形成药膜覆盖，防效差

图 8-12　地表秸秆覆盖，土壤处理效果差

图 8-13　土地平整，施药均匀，除草效果好

二、产生药害的原因及解决方案

产生药害的原因有：①在沙质化严重的土壤中使用单嘧磺隆产品，如果遇到多次有效降雨会对谷苗造成药害。表层的药淋溶到根部，对谷苗造成药害；②低洼地块使用后如果遇到大量有效降雨也会因为雨水把除草剂集中到低洼处对谷苗造成药害；③喷药量过大；④敏感谷子品种；⑤上茬使用了谷子敏感的长残留除草剂。

例如玉米田：烟嘧磺隆、莠去津；大豆、花生田：氟磺胺草醚；高粱田：莠去津；上茬使用了这些除草剂如果在下茬种植谷子可能会对谷子产生药害，如果再使用谷田除草剂还会产生叠加药害。

产生药害后的解决办法：①对于受抑制谷苗可喷施"碧护"、氨基酸叶面肥以及芸苔素内脂等植物调节剂；②受害严重地块，深翻地至 20cm 以下，毁种禾谷类作物，例如谷子、玉米、糜子等；③单嘧磺隆对极少数谷子品种比较敏感，对于这种情况，应先进行小面积的品种试验后再大面积推广；④根据不同的土壤情况，适当增减用药量，用药前看 10 天左右的天气预报,避免大雨前用药；⑤在准备种谷子之前要明确上茬作物是否使用了谷子敏感的长残留除草剂。

第八节　新谷友介绍

新谷友（单嘧磺隆·特丁津 WP）是南开大学农药国家工程研究中心继谷友（44％单嘧·扑灭 WP）之后开发出的又一谷田除草剂新配方，其主要成分为单嘧磺隆和特丁津。新谷友除草效果同谷友相当，推荐用量下对谷子安全。

2014 年新谷友在河北谷田田间示范中,对苘麻、反枝苋、马齿苋等阔叶杂草防效在96％以上,对稗草的防效约为85％左右，对马唐和牛筋草的防效 65％左右，对杂草总鲜重防效可达 90％以上（图 8-14、8-15、8-16），对谷子生产安全，谷子增产率达 30％。

2016 年新谷友在松原谷田田间示范中，新谷友比谷友降低了有效用量，降低了生产成本、也降低了对农业生态环境的污染。新谷友即可用作土壤处理，也可用作茎叶处理，并且对阔叶杂草的防效明显（图 8-17）。新谷友将是继谷友之后又一个新的二元复配制剂，这对我国谷子植保工作的进展有一定参考意义。

图 8-14　谷友 144 克/亩（2160 克/公顷）（2014 年石家庄）

图 8-15　新谷友 106 克/亩（1590 克/公顷）（2014 年石家庄）

图 8-16　空白对照（2014 年石家庄）

图 8-17　新谷友 80 克/亩（1200 克/公顷）茎叶处理空白对照（2016 年松原）

第九节　小结

　　目前我国谷子生产主要难题之一仍然是谷田除草剂的匮乏，制约了我国谷子种植面积的发展。很大一部地区仍然依靠人工除草，根据降雨后杂草的发生情况每年需要进行 2～3 次人工除草。

　　谷田除草剂的开发仍是我国谷子生产环节中的一项重要任务。现阶段谷田除草剂以混用为主，单嘧磺隆可以与其他对谷子较安全的除草剂混用，跟不同的除草剂混用后可有效控制谷田 70％～90％以上的杂草。例如在张杂谷和懒谷田的应用中，可采用谷友土壤处理，谷子间苗剂茎叶喷雾处理，能有效防除 90％以上的谷田杂草。另外单嘧磺隆同特丁津等混用可以做常规谷田茎叶处理除草剂，针对田间不同的优势杂草进行不同的混用。

参考文献

［1］　何红中.中国古代粟作研究[D].南京：南京农业大学，2010.

［2］　李顺国，刘斐，刘猛，等我国谷子产业现状、发展趋势及对策建议[J].农业现代化研究，2014,35（5）.

［3］　程汝宏,刘正理.谷子在我国种植业结构调整中的地位与发展趋势；全国农业优化种植结构发展优质高效农产品学术讨论会文集[C].北京:中国农业科技出版社，2000.

［4］　周汉章，任中秋，刘环，等. 谷田杂草化学防除面临的问题及发展趋势[J]. 河北农业科学，2010,14(11):56~58.

［5］　于占斌,赵敏,宁朝辉,等. 谷田杂草的种类及防治方法[J]. 内蒙古农业科技,2007(6):124.

［6］　周汉章，刘环，宋银芳，等.44%谷友WP对谷田杂草的防除及对谷子产量的影响[J].中国农学通报，2010,27(30):135~141.

［7］　寇俊杰，鞠国栋，王贵启，等.44%单嘧扑灭 WP 防除夏谷子田杂草[J].农药，2006,45(9):643~645.

［8］　王满意，寇俊杰，鞠国栋，等.创制除草剂单嘧磺隆应用研究[J]. 农药，2008(6): 47.

鞠国栋，男，汉族，生于 1982 年，山东省潍坊人，工程师。

2000 年至 2004 年就读于天津农学院，获农学学士学位。2009 年至 2013 年攻读南开大学农药学专业并取得理学硕士学位，导师李正名先生。现工作于南开大学农药国家工程中心农药技术室，主要从事除草剂室内生物测定、除草剂田间试验、单嘧磺隆及相关谷田除草剂的开发、应用及田间推广工作。

邮箱：juguodong@nankai.edu.cn

主要论文

1. 鞠国栋，寇俊杰，贾振妹等.24%硝·烟·莠去津可分散油悬浮剂防除春玉米田杂草田间试验[J]，现代农药，2019,18(2):54～56

2. 鞠国栋，李正名.谷田除草剂的应用现状级展望[J]，河北农业科学，2018,22(5):4～7

3. 鞠国栋，寇俊杰，边强等.25%硝磺草酮悬浮剂防除夏玉米田杂草田间试验[J]，陕西农业科学，2019,65(04):30～31

4. 鞠国栋，寇俊杰，王满意，等.30%单嘧·氯氟水分散粒剂防除冬小麦田杂草田间试验[J]，农药，2009,48(6):765～770

5. 鞠国栋，李正名.25%单嘧·2 甲 4 氯钠盐水剂防除冬小麦田杂草田间试验[J]，农药，2012,(12):

获得专利

1. 专利：单嘧磺酯类化合物的复配除草剂组合物，专利（200710150519.8）

2. 专利：一种除草机组合物及其应用，专利（201510460362.3）

3. 专利：一种除草机组合物及其应用，专利（201510460361.9）

4. 专利：一种除草机组合物及其应用，专利（201510580134.X）

第九章

谷田除草剂的应用现状及展望

鞠国栋　李正名

第一节　谷子的发展历史及现状

谷子（*Setariaitalica*Beauv.）又称为粟，在植物学上属禾本科狗尾草属。谷子起源于我国，是我国的特色作物，也是世界最古老的农作物[1]。我国谷子种植面积世界第一，约占世界谷子种植总面积的 80%[2]；印度谷子种植面积居世界第 2 位，约占世界谷子种植总面积的 10%；另外，澳大利亚、美国、法国、朝鲜、日本和加拿大等也有少量种植。

20 世纪 50 年代至 80 年代，我国水稻、小麦、玉米等大田作物随着品种的不断改良，产量得到大幅度提升。然而，谷子却因缺乏良种，产量始终处于较低水平（1500 kg/hm² 左右），加之当时售价不高，谷子种植面积日益萎缩。直至 2008年，谷子被纳入国家现代农业产业技术体系，为谷子产业技术研发提供了稳定的经费。自此，谷子科研工作摆脱了困境，迈入了现代化轨道，迎来了难得的发展机遇。赵治海团队成功培育出了优良的杂交谷子品种，使得谷子产量跃升至 6000 kg/hm² 以上[3]，河北省农林科学院谷子研究所育成的冀谷 14 号 1994 年最高单产为 8649 kg/hm²，谷丰 2 号 2002 年最高单产达 9105.6 kg/hm²。张家口市农业科学院育成的张杂谷 5 号 2007 年经专家测产，创造了 12150 kg/hm² 的高产纪录[4]。同时，谷子的营养成分丰富而全面，人们对健康食品的需求推动了谷子售价的提升。谷子具有抗旱、节水、耐瘠的特点[5]，近年来我国气候变化剧烈，干旱缺水地区不断扩大，长期超量使用地下水灌溉，导致地下水位急速下降。河北省在缺水地区大力推广谷子种植，以减缓地下水位的下降。另外，国际市场对谷子秆茎优异的饲草价值给予了高度重视，加速了谷子产业的发展。可以看出，谷子对于我国新时期的粮食安全、生态保护和畜牧业发展具有重要意义。谷田杂草种类繁多，为害严重，一般年份可导致谷子减产 20%～30%，严重时甚至绝收，谷田除草剂却严重匮乏，加之人工除草成本过高，严重影响了谷子的生产发展。

第二节　我国谷子分布及杂草发生概况

一、我国谷子种植分布

2000 年以来，全国谷子种植面积每年约 80～100 万 hm²，主要分布在河北、山西、内蒙古、陕西、辽宁、河南、山东、黑龙江、甘肃、吉林和宁夏 11 个省区[6]，集中分布在河北南部的邢台、巨鹿，河北北部的张家口、承德，山西大同、长治等，内蒙古赤峰、通辽和阿拉善地区，山东平阴县，河南洛阳、平顶山，辽宁朝阳、建平和阜新等，黑龙江肇东，吉林松原等地区，合计谷子种植面积占全国总面积的99%，其中60%分布在河北、山西和内蒙古这3个华北干旱最严重的省份。

二、谷田杂草发生情况

谷田杂草种类繁多，为害严重，严重影响了谷子生产。谷田杂草主要包括禾本科杂草和阔叶杂草，禾本科杂草有狗尾草、稗草、马唐、牛筋草和野黍子等；阔叶杂草有马齿苋、反枝苋、藜、苘麻、龙葵、苍耳、田旋花、问荆和刺儿菜等[7-9]。其中狗尾草属于谷田恶性杂草，在谷田发生基数较大而且很难使用化学试剂防除。谷田杂草的发生与气温和降水有关，气温高、降水多、土壤墒情好时杂草发生多。4月上旬至5月下旬的春谷播种期通常是杂草的发生期，同时也是春播谷田化学除草的最佳时期。6月中旬后是夏播谷子的适播期，夏播谷田杂草通常以阔叶杂草为主，禾本科杂草与阔叶杂草共生。由于杂草与谷苗伴生，密度大，竞争力强，为害严重，一旦遇到特殊天气，极易造成草荒而导致谷子减产甚至绝收，因此谷子出苗后30 d内必须控制住杂草，才能保证谷子丰产丰收。

三、谷田除草剂的使用现状

20世纪50年代至70年代，我国谷田除草一直使用人工，费工耗时，劳动强度大，用工费用高。20世纪80年代，农业部曾组织开展谷田除草剂技术攻关，由于谷苗对已有除草剂高度敏感未能筛选出合适的药剂。国外研发的大田作物（如：水稻、小麦、玉米、棉花等）配套除草剂，我国引进后可仿制并大规模推广应用，但谷子作物在其他国家种植面积较小，缺乏相应的机构研发其专用除草剂，因此也无合适的除草剂可供引进。谷田专用除草剂的缺乏已逐渐成为制约谷子产业发展的重要因素。

谷田常用的土壤处理除草剂有莠去津、扑草净等，由于谷苗对其高度敏感，对谷子安全性差[10-12]，使用不当极易造成药害。同时这些除草剂的杀草谱比较单一，且谷子种植区大多干旱、少雨、风沙大，受气候和土壤条件影响很难达到理想的除草效果。扑草净除草效果不理想，并且对谷子安全性差，会造成谷子严重减产[13]，因此扑草净尽管在谷子作物上进行了登记，但生产上并未普遍推广。

谷田常用的茎叶处理除草剂有 2,4-D 及其衍生物，主要防除阔叶杂草，但由于其飘移严重，使用不当极易产生药害，需谨慎使用。此外还有张杂谷和懒谷专用的间苗剂烯禾啶，烯禾啶主要起间苗的作用，同时可防除部分单子叶杂草，单独使用并不能达到理想的除草效果，同时烯禾啶并未在谷子上登记，仅可作为抗烯禾啶谷子品种配套使用的除草剂。

近几年，通过对谷子相对安全的一些商品除草剂进行试验，筛选出了对谷子比较安全的茎叶处理除草剂还有灭草松。其中，灭草松用药量为 $1100 \sim 1600 \, \mathrm{g \, a.i/hm^2}$ 时，对供试谷子品种安全，能有效防除谷田阔叶杂草藜、马齿苋、反枝苋、苘麻等，对刺儿菜、铁苋菜防效较差[14]。由于灭草松未在谷子上登记，在谷田中应用仍存在许多未知问题，目前仅在个别地区有小范围应用，尚未得到大面积推广。该项试验可为谷田除草剂的科研工作和生产应用提供一定的参考。

目前，我国在谷子作物上登记的除草剂共有 5 个：

（1）44％谷友 WP（1.5％单嘧磺隆＋42.5％扑灭津），能很好地防治单双子叶杂草，是市场上唯一得到大面积推广的谷田除草剂[15-18]，登记证过期；（2）45％泰锄 WP（40％扑灭津＋5％西草净），登记证过期；（3）扑草净，安全性较差，尽管有登记，却未大面积推广；（4）2,4-滴丁酯，易产生药害，受漂移和处理方式等影响，使用面积很小。（5）10％单嘧磺隆 WP，在推荐用量内使用对谷子安全，主要防治阔叶杂草，对阔叶杂草的防效在 90％左右。

其中 10％单嘧磺隆 WP 是目前谷田除草剂中通用性和农民认可度较高的一个产品[19-21]。

四、单嘧磺隆在谷田中的应用情况及存在的问题

南开大学农药国家工程研究中心经过长期研究所创制的超高效除草剂单嘧磺隆是经过详细审查正式授予国家新农药"三证"的谷子专用除草剂[22]，可用于土壤处理和茎叶处理，对谷苗的安全性远大于目前市场上的其他谷田除草剂产品。10％单嘧磺隆 WP 对谷田双子叶杂草防除效果优异，播后苗前土壤处理效果突出，且持效期长；对谷田阔叶杂草防效较好，对单子叶杂草也有一定的抑制作用；在推荐剂量下使用对谷子安全，有显著增产作用[18-19]。总结 10％单嘧磺隆 WP 多年的田间使用效果发现，其在春谷田的除草效果优于夏谷田，主要原因可能是夏谷田禾本科杂草生长旺盛，而10％单嘧磺隆 WP 对禾本科杂草的防效较差。10％单嘧磺隆

WP 对谷田阔叶杂草鲜重防效约 90%，对禾本科杂草鲜重防效约 50%左右。[19-21]。

尽管 10%单嘧磺隆及其复配制剂在谷田上应用得到了广大农民地认可，但使用过程中仍然存在一些问题会影响药效或产生药害。

影响药效的原因：

①土地不平整、土坷垃大而多；②土壤墒情差；③大风天施药；④施药时搅拌、喷施不均匀；⑤农民 2 次毁种，破坏药层；⑥假冒伪劣产品。

防止药效不佳的方案：

①尽量平整土地，精细耕地；②播种前灌溉，或者雨后播种、施药；③避开大风天施药；④混药时进行 2 次搅拌，严格按照说明书要求兑水，喷施均匀；⑤避免因种植技术问题产生的 2 次种植；⑥购买前应电话咨询厂家，避免买到假冒伪劣产品。

产生药害的原因：

①在沙质化严重的土壤中使用，遇到多次有效降雨，表层的药剂淋溶到根部，对谷苗造成药害；②在低洼地块使用，遇到大量有效降雨，除草剂集中到低洼处对谷苗造成药害；③喷药量过大；④谷子品种对该除草剂敏感；⑤前茬作物使用了残效期较长的除草剂，对谷子造成药害，如烟嘧磺隆、氟磺胺草醚等[23-24]。

产生药害后的解决办法：

①对于生长受抑制的谷苗，目前根据经验可喷施"碧护"、氨基酸叶面肥以及芸苔素内脂等植物调节剂，以减轻药

害；②毁种。深翻地，将表层 20 cm 土壤翻入地下，播种禾谷类作物；③根据不同的土壤情况，适当增减用药量，用药前看 10 d 左右的天气预报；④极少数谷子品种对单嘧磺隆比较敏感，鉴于这种情况，应先进行小面积的品种试验后再大面积推广；⑤前茬作物若使用了谷子敏感的长残效除草剂，后茬不应种植谷子更不应再使用谷田除草剂，以免造成叠加药害。

第五节　谷田除草的发展方向

培育抗除草剂杂交谷子是谷田除草目前和将来的一个重要发展方向。以抗烯禾啶"张杂谷"为代表的抗除草剂谷子品种，在我国已经得到了大面积推广。从 20 世纪 90 年代开始，河北省农林科学院谷子研究所一直在研究抗除草剂谷子品种。2005 年，程汝宏课题组成功培育出了第 1 个可用于生产的抗除草剂谷子品种"懒谷 1 号"，并大面积推广[25]。2009 年，又培育出了"懒谷 3 号"，不仅抗间苗剂，还具有抗病、抗倒、优质、高产等诸多优点，张杂谷和懒谷系列品种将成为一些地区谷子种植的主要品种[26]。懒谷系列谷子品种＋44％谷友 WP（1.5％单嘧磺隆＋42.5％扑灭津）＋间苗剂三者结合的谷田生产模式取得了巨大成功，已在全国大面积推广[27]。44％谷友 WP 与间苗剂的使用可使谷子整个生长期不再需要除草，有效避免谷田恶性杂草的为害，由于 44％谷友已经无农药三证，将不能生产和销售，44％谷友 WP 主要成分为单嘧磺隆，10％单嘧磺隆 WP 在未来几年将可能成为 44％谷友替代产品。未来几年懒谷系列、张杂谷系列谷子品种以及其他抗除草剂谷子品种＋10％单嘧磺隆 WP＋间苗剂的组合将成为一些地区谷田除草的主要模式[28-30]。

随着抗除草剂谷子品种研究的深入，培育抗多种类型除草剂的谷子品种已成为可能[31-32]，抗多种除草剂谷子品种＋专用除草剂的联合种植模式是未来谷田除草的另一种发展模式。

第六节　结　语

党的十八大以来，我国坚持"以我为主、立足国内、确保产能、适度进口、科技支撑"的国家粮食安全战略，随着农业生产技术水平不断提高，绿色防控等技术大面积推广，粮食生产能力持续增强。我国谷子种植面积已达 100 万公顷，种植面积仍有进一步扩大的趋势，对谷田除草剂的需求十分迫切。目前以及未来几年我国谷田除草剂将以单嘧磺隆单剂及其混配制剂为主体。随着抗除草剂谷子品种的逐步普及，抗除草剂谷子品种及其配套除草剂的联合应用将成为我国谷田除草的另一重要模式。与此同时，政府、科研单位和企业等应共同协作，合力解决谷子品种选育、种植管理、病虫草害防治、加工销售等各个环节存在的问题，为农民增产增收，为我国谷子产业发展贡献力量。

参考文献

［1］　中国农学会遗传资源学会．中国作物遗传资源[M]．北京:中国农业出版社，1994：11～33

［2］　程汝宏.我国谷子育种与生产现状及发展方向[J].河北农业科学，2005,9(4):76～90.

［3］　宋国亮，赵治海.优质谷子新杂交种张杂谷 16 号[J].种子，2017, 7(36)：108～109.

［4］　程汝宏，师志刚，刘正理，等.谷子简化栽培技术研究进展与发展方向[J].河北农业科学，2010, 14(11).

［5］　张海金．谷子在旱作农业中的地位和作用[J].安徽农学通报，2007，13(10).

［6］　宋慧，刘金荣，王素英，等.中国谷子优势布局和发展研究[J].安徽农业科学，2015,43(20):330～332.

［7］　于占斌，赵敏，宁朝辉，等.谷田杂草的种类及防治方法[J].内蒙古农业科技，2007(6):124.

［8］　周新建，刘环，魏志敏，等.谷田杂草综合防治技术规[J]．程安徽农业科学，2016，44(30)

［9］　王利琴,张永福.大同地区谷田杂草生长情况调查[J].农业科技通讯，2017.7

［10］　赵长龙.谷子和糜子田土壤处理除草剂安全性与药效筛选试验研究[J] 农药科学与管理，2013，34（3）

［11］　舒占涛，辛华，王淑华，甄玲玲，陈磊，舒昕.**赤峰市谷田化学除草及药害预防**[J].现代农业，2016，（7）.

［12］　任月梅，杨忠，郭瑞锋，等.春播早熟区谷田除草剂筛选及对谷子产量的影响[J]. 中国农学通报，2016,32(30):163-170

［13］　张磊，何继红，董孔军，等.3 种除草剂对谷田杂草防除效果及安全性评价 [J].甘肃农业科技，2018(9).

［14］　徐淑霞，刘金荣，周青，等.25%灭草松防治谷田杂草药效试验[J] .山东农业科学，2018.9： 79~80 ~47

［15］　卢海博，龚学臣，赵治海，等.单嘧磺隆·扑灭津对谷田杂草的防除效果 [J] .中国植保导刊，2014,(5): 471

［16］　周汉章.冀中南谷田杂草发生与除草剂筛选试验[J]. 作物杂志，2011(6):81~85

［17］　寇俊杰，鞠国栋，王贵启，等.44%单嘧扑灭 WP 防除夏谷子田杂草[J]. 农药，2006，45(9):643~645.

［18］　张立媛，琦明玉，赵国娟，等．赤峰地区谷田除草剂防效初探[J].吉林农业科学 2015，40（6）：80-83

［19］　范志金，李香菊，吕德兹，等.10%单嘧磺隆可湿性粉剂防除谷子地杂草田间药效试验[J].农药，2003,42(3):34～36.

［20］　梁志刚，郝红梅，王宏富.单嘧磺隆对谷子田杂草的防效[J].农药，2006, 45(3):204～205.

［21］　袁志强，刘志霞，张金良，白文军.单嘧磺隆防治谷子杂草试验研究[J] .农业科技通讯，2018.7.

［22］　王满意，寇俊杰，鞠国栋，等.创制除草剂单嘧磺隆应用研究[J].农药，2008,(6): 471

［23］　师萍.谷田除草剂药害产生的原因及使用建议[J].现代农业，2016，（16）

［24］　金焕贵，赵英会，石继岭，等.烟嘧磺隆对春玉米下茬高粱等五种作物安全性田间试

验研究[J].农药科学与管理，2018，39（5）

[25] 周汉章，程汝宏.懒谷 1 号及其简化栽培管理[J].河北农业科技，2006,(5): 13～14.

[26] 陈向华.夏播谷子轻简栽培技术[J].河南农业，2018.28.036

[27] 周汉章，任中秋，刘环，等.谷田杂草化学防除面临的问题及发展趋势[J].河北农业科学，2010,14(11):56～58.

[28] 刘森.春谷子轻简机械化生产技术规范[J].农业科技推广，2016(5).

[29] 卢成达，李阳，孙迪，等.谷子简化栽培技术及其应用.农业科技与装备 2016，8.

[30] 柴晓娇，王显瑞，白晓雷，等.抗除草剂谷子新品种赤谷 20 的选育及简化栽培技术[J]. 种子，2017(8).

[31] 李顺国，夏雪岩，刘猛，赵宇，刘斐，程汝宏，王慧军.我国谷子轻简高效生产技术研究进展[J]. 中国农业科技导报,2016,18(02):19- 24.

[32] 王天宇，辛志勇，石云素，H.Darmency.抗除草剂谷子新种质的创制、鉴定与利用[J].中国农业科技导报，2000，2 (5) : 62～66.

第十章

谷子全基因组分子育种创新技术

邹洪峰

第一节 作物分子育种研究进展

作物的自然变异主要来自于它们的野生祖先的自发突变。自从一万多年前农耕时代以来，已经培育了大量适应各种环境条件的多样化物种。作物驯化和育种对现代作物中存在的遗传多样性有深刻的影响。了解作物中表型变异和驯化过程的遗传基础可以帮助我们有效利用这些多样的遗传资源来改良作物。

为了满足数十亿人的食物需求，通过高效育种提高作物生产力至关重要，天然存在的等位基因的使用大大提高了作物产量。通过使用大量的种质资源和遗传工具例如基因组序列，遗传群体，单倍型图谱，全基因组关联研究（GWAS）和转基因技术，作物研究人员现在能够通过基础序列变异广泛和迅速地挖掘自然变异和相关的表型变异。最近，第二代测序技术的出现促进了作物设计育种和全基因组分子育种技术的应用。

一、作物基因组测序技术研究进展

基因组测序（*de novo* sequencing）也叫从头测序，是指不需要任何基因序列信息即可对某个物种进行测序，用生物信息学的分析方法对序列进行拼接、组装，从而获得该物种的基因组序列图谱。作物的参考基因组序列是作物遗传研究的基础，它们对于快速研究作物的遗传变异原理起着重要的作用。继水稻基因组测序完成后，其他主要农作物（包括大麦、谷子、玉米、高粱、马铃薯、番茄等）的参考基因组序列也相继测序完成，基因组测序技术本身也取得了极大的进展。基因组测序可以通过多种方法来完成，最主要的有如下几种：克隆连克隆（例如细菌人工染色体 BAC）方法（水稻和玉米）、全基因组鸟枪法（高粱和谷子）以及上述技术的组合（番茄和大麦）。克隆连克隆测序提供了一种实现组装高质量基因组序列的方法，因它可以补充全基因组鸟枪测序所导致大量的序列缺失。特别是当使用第二代测序技术时，有必要为它补充其他信息来构建超长的 Scaffold。这些补充信息可包括长插入配对末端 Reads，来自细菌人工染色体 BAC 末端序列（或指纹）的物理图谱和高密度遗传图谱。根据待测序物种的基因组大小及复杂程度，会采取不同的测序策略，由此产生的参考基因组序列质量也会有很大的不同，而参考基因组序列的质量会对后续的研究产生较大的影响。

全基因组重测序（Re-sequencing）是对已完成基因组测序的物种进行不同个体的基因组测序，并在此基础上对个体或群体进行差异性分析。有了作物的参考基因组后，可以通过第二代测序技术和新的计算生物学方法对大量不同品种进行重测序，进而对重测序结果进行全基因组变异遗传作图和进化研究。高通量重测序迅速扩大了我们对作物遗传变异的了解。在各种类型的序列变异中，SNP 是最丰富的（在数量上比所有其他多态性变异大一个数量级），并且也容易通过测序技术进行鉴定，这使得 SNP 标记被广泛应用于高通量基因分型。除 SNP 之外，通过重测序技术还可以发现大量小的插入缺失（一般小于 6 个碱基对）片段，这些片段通常可以通过直接比对发现。由于大的结构变异需要通过深度测序发现，且通常具有相对高的假阴性概率，为了获得作物中完整的序列变异，最好对几个代表性品种进行深度测序，然后进行全基因组从头组装和比较基因组学分析。

二、高通量基因分型方法

特定作物基因组中的变异可以通过对单个品种或个体进行基因分型（Genotyping）来定义。全基因组基因型指的是多个分子标记等位基因模式的组合，它包含个体的完整遗传信息。经典遗传学通过重组群体中的连锁作图或自然群体中的关联作图来定位表型所对应的基因位点。根据所使用分子标记种类的不同，基因分型方法也是多种多样。常用的是用基于聚合酶链反应（PCR）的标记，随后在琼脂糖凝胶上进行等位基因分型，这是二代基因组测序大规模应用之前所使用的主要手段，是近年来的数量性状基因位点（QTL）作图和基因克隆的主要途径。然而，当针对较大群体进行高密度基因分型时，基于 PCR 标记的基因分型方法已经不能满足研究的需要。作物基因组测序的完成以及高通量基因分型技术的出现，大大加速和促进了基因分型及基因定位的进程。

高通量基因分型方法主要包括以下五种，其主要技术特点及应用范围总结如表 10-1 所示。

表 10–1　五种高通量基因分型方法[1]

	基于微阵列的基因分型	基于全基因组测序的基因分型	基于简化基因组测序的基因分型	基于 RNA seq 的基因分型	基于外显子测序的基因分型
初步要求	提供全面的单核苷酸多态性	无	合适的限制性内切酶	无	开发外显子阵列
密度	可变	可变	适当	适当	适当
成本	可变	可变	低	高	高
实验工作量	低	中	中	高	高
标记分布	分布良好	分布良好	分布不均	分布不均	分布不均
应用	大部分物种	大部分物种	基因组大的物种	基因组大的物种	基因组大的物种
其他用途	无	鉴定新的突变变体	无	鉴定新的突变变体和 eQTL 分析	鉴定新的突变变体

第一种是基于微阵列的方法。高通量基因分型的第一次使用是通过将 DNA 与在芯片上点样的寡核苷酸杂交来检测 SNP 的微阵列技术。这种称为基于微阵列的基因分型的方法能够在短时间内直接扫描整个基因组的等位基因变异，覆盖几百至几十万个 SNP。一旦确定了一定数量的 SNP 数据集后，就可以根据这些 SNP 集合设计芯片。该技术具有高效和操作简便的特点，目前几乎所有人类遗传学的 GWAS 中都

使用了微阵列技术，其可以扫描人类基因组 50 到 100 万个 SNP。除人类基因组之外，基于微阵列的基因分型技术也已经应用于水稻和玉米等作物，基于微阵列杂交的多样性阵列技术（DArT）作图也已经用于大麦等作物。

第二种是基于全基因组测序的基因分型方法。第二代测序技术的出现加快了基因分型方法的跨越，出现了基于高通量测序的基因分型方法。对于重组群体的基因分型，还开发了利用低覆盖全基因组重测序数据的方法。该方法首先被用于粳稻日本晴和籼稻 93-11 的杂交后代的重组自交系（RIL）群体中[2]。群体中每个自交系的基因组 DNA 用 0.02x 覆盖度测序。首先在两个亲本系之间筛选 SNP 位点，然后使用滑动窗口方法鉴定群体中每个个体相邻的 SNP 位点，从而绘制出高密度的基因型图谱。使用高密度基因型图谱精细定位了 14 个农艺性状的总共 49 个 QTL 位点。其中，通过对 5 个主效 QTL 位点所定位的区域进行分析，最终获得了与表型相关的候选基因。目前，该方法已经被广泛应用于不同作物的不同类型的作图群体，包括近等基因系、染色体片段替换系和 F2 群体等。低覆盖全基因组重测序方法也被应用于通过其他计算方法对自然种群进行基因分型和基因定位，研究者使用此种方法对水稻和谷子自然群体进行基因分型、构建单倍型图谱和基因定位[3,4]。

第三种是被称为基于简化基因组测序的基因分型方法。对于基因组较大的作物（例如玉米，大麦和小麦），对这些作物的全基因组测序投入较高，比较昂贵，可以通过简化基因组测序的方法来进行全基因组基因分型。

　　随着技术的进步，逐步演化出多种进行全基因组基因分型的方法。第一大类是基于 DNA 测序的方法。利用产生限制性内切酶位点相关的 DNA 标签（例如，使用 *Sbf*I，*Eco*RI 等），并将它们比对以确定多态性标记[5]。后来又产生了基于此的改进方法，通过切割基因组 DNA 并将基因组片段连接到条形码接头以制备多重测序文库[6]。此外，通过使用甲基化敏感的限制酶，可以减少具有转座元件的区域，并且将特定限制酶侧翼的相对低拷贝的区域在测序文库中富集。这类基于简化基因组测序的基因分型已经在玉米、高粱和大麦中使用，结果表明尽管 SNP 数量和分布不如进行全基因组重测序丰富，但仍然是一种进行大规模、低成本基因分型的有效方法。

　　另一大类是基于 RNA 测序（RNA-seq）的基因分型方法，通过对 RNA-seq 数据进行比对，获取 SNP 集从而进行基因分型。尽管不同作物的基因组大小差异很大，但基因总数量及总长度都比较类似，主要差异是存在于非基因区的重复序列，而这些重复序列中的序列多态性非常小。因此，忽略基因组中的重复区域，只对基因编码区进行测序和分析，可以大大减少全基因组基因分型的成本，提高效率。通过对来自 368 个玉米转录组的大量 SNP 进行基因分型，结合 RNA-seq 数据进行表达谱分析和表达 QTL（eQTL）作图，获得了较好的结果[7]。这一方法大大减少了该研究的成本，因为玉米基因组中非编码区的重复区域占了 80％以上，进行全基因组测序将需要投入大量的工作量和经费。

　　但是，基于 RNA-seq 的全基因组分型方法也有它的弱点。由于基因区域的 SNP 密度远低于基因间区域中的 SNP 密度，因此从 RNA-seq 数据所获得的 SNP 的数量较少，在进行 GWAS 分析的时候可能会因为密度不够导致结果产生较大的偏差，这一现象在高 LD 的作物中尤为明显。SNP 分布不均产生的另一个问题是，在特定生长阶段或特定组织中，许多基因表达水平很低甚至没有表达，这些数据不能用于基因分型，只能通过在多个时间点对多个组织进行 RNA-seq，但此方法将大大增加整体工作量。

三、作物的遗传连锁图谱与基因定位

在作物的重要农艺性状中，包括由一个或少数几个基因控制的质量性状如米色、除草剂抗性等，以及由多个基因位点控制的数量性状如产量、胁迫耐受性及品质等。无论是质量性状还是数量性状，其精细定位的都必须依赖于高密度的遗传连锁图谱。同时，进行精细定位必须拥有大的分离群体，高通量、低成本的基因分型方法显得尤为重要。除基因型之外，进行基因定位的另一个重要因素是表型分析。当前，多数表型分析工作主要还是靠人工方法，由于它涉及的实验规模很大，并且是在多个环境、多个时间点进行多个性状的测量，使得表型鉴定成了基因定位过程中的限制因素。尽管目前已经有一些基于传感器的平台，包括农业收割机的近红外光谱和植被冠层的光谱反射率等技术，已经被应用于表型分析，但其精确度和高昂的成本仍然大大限制了它的应用。

作物的遗传作图通常利用分离群体来进行，其中包括 F_2 和 BC_1 等临时性群体以及 RIL 和 NIL 等永久性群体。通常我们利用临时性群体进行初步定位，然后构建高代回交群体

来进行下一步的精细作图和基因克隆。虽然这种策略已成功地用于作物的功能基因组学研究，但通常的作图的精度仍受以下两个主要因素限制。首先，在绘图群体中只有少数重组事件，如在水稻分离群体中每条染色体通常仅发生一或两个重组，这将导致作图分辨率很差，除非使用非常大的群体；其次，因为在特定分离群体中所选择的亲本之间的序列差异仅代表物种内所有遗传变异的一小部分，在单一分离作图群体中，只能检测到两个亲本之间不同的 QTL。

　　目前已经通过构建一些新类型的群体来克服这些缺点。如在玉米中，嵌套关联作图（NAM）被开发以通过结合连锁分析和关联分析来实现高效率和高分辨率[8]。通过将 25 个不同的近交玉米品系和 B73 参考品系来杂交构建 NAM 群体，共包括约 5000 个 RILs。NAM 群体已被用于几个重要性状的大规模遗传图谱构建中。在模式植物拟南芥中，通过多亲本高代杂交（MAGIC）群体创建了一个包含来自 19 种亲本随即交配产生的混合群体，此群体包含了上百种 RILs。计算模拟表明，当使用 MAGIC 群体时，表型变异贡献率 10% 的 QTL 可用平均作图误差约 300kb 的图谱来检测。有研究者将八个拟南芥材料作了杂交，制作了一组称为拟南芥多亲 RIL（AMPRIL）群体的六个 RIL 群体[9]。AMPRIL 群体中的 QTL 分析结果表明，该遗传群体能够检测到表型变异贡献率低至 2% 的 QTL。

　　作为常规连锁分析的补充方法，可以在简单质量性状或突变体作图的遗传作图中使用与多样品合并测序结合的整体分离分析。已经报道了用于该应用的几种方法，包括通过深度测序同时作图和突变鉴定（SHOR-Emap），下一代测序 mapping，突变位点图谱（MutMap）和突变位点图谱结合从头测序技术（MutMap-Gap）。在拟南芥中，将 Col-0 参考背景的一个突变体与品种 Ler-1 杂交，对 500 株 F_2 植株进行测序以检测突变位点[10]。为了避免来自不同遗传背景的潜在干扰，可以把突变系与非突变亲本的回交后代群体通过测序进行作图。此外，还可以根据特定性状将 RIL 分成几个测序池等方法改进以上策略以应用于作物的数量性状分析。

四、作物全基因组关联分析

全基因组关联分析（GWAS）是应用基因组中数以百万计的单核苷酸多态性为分子遗传标记，进行全基因组水平上的对照分析或相关性分析，通过比较发现影响复杂性状基因变异的一种新策略。随着基因组学研究以及基因芯片技术的发展，人们已通过 GWAS 方法发现并鉴定了大量与复杂性状相关联的遗传变异位点。近年来，这种方法在农业相关重要经济性状主效基因的筛查和鉴定中得到了广泛应用。与人基因组的关联分析不同，作物的 GWAS 通常可利用永久资源来对多个品种的多个性状进行表型关联分析，并且仅需一次基因分型，即可利用群体对作物的特定性状进行特异性地作图。

GWAS 已经在玉米、水稻、高粱和谷子等农作物中广泛应用。在水稻中，通过对 1083 个籼稻和粳稻栽培种以及 446 个野生品种进行了低基因组覆盖率测序[11]。首先使用数据归集构建水稻基因组的高密度单倍型图谱，然后使用约 130 万个 SNP 的综合数据集，通过 GWAS 找出与 10 个产量性状相关和开花时间相关的等位基因位点。因野生物种的遗传多样性水平高，在遗传作图方面具有更强的优势，对 446 种野生水稻的关联分析获得了与叶鞘颜色及分蘖角度的基因位点。此外，GWAS 也可通过基于微阵列的基因芯片基因分型方法进行，相关研究对 413 种不同品种水稻的 34 个表型性状用 4.4 万个 SNP 变异进行了基因分型，结果详细阐述了水稻的遗传结构。

在玉米中，通过 NAM 联合进行连锁作图和 GWAS 来研究开花期、叶夹角、叶面积和抗病等性状的遗传基础，鉴定了多个相关的候选基因，结果表明这些性状多数都由多个微效应的 QTL 控制。人们还利用 GWAS 研究了玉米油组合物，用全基因组大约 100 万个 SNP 分析了总共 368 个玉米品系，发现 74 个位点与玉米油浓度和脂肪酸组成相关[7]。

对 916 个包括传统的地方品种和现代品种的谷子品种资源进行分析，通过全基因组低覆盖测序进行基因分型，然后在此基础上进行 GWAS 分析[12]。结合在五个不同的环境下调查的数十个农艺性状表型，成功获得了与这些性状相关的基因位点。在高粱中，收集了 917 种全球不同种质，通过基于简化基因组测序的基因分型鉴定了约 220 万个 SNP[13]。为了鉴定农艺性状变异的基因位点，对植物高度和花序结构进行了 GWAS，成功定位到与这些性状相关的基因位点。此外，研究人员制作了一个大麦的关联作图群体，其中包含 224 个春大麦种子，使用微阵列基因分型方法用 957 个 SNP 位点进行基因分型[14]。尽管该方法标记密度低，但是仍然鉴定了一些相关的候选基因。小麦是具有巨大基因组的典型多倍体作物，在 GWAS 技术上仍存在瓶颈，但目前也已在小麦的 A 基因组的祖先种类中测试了关联分析[15]。

这些研究表明 GWAS 是研究作物基因组学的一个有力工具，与传统的双亲杂交作图互补，并能同时绘制多个性状的遗传图谱。GWAS 的结果将进一步用于研究禾本科植物（包括驯化作物的野生近缘种）的形态、产量和生理学的遗传基础。但在进行作物 GWAS 分析时需要重点考虑群体的结构，包括如何平衡该结构以增加假阴性率和降低假阳性率。混合模型是检测作物 GWAS 中基因型-表型关联的最流行的方法。但该模型的计算负担在样本很大（通常约 1000 个品系）和标记数目过多（通常约 100 万个 SNP）时操作起来具有很大的困难。目前研究人员通过改善模型已经显著减少了计算时间，包括高效混合模型关联限制（EMMAX）程序和压缩混合线性模型方法。此外，通过使用称为加速混合模型的线性混合模型的有效实施开发了 GWAPP，这已经在拟南芥中基于互动 Web 的 GWAS 分析中得到应用。这些方法主要是按照顺序一次查询群体结构内包含的 SNP，而且还开发了一些额外的多元回归方法和非参数统计方法。

五、基于基因组选择的作物设计育种

近年来，对作物中自然变异和遗传作图的研究取得了巨大进展，目前更多的焦点是将这些研究结果应用于通过分子设计的作物育种，即通过设计杂交和选择过程以产生预期基因型品系的育种。虽然转基因技术是改善作物抗虫、抗除草剂等特定性状的有效方法，但使用天然等位基因变异的方法仍然是育种实践中最常用的方法。产量性状通常由多个 QTL

控制，在育种实践中使用分子设计手段来改良作物显然是转基因技术无可比拟的。

　　通过分子设计成功应用育种主要取决于育种家和遗传学家间长期紧密的合作。为了建立这样的交互平台，可构建优良品种的详细数字图谱。数字信息包括高密度基因型和在不同环境测量的多个品种的多种农艺性状。数据集在分子设计中是必不可少的一项，因为优良品种已经积累了许多优质的等位基因，并且大多数遗传改良计划需要在这些资源的基础上来进一步导入来自不同地方品种和野生近缘种的优质等位基因。对于抗病性和谷粒品质等性状，可以在优良品种中筛选经鉴定过的基因和主效 QTL，然后通过分子标记来进行辅助选择。在双亲杂交群体中，对关联分析中的相关基因位点信息在传统地方品种与现代栽培品种之间进行选择性扫描，可以通过基因组辅助选择直接应用于作物育种。

　　产量性状一般是由多基因位点控制的。效应较大的 QTL 可能是在驯化和最近的育种过程中进行密集选择的结果，这使得具有大效应的有害等位基因在现代优良品种的基因组中变得越来越少甚至消失。此外，还存在有大量微效应 QTL 控制。因此，仅少数几个 QTL 的标记辅助选择可能对作物产量影响不大。在这种情况下，一种使用高密度基因型数据预测表型的方法即全基因组预测，可以与上述的分子设计育种进行互补。该方法最近已被应用于自交系群体中预估玉米的一般配合力[18]。使用包含有 56110 个 SNP 位点的微阵列芯片对 285 个不同玉米自交系集合进行基因分型，使用气相色谱-质谱法测量了 130 个代谢产物进行表型分析。所有品系与两个测试者杂交，所有 F_1 个体在 6 个环境中观察记载 7 个表型性状。为了预测近交系对于杂种的 7 个性状的遗传贡献力，将 SNP 和代谢物数据拟合到模型中，结果显示它们都提供了较高的预测精度（从 0.72 到 0.81）。这项研究表明，基于所有优良 SNP 组合的芯片基因组设计育种方法具有预测产量性能以产生新的优良品种的潜力。

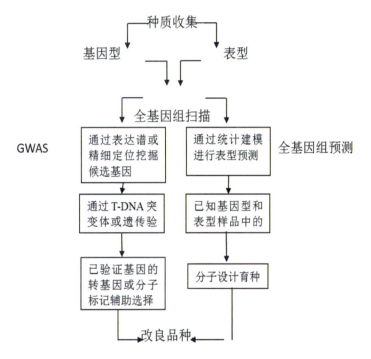

图 10-1 全基因组关联研究（GWAS）和全基因组预测流程示意图

从图 10-1 所示可见，GWAS 和全基因组预测都依赖于高密度的基因型和精确的表型，但这两种方法也存在一些显著差异 [1]。在研究目的方面，GWAS 旨在识别个别位点（虽然在检测上位效应中仍然存在一些问题）和与性状显著相关的基因，并且随后进行基因功能和分子机制的研究；全基因组预测则在提供从基因型到表型的精确建模，然后可在计算指导下进行杂交设计和标记辅助选择的育种程序。因此，全基因组预测中的预测群体通常与正在使用的育种群体相同，预测的性状应与作物改良密切相关。相反地，GWAS 通常使用具有高水平遗传多样性的群体，并且可以检验各种表型。与 GWAS 相比，全基因组预测方法仍处于发展阶段，存在许多不足，如在如何选择预测群体和最合适的统计模型上尚不明确。

　　杂交育种是作物育种最重要的方向之一。通过不同自交系的杂交，产生的 F_1 杂种通常提供比双亲具有更高的产量，这种现象被称为杂种优势或杂交优势。商业玉米杂交种和水稻杂交种对全球粮食安全做出了巨大贡献。育种家每年选育和制备大量亲本自交系，然后用于杂交产生 F_1 杂种以测试其产量性能。这些杂种的一小部分仍具有改进的性能，可进一步用于商业化。作物杂种优势虽已得到广泛应用，但其遗传基础仍然知之甚少。近年来有更多杂种优势研究的信息，新的基因组学技术与传统的杂交育种策略的整合将有助于育种者设计和选择最佳组合。

第二节　谷子全基因组测序

一、"张谷一号"基因组测序

1. 基因组测序和组装

2009 年，深圳华大基因研究院联合河北省张家口农科院谷子研究所等单位对中国北方谷子品系"张谷一号"进行了全基因组从头测序，获得了大小约为 423Mb（N50 达到了 1.0Mb），包含 38,801 个蛋白编码基因的全基因组序列，这些基因预测超过 81％已经表达。通过基因组注释和分析发现，谷子基因组中的重复序列约占整个基因组的 46％[19]。

　　研究采用了全基因组鸟枪法测序策略来组装绘制这一基因组图谱。测序采用的是美国 Illumina 公司第二代测序仪 Illumina Genome Analyzer II 以及 HiSeq 2000，分别进行短插入片段文库和长插入片段文库的测序，DNA 文库的插入片段的大小从 40kb 到 170kb 不等，下机数据过滤后得到约 40G 的数据，使用 soap *de novo* 软件进行基因组组装。重叠群（Contig）N50 达到 25.4kb，约 90％的基因组序列包含在 16903 个 Contig 中。Scaffold N50 达到 1.0Mb，90％的 Scaffold（380Mb）包含在 439 个长 Scaffold 中。Scaffold 总长为 423Mb，全基因组存在 28Mb 的缺失，约占 6.6％（表 2）。用 K-mer 分析的基因组大小为 485Mb，与通过细胞遗传学估计的基因组大小 490Mb 一致。Scaffold 覆盖了基因组的 86％，去掉缺失覆盖 81％的基因组区域。

2．分子标记的开发和遗传图谱的构建

　　此外，研究人员还对另一谷子品系 A2 进行了重测序。A2 是一种广泛使用的谷子雄性不育系，利用这两个品系亲本 F_2 代群体，用以比对开发 SNP 位点并构建遗传图谱，最终将 Scaffold 锚定到染色体上。用二代测序技术进行了 10x 的全基因组深度测序，在两亲本材料之间共发现了约 54 万个 SNP 位点，33587 个小的插入缺失（Indel）以及 10839 个结构变异（SV）。接着创建了共 480 株 F_2 代分离群体，在 F_2

群体中检测了 118 个 SNP 和 641 个 SV 共 759 个标记，利用在 F$_2$ 代有分离的 751 个标记（覆盖了 613 个长 scaffold）被用来构建遗传图谱。这些标记被聚类在 9 个连锁群上，最终将 613 个 scaffold（约 400Mb，包括 26Mb 的缺失）锚定到 9 条染色体上。

通过比较这 751 个标记的遗传距离和物理距离，发现 33％的基因组序列位于低重组区，这一结果低于高粱的 62％，高于水稻的 15％。低重组区和高重组区的遗传距离和物理距离的平均值分别是 0.44cM/Mb 和 6.77cM/Mb。在低重组区域发现了一个 155bp 的重复单元，其序列跟高粱上一个着丝粒元件相关的 144bp 的重复单元相似，很可能是一个组成着丝粒相关的元件。

结果还显示 89％以上的测序序列（Reads）可以定位到装配的基因组上，这与预估的覆盖率一致。在定位到基因组上的读长中，大约 8％没有适当的配对关系，这可能是由于定位的难度以及装配的差异造成的。将装配好的基因组和高粱基因组进行了比对，发现了 1937 个大片段的基因组重排，其中 99％的都有很好的末端配对读长，另外 1％的缺失可能是由于装配错误而导致。研究人员也使用了光学图谱（Optical mapping）来验证基因组组装结果，并锚定了 99.8％的片段到基因组中，这也从另一个方面验证了基因组装配的准确性。此外，还用了另一个基因组装配工具 ALLPATHS-LG 来重新组装了一次基因组。通过对两次组装的结果进行比较发现用 ALLPATHS-LG 组装的基因组（123Mb）中 99％的序列都在之前组装的基因组上，两种组装结果之间的结构变异仅有约 1%。

研究人员还对基因组组装结果进行了评估。对来自四个组织（根、茎、叶、种子）的 mRNA 进行测序，组装转录组并将其锚定到基因组上，最终的覆盖率约为 96%。通过进一步评估核心基因的覆盖率，发现大于 99% 的保守基因都存在于组装的基因组序列中。将 NCBI 核苷酸数据库内所有关于谷子的 28 个基因进行定位，其中 27 个基因在组装的基因组上发现了其对应的片段。同时还将来自拟南芥、高粱、玉米、水稻中的基因定位到组装的基因组上来鉴定不完整的基因片段，从中随机选取了 82 个基因片段，其中 81 个通过 Sanger 测序得到验证。

3. 基因组中的重复序列

张谷基因组草图的全部重复注释显示约 46% 的基因序列包含转座子元件。两种逆转录元件（I 类转座元件）和 DNA 转座子（II 类转座元件）所占的比例分别为 31.6% 和 9.4%。最丰富的重复元件是长末端重复序列（LTR），占据基因组比例的 29.6%。在这些 LTR 中，*gypsy* 型和 *copia* 型的比例分别为 22.1% 和 7.2%，相对比例约为 3.1：1，其他 LTR 仅占 0.3%。其他类型的可转座元件是 DNA 转座子（9.4%）、长散在重复序列（LINE，1.8%）、短散在重复序列(SINE，0.2%)和其他类型（0.11%）。基因组里面有 5.4% 的非特征重复，转座元件在低重组和基因缺乏区域更为丰富。结果表明，大多数 LTR 的插入时间估计为 30 万到 100 万年前。最近插入的 LTR（小于 10 万年前）仅占总数的 4.7%。近期的 LTR 比早期的分布更为随机。

转座子元件在短柄草、水稻、高粱、玉米和谷子五种植物中的所占比例从 27％到 84％，基因组越大所占比例越大。而对于长末端重复序列 LTR 比例而言，短柄草和水稻（约20％）以及谷子（29.6％）远低于高粱（54％）和玉米（75％）。并且 LTR 在这些物种中的组成也各不相同，*gypsy* 型和 *copia* 型的比例由高到低分别是高粱 3.7:1，短柄草 3.3:1，谷子3.1:1，水稻 2.83:1，玉米 2.0:1。据报道，通过快速倍增可转座元件而发生的基因组大小的变化对变化规模有很大的影响。因此，由可转座元件繁殖产生的禾本科作物中的不同转座元件的组成可能影响禾本科作物的多样性。

4. 谷子基因组中的基因分布特征

在张谷基因组草图中共预测了 38801 个基因，根据mRNA 测序数据显示约 81.7％的基因进行了表达（表 10-2）。注释基因的平均长度为 2522bp，远短于通过 RNA 测序数据绘制到基因组上的基因长度。为了解释这种差异，根据 RNA 测序数据添加了非翻译区（UTRs）到基因模型中。在谷子中平均内含子长度为 442bp，平均外显子长度为 256bp，每个基因的平均外显子数目为 4.3 个，这与除玉米外的大部分已测序作物类似。功能注释鉴定了 78.8％的基因在蛋白质数据库中具有已知功能的同源基因。在谷子基因集中搜索其他作物的保守基因，发现 99％的保守基因在谷子中有同源基因。这也证实了张谷基因组草图的完整性，并且在其中鉴定了1367 个假基因。

在基因组中预测了非编码 RNA 的基因，并鉴定了 99 个rRNA 基因，rRNA 在 8 号和 9 号染色体上有 4 个大的聚类簇，共 23 个基因，约占总数的 23%。同时也鉴定了 704 个 tRNA，而拟南芥中有 611 个并在 1、7、8、9 号染色体上有大的 tRNA 聚类簇。

表 10-2　张谷基因组组装和注释

组装				
		N50（长度/数量）	N90（长度/数量）	总长度
基因组组装	contig	25.4kb/4667	5.3kb/16903	394Mb
	scaffold	1.0Mb/136	258kb/439	423Mb
	染色体	9 条（613 个 scaffold）		400Mb
注释				
			总长度	
转录组元件	总长		196.6Mb（46.3%）	
	反转录元件		133.6Mb（31.6%）	
	DNA 转座子		39.7Mb（9.4%）	
		拷贝数	总长度	
	核糖体 RNA	99	18.7kb	
非编码 RNA	转运 RNA	704	52.8kb	
	微小 RNA	159	19.3kb	
	细胞内有小核 RNA	382	43.6kb	
蛋白编码基因	总个数	转录组支持的	与高粱的同源基因	功能分配
	38801	31709	32701	30579

5. 谷子基因组的应用

基因组序列的完整性是基因定位的基础，研究人员使用谷子基因组来定位抗除草剂基因。张谷具有烯禾啶抗性而 A2 对烯禾啶敏感，在二者的 F$_2$ 后代群体中烯禾啶抗性分离比约为 3:1，这表明烯禾啶抗性基因很可能是单一的显性的核基因。初定位将其定位在标记 SLsv0367 和标记 SLsv1223 之间的 1.1-cM（2.4-Mb）区域。精细定位时在这两个标记之间选了 5 个 SNP 标记并在 F$_2$ 群体中对它们进行基因分型，最终将烯禾啶抗性基因定位在 SNP 标记 2 和标记 5 之间大约 100KB 的区域内。该区域共有四个基因，其中包括 *Ft_SR1*，*Millet_GLEAN_10024326* 基因注释结果为乙酰辅酶 A 羧化酶。乙酰辅酶 A 羧化酶是烯禾啶的目标酶，其突变基因将导致对烯禾啶的抗性。在该基因内，仅有 6 个 SNP，其中一个 SNP 位于该基因的编码序列中，并引起从 CTA（张谷）到 ATA（A2）的密码子改变，其将亮氨酸转变为异亮氨酸。在野生绿狗尾草中，在乙酰-CoA 基因中一个异亮氨酸到亮氨酸的突变已经被证明为导致了烯禾啶抗性，以上结果表明基因组序列的完成可以大大提高基因定位的精确度。

二、豫谷基因组

1. 基因组测序和组装

与"张杂谷一号"测序同时，美国能源部的联合基因组研究中心（JGI）对另一个谷子品种"豫谷 1 号"进行了全基因组测序和组装。最终组装得到了大小约 400Mb，覆盖 80% 基因组和 95% 的基因区域。全基因组 DNA 使用 plndigoBac536 载体制备了 BAC 文库，该文库共包括 50688 个克隆，平均插入片段大小约 121kb，覆盖了基因组深度 12x，并进行 BAC 末端序列（BES）分析[20]。利用不同时期、不同胁迫处理从豫谷 1 号不同组织提取的 mRNA，构建了 13 个 EST（表达序列标签）文库。利用 Sanger ABI3730xl 平台对总共约 6.3 万个 EST 在进行测序，利用 454 FLX 平台对剩下的 124 万 EST 进行测序。通过 Illumina 二代测序仪从四个不同时期的叶片组织中获得了大约 7.84 亿 bp 基于 RNA-Seq 的数据，其中的 5.8 亿个可以被用于表达分析。使用标准的基于 Sanger 的方法对具有几种插入片段大小（3kb，6kb，37kb，121kb）的单独文库进行末端测序，产生总共约 573 万个 reads，其中约 40 亿 bp 的数据符合 PHRED 20 的要求。这些原始测序结果（包括 BES 数据）使用改进的 Arachne v.20071016 软件进行组装，同时使用 BES 数据和已经测序的高粱基因组的同源性对装配的序列进行排序。

使用 Illumina 二代测序仪对来自狗尾草 A10 单株幼苗组织制备的核 DNA 进行重测序，产生了大约 3500Mb 的数据，覆盖深度超过 7x。将几个在其他谷类作物中重要的驯化基因的同源基因对栽培品种豫谷 1 号和野生狗尾草 A10 的序列进行比较，并未发现较大不同，这表明谷子的驯化涉及不同组的基因座，或者具有不同的遗传变异（例如错义或调节突变）机理，导致不能通过简单的序列比对来检测。

最终的得到大小为 396.7Mb 的基因组序列被组装在 9 条染色体上，通过遗传连锁图谱确定了 327 个 Scaffold 中（大多数长度小于 50kb）包含额外的 4.2Mb，预估基因组覆盖率为总核 DNA 的 80%（表 10-3）。将完成的组装结果与 42 个随机选择的来源于谷子 BAC 文库测序的 BAC 克隆以及 9 个随机选择的含来自狗尾草 A10 的 DNA 测序的 fosmid 文库进行比较，结果表明所有随机选择的 51 个区域都在全基因组鸟枪（WGS）测序组装结果上显示，并且所有的基因都具共线性。完成的豫谷 1 号 BAC 克隆与豫谷 1 号 WGS 序列具有 98.7% 的一致性。除了因为基因组装配中的缺失引起的一小部分未对齐的核苷酸数（0.29%）之外，42 个 BAC 中的 5 个与组装结果有明显差异，所有这些差异都是与克隆序列相比含有 5-10 kb 的重复 DNA 序列。剩余差异的大部分可能是来源于在豫谷 1 号中保留的杂合性，或来源于用作 BAC 文库和 WGS 测序的 DNA 来源的豫谷 1 号种子库之间的差异。

表 10-3   豫谷基因组组装

		N50（长度/个数）	总长度
基因组组装	contig	126.3kb/982	400.9Mb
	scaffold	12.3Mb/4	405.7Mb
	染色体	9 条（336 个 scaffold）	396.7Mb

2. 遗传图谱构建

使用野生狗尾草 A10 和谷子品种 B100 杂交的 247 个子代通过 8 代单粒传种构建了重组自交系（RIL）群体。用 992 个单核苷酸多态性（SNP）标记对该群体进行遗传作图，以平均约 400kb 的间隔分布在组装的基因组上。这 992 个 SNP 标记分布在 73 个 scaffold 上，还有 4 个大于 50kb 的 scaffold 和 6.7Mb 大小的 DNA 序列不与任何一个标记匹配。最终构建了谷子 9 条染色体对应的遗传连锁图谱，该图覆盖了从 124cM 到 201cM 的染色体，总长度为 1416cM。

该遗传图谱发现其中 7 条染色体上存在一些主要的偏分离区域。来自栽培型亲本的等位基因主要在 2 号、3 号、4 号、5 号和 9 号染色体上，在 2 号染色体上，高达 95% 的等位基因是栽培型的。而来自野生亲本的等位基因主要在 6 号染色体上。在 7 号染色体上，来自栽培亲本的等位基因在短臂和长臂的近端区域上过表达，而来自野生亲本的等位基因在长臂上过表达。偏分离在被子植物的杂交中很常见，特别是种间杂交，它可能反映在近亲繁殖过程中的繁殖障碍或无意选择。以前研究表明，偏分离不影响标记序列的确定，此研究通过遗传图谱和序列组装间的高一致性（包括在观察到偏分离的区域）证实了这一点。虽然在豫谷 1 号组装的序列与构建的遗传图谱之间的比较中发现豫谷 1 号在 9 号染色体着丝粒附近有特异性反转，而大的基因组重排（倒位或易位）可能造成杂交育性问题，但在狗尾草和谷子杂交后代中没有发现这种现象。

3. 谷子基因注释及分析

豫谷 1 号的基因组中至少有 40％ 的序列是由可转座元件组成，这与在水稻（40％）基因组中发现的基本一致，但是比玉米和小麦（二者约为80％）中的低很多。如通常在植物基因组中观察到的一样，长末端重复序列（LTR）反转录转座子是最丰富的类型，占了总核基因组的 25％ 以上。预测蛋白质编码基因的外显子包含大约 46Mb，占基因组大小的9％。研究人员可以从 cM/Mb 比率最低的区域来推断着丝粒的位置，并且也以可转座元件与外显子比率最高的区域为中心。

与玉米基因组相同，在谷子中每种类型的转座因子在整个染色体上的积累中表现出不同的偏差。LTR 反转录转座子特别是在基因组中包含大多数重复 DNA 的 pypsy 超家族，富集着丝粒异染色质。其他类型如长散在重复序列（LINE）

及大多数 DNA 元件，在着丝粒周围区域是少见的。但 CACTA 家族的 DNA 元件在所有基因组区域是均匀分布的，这和玉米基因组一致。最近一次 LTR 反转录转座子扩增的爆发，在最近几十万年内达到峰值，而 LINE 和 CACTA 元件在过去 600 万年中表现出更宽的活性范围。Helitron 元件似乎经历了两次主要的爆发，一个是在大约 180 万年前，另一个大爆发发生在 400 万年前。这两个时期比在水稻和高粱中观察到的 Helitron 爆发时间（大约 20 万年前）更早。

通过豫谷 1 号的花和叶子中的 1030 万个小 RNA 读长和已知的 miRNA 以及谷子基因组注释的可转座元件的比对来分析小 RNA。发现 miRNA 转录组的 48 个家族在序列上与来自 14 种调查物种的已知 miRNA 具有 100％一致性，包括几种单子叶植物，双子叶植物和模式植物小立碗藓。与转座因子具有强同源性的 24 个核苷酸小 RNA 含量特别丰富，在与 48 个保守 miRNA 家族相关的小 RNA 序列中，大于 93％的被发现与谷子基因组组装序列的统一性超过 95％，表明此类基因在当前基因组序列中恢复良好。

物理距离与遗传距离的比率通常为几百 Kb/cM，但在整个基因组上却横跨三个数量级，从染色体远端的小于 50Kb/cM 到着丝粒附近的几十 Mb/cM。在几乎所有染色体上都发现大的抑制重组区域，唯一的例外是 8 号染色体，它上面的低重组区域和其他染色体相比不太广泛，可能是在该区域中的组件中存在较大的缺失。在所有情况下，在具有最大 gypsy 反转录转座子丰度的染色体上的相同区域中发现了最低的 cM/Mb。预测的着丝粒位置表明 7 号染色体是偏中心的，而其他染色体是中心的或亚中心的，这是所有谷类染色体的典型，有可能和祖先的染色体结构相关。

全基因组注释预测了 2.4 万到 2.9 万个蛋白编码基因。基因（外显子和内含子中值大小是 163 bp 和 135 bp）、肽（中值长度为 329 个氨基酸）和每个基因的外显子数（平均 4.5 个）与其他禾本科植物以及拟南芥一致，反映了被子植物高度的基因结构保守性。注释的谷子基因组包括 10059 个单基因，而水稻和高粱分别预测了 11112 和 6217 个基因。比较谷子与高粱和水稻的基因组，发现它们表现出广泛的同源性。虽然这项研究只是在最高尺度的染色体结构上，但观察到高粱基因组相对于水稻的染色体重排比谷子基因组相对水稻染色体重排要少。

第三节　谷子分子育种进展及展望

一、谷子分子标记辅助育种
1. 分子标记开发

通过序列扫描从豫谷 1 号的基因组序列中鉴定了 5020 个微卫星片段序列，基于谷子和狗尾草的序列比较，设计了 788 对 SSR 引物[21]。在这些引物中，733 对产生可重复的扩增子，并且在从不同地理位置选择的 28 个谷子品系的基因型中具有多态性。这些 SSR 标记检测到的等位基因数量范围为 2 到 16，平均多态信息含量为 0.67。基于 Nei 氏标准的 SSR 数据的遗传距离，通过对 28 种谷子品系基因型的邻接聚类分析获得的结果显示这些 SSR 标记具高度多态性和有效性。

2. 利用分子标记分析我国主要谷子品种

一共收集了中国北方 11 个省份的 348 个谷子品种，并用 77 个之前发表的 SSR 标记进行基因分型[22]。所有标记在这 348 个品种中都具有多态性，并检测到了 1376 个等位基因。每个基因座的等位基因数 5～34 个，平均为 17.87 个。每个基因座观察到的基因型数目为 8～80 个，平均为 24.2 个。对于基因多样性，每个基因座的数目 0.4～0.95 个，平均数为 0.82。标记多态信息量（PIC）为范围 0.44～0.95，平均 0.80。平均每个基因座的杂合性 0～0.40，平均为 0.03。每个品种的平均纯合性大于 95%，这说明收集的大多数优良品种是自交系，跟谷子的天然自交习性一致。

这些谷子品种可以分为 G1 和 G2 两个群体，且各自又可分为三个亚群。G1 群体主要由春播品种组成，夏播区仅存在几个品种，这些品种主要在 20 世纪 80 年代之前选育，G1 群体中的大多数品种目前不用于粮食生产。G2 群体主要由从夏播区收集的优良品种组成，并且大多是在 20 世纪 80 年代后选育的。与 G2 的品种相比，G1 中的品种具有更高的多样性水平，包括每个基因座更高的等位基因数量，更高的基因多样性和 PIC 值和更大数量的群特异性等位基因。从 G2 的三个亚群中可知，来自相同育种程序和类似生态环境条件的品种倾向于更紧密相关。山西和吉林的品种与大多数其他地方的品系不同，说明他们的育种过程中加入了独特的种质资源。

关联作图分析显示，大多数显著标记和表型的相关性具有环境特异性，并且仅对单一性状起作用，这与先前对谷子的连锁分析的报道一致。但有几个关联位点在所有环境中是保守的，且对谷子的多种性状起到作用。在多种环境条件下保守的性状相关标记可用于标记辅助选择（MAS）方法以选育新的谷子优良品种。这些数据也可用于图位克隆研究，用来鉴定特定农艺性状的相关基因。

谷子优良品种和地方品种之间的显著性检验显示，11 个 SSR 位点由于长期的育种选择或局部适应在这两个基因库之间有显著（> 97.5%）的多样化。两个基因座位于基因编码区（Si017865m 和 Si016673m），参与不同的代谢途径，这是在谷子改良中的潜在重要基因。长期选择下的所有 11 个基因组区域具有显著关联的基因座来控制谷子中的重要农艺性状，这些可能是引起谷子农艺性状形态学变化的重要基因位点。因此，中国的谷子育种主要集中在长期育种过程中通过选择控制不同农艺性状的多种微效基因座来改良品种。

3. 利用分子标记定位谷子基因

研究人员从豫谷 1 号的再生愈伤组织发现了一个矮生突变体 sidwarf2，在矮生突变体里，细胞长度的显著减少导致了节间的明显缩短。赤霉素敏感性分析表明突变体的高度可以在赤霉酸（GA3）的喷洒下恢复。在野生型和突变体中，GA3 在伸长节间的内源性水平保持相同，而矮秆突变体的脱落酸（ABA）含量大大提高。使用混合分组分析和基于遗传图谱的方法的结合最终将矮化基因（*D2*）定位在 3 号染色体上 SSR 标记 fxj032 和 fxj037 之间 52.7kb 的基因组区域内

[23]。在目标区域注释了 12 个转录物，推断出细胞色素 P450
编码基因是 *D2* 的候选基因。

　　豫谷 1 号的种子使用 0.5％的 EMS 过夜处理，在 M2 代
发现黄绿色叶突变体 siygl1[24]。为了评估农艺性状和进行表
型以及遗传分析，突变系与豫谷 1 号回交以去除背景 SNP 并
产生分离的 BC1F2 群体。突变体与 SSR41 株系杂交以创制
作图群体，SSR41 系与豫谷 1 号开花期相近并且有很高的遗
传多态性。选择均匀覆盖 9 条谷子染色体的 55 个多态标记，
并且将表现突变表型的 40 个 F_2 个体混池进行分离分析。初
步定位后，在候选区域开发新的裂解扩增多态性序列
（CAPS）和插入缺失（InDel）标记，使用 480 个隐性 F_2 个
体用于精细绘图。

　　突变体和豫谷 1 号杂交构建的 BC_1F_2 群体里所有 BC1F1
的个体都是正常的叶色表型。在 BC_1F_2 里面，正常叶色和黄
绿叶色的比例为 3:1，说明 *SiYGL1* 基因是一个隐性的单基
因。混合分组分析显示靶基因位于 9 号染色体的短臂上的标
记 P44 附近。精细定位将 *SiGYL1* 基因定位在 SSR 标记
CAAS9005 和 B248 之间 288.5kb 的区域内。之后开发了两
个 CAPS 标记和五个 InDel 标记，并最终将候选基因定位在
CAPS697 和 InDel3595 之间大约 77.1Kb 的区间内。在这个
区域内发现了 10 个开放阅读框（ORFS）。将 siygl1 和野生
型植物的所有开放阅读框序列测序后进行比对，发现在第五
个外显子 Si034376 的第 900 个碱基从 T 变为 A，导致其编
码的氨基酸从苯丙氨酸变为亮氨酸。在谷子基因组数据库内
发现 *SiYGL1* 是具有 2268bp 完整编码序列的单拷贝基因，编

码具有 755 个氨基酸的蛋白质，该蛋白质分子量为 81.89 kDa，等电点为 5.22。*SiYGL1* 是 Mg-螯合酶 ATP 酶亚基 D 蛋白家族的成员，并且在整个谷子基因组上没有旁系同源物。

属于 argonaute（AGO）蛋白家族的 Argonaute 1（AGO1）募集小 RNA 并调节植物生长和发育。通过 EMS 处理诱导谷子发现了一个 AGO1 突变体（siago1b）[25]。突变体表现出多向发育缺陷，包括茎矮化，窄叶和卷叶，更小的颗粒和更低的种子结实率。基于图位克隆分析证明这些表型变异归因于 C-A 颠换，以及 *SiAGO1b* 基因的 C 末端中的 7-bp 缺失。

使用辽谷 1 和 siago1b 突变体构建的 F_2 杂交群体来作图，并用 SSR 和 SNP 标记来进行遗传分析。F_2 群体共统计了 780 个单株的表型，其中 595 个是辽谷 1 的表型，185 个是矮杆、窄叶、卷叶，这个比例符合卡平方预期的 3:1。说明了 siago1b 突变体的表型是由一个单隐性基因控制的。图位克隆使用了 800 株纯合隐性单株，混池分析将 *SiAGO1b* 基因与 7 号染色体 CAAS7027 和 CAAS7029 两个 SSR 标记连锁，精细定位将其定位在 SNP027326466 和 SNP27372797 两个 SNP 标记之间大约 46.3kb 的区间内。对目标区域基因组测序显示 *Seita.7G201100* 基因第 22 个外显子中有 7bp 的缺失和 1bp 的位移。预测 siago1b 突变体的等位基因编码具有在第 1068 氨基酸之后移码突变和在第 1073 氨基酸早期终止的蛋白（ΔSiAGO1b）。将该蛋白在大豆、水稻、玉米和拟南芥中进行比对发现该蛋白的 C 端是高度保守的。

另外谷子糯性基因、谷子抗拿捕净基因利用早期的分子标记已经定位并研究得较为透彻。

二、谷子全基因组辅助育种技术

1. 利用全基因组 RNA-seq 进行 *SiAGO1b* 基因的功能分析

使用矮生突变体 siago1b 和豫谷 1 号进行转录组测序[25]。使用 IlluminaHiSeq2000 进行 cDNA 文库的测序，每个基因型有三个生物学重复。对 siago1b 和豫谷 1 号抽穗期的叶片、茎和穗进行 qRT-PCR 分析。通过 siago1b 突变体和豫谷 1 号 RNA-seq 的比较检测到 1598 个差异表达的基因，其揭示了 *SiAGO1b* 突变影响多种生物过程，包括能量代谢，细胞生长，程序性死亡和谷子中的非生物应激反应。

对 siago1b 突变体中上调和下调基因进行 GO 富集分析，以鉴定 *SiAGO1b* 调节的主要生物过程和分子功能。在 siago1b 上调的基因中富集了 39 个生物过程，在下调基因中富集了 22 个。所有注释参与转录调控，蛋白质代谢和程序性细胞死亡的基因大多数在 siago1b 中上调；与能量代谢相关的（例如碳水化合物代谢和脂质代谢）在 siago1b 中下调。37 个上调基因和 34 个下调基因在突变体和正常植株中具有最大的表达差异。它们分别是与脱落酸（ABA）信号传导和应激反应相关的基因，控制器官发育的转录因子以及调节花发育的基因，其中 27 个在拟南芥中有同源物并且已经注释，2 个是谷子中特有的，这 29 个基因被用来 qRT-PCR 来验证 RNA-seq 的结果。

2．利用小 RNA 测序在全基因组内鉴定脱水相关的 miRNA

为了在全局水平上找到脱水反应相关微小 RNA（miRNA），用对脱水胁迫反应相反的两个谷子品种（抗胁迫品种 IC403579 和胁迫敏感品种 IC480117）的对照和脱水胁迫处理的幼苗构建了四个小 RNA 文库[26]。使用 Illumina 测序技术，确定了 55 个已知的和 136 个新的 miRNA，分别属于 22 个和 48 个 miRNA 家族。脱水压力下差异表达的有 18 种已知的和 33 种新的 miRNA。胁迫处理后，32 个脱水反应性 miRNA 在耐受品种中上调，22 个 miRNA 在敏感品种中下调，表明 miRNA 介导的分子调控可能在这些品种的脱水胁迫中发挥重要作用。发现所鉴定的 miRNA 的预测靶标编码各种转录因子和功能酶，表明它们参与调节功能和生物过程。此外，7 个已知 miRNA 的差异表达模式通过 Northern 印迹验证，并通过茎-环实时定量 PCR（SL-qRT PCR）证实 10 个新型脱水反应性 miRNA 的表达。在脱水胁迫处理下验证了 5 种 miRNA 靶基因的差异表达行为，其中 2 种也通过了 RNA 连接酶介导的 cDNA 末端快速克隆技术（RLM-RACE）验证。这些研究结果提供了对进一步识别和鉴定谷子中脱水响应 miRNA 的新见解，并提高对 miRNA 功能鉴定及其靶向目标调节植物脱水应激反应的理解。

3．利用小 RNA 和降解组测序鉴定谷子干旱响应中的 miRNA

微小 RNA（miRNA）是内源性的小 RNA，其在植物的发育和应激反应中起重要的调节作用。在控制和干旱条件下生长的安 04-4783 谷子品系的通过测序干旱响应的 miRNA[27]，应用降解组测序以在全局水平确认这些 miRNA 的靶向目标。共鉴定了 81 个属于 28 个家族的已知 miRNA，其中 14 个 miRNA 被上调，4 个被下调以应对干旱。此外，72 个潜在的新 miRNA 被鉴定，其中 3 个在干旱条件下差异表达。降解测序分析显示，56 个和 26 个基因分别被鉴定为已知和新型 miRNA 的靶标。

4. 对谷子耐旱性的 QTL-seq

耐旱性是提高世界干旱和半干旱地区粮食作物物种产量的重要育种目标。栽培谷子和其野生祖先绿色狗尾草正被广泛用作黍亚科植物功能基因组学研究的模型。使用中国的栽培品种豫谷 1 号和乌兹别克斯坦的野生基因型狗尾草杂交后代的 F_7 系来鉴定在谷子中控制发芽和早期幼苗耐旱性的基因组区域[28]。在萌发阶段的发芽指数、根发芽长度、胚芽鞘长度、侧根数和幼苗存活率（干旱幼苗浇水后的恢复能力）等一系列性状的 QTL 位点被发现。研究构建了具有 128 个 SSR 标记的遗传图谱，其跨越长度 1293.9cM，9 个连锁群的每个连锁群上平均有 14 个标记。检测到总共 18 个 QTL，其中有 9 个表型变异贡献率超过 10%。在野生狗尾草和谷子中都检测到了等位基因，表明狗尾草属种群可以作为谷子育种中新的应激耐受等位基因库。

5. 谷子穗尖分支基因 *NEKODE1* 的 QTL-seq 及遗传分析

在谷子种进行了与穗尖分支相关的一个基因的遗传分析和定位[29]。使用了两个 F_2 群体，并发现穗尖分支这个性状是由单个显性基因控制的，并给它命名为 *NEKODE1* 基因。通过使用台湾地方品种的 F_2 群体，并利用下一代测序 NGS 以及 QTL-seq 技术，很快就把 *NEKODE1* 基因定位在 9 号染色体上。研究人员还通过使用 SSR 标记来定位基因，以验证该基因位于由 QTL-seq 提出的染色体 9 上的位置，并且获得了与该基因紧密连锁的 SSR 标记，在谷子基因组序列数据库找出了控制该性状的一些候选基因。

用三个地方品种做了两个 F_2 群体来进行穗尖分支的分离分析。JP 73913 在第一个杂交组合中用作母本，并用于全基因组重测序和作为 QTL seq 的参考基因组，它具有长的小穗柄 stb、绿色的叶柄和褐色花药。从来自第一个杂交组合的 F_2 群体中选择了 20 个具有典型穗尖分支表型的个体和 20 个具有正常表型的个体混池（通过使用 IlluminaHiSeq 2500 对构建的文库进行 100bp 配对末端测序）。具有穗尖分支表型的 JP222588 在第一个杂交中被用作父本而在第二个杂交组合中被用作母本，它具有红色叶柄和褐色花药。JP222613 在第二个杂交组合中用作父本，它具有红色叶柄和白色花药。

穗尖分支表型和正常表型在 F_2 后代中可以很清楚地区分。在第一个杂交组合中，穗尖分支表型和正常表型在 F_2 中的比例为 135:56，而在第二个杂交组合内是 108:30。卡平方测验的期望值都符合 3:1，并且穗尖分支对普通表型是显性的。将材料中的穗尖分支性状的基因命名为 *NEKODE1*。第一个杂交组合内红色叶柄和绿色叶柄的比例为 151:41，也符合 3:1 的期望值。第一个杂交组合中普通表型和长小穗柄 stb 表型的比例为 147:44，也符合 3:1 的期望值。第二个杂交组合中褐色花药和白色花药的比例为 109:29，同样符合 3:1 的期望值。这都与之前研究一致。对这几个性状进行连锁分析发现只有 *NEKODE1* 和花药颜色连锁，连锁距离是 10.5cM。*NEKODE1* 不与 2 号染色体上的 stb1 和 4 号染色体上的叶柄颜色基因连锁。

将 5.4GB 的 20 个穗尖分支型和 20 个普通型的混池数据与 JP73913 参考基因组进行比对，混池数据的平均测序深度为 13.2x，足够用于 QTL-seq 分析。QTL-seq 分析显示在 9 号染色体上的 12.1Mb～14.75Mb 的基因组区间中检测到具有统计显著性的单峰（P <0.05），表明穗尖分支性状是由单基因控制的。

QTL-seq 结果将 *NEKODE1* 基因定位在 9 号染色体 12Mb-14Mb 的物理位置处。为了验证该结果与使用 SSR 标记的遗传图谱的一致性，通过使用源自具有 SSR 标记的第 1 个杂交组合的 191 个 F₂ 个体进行 *NEKODE1* 基因的连锁分析。在 *NEKODE1* 基因附近共筛选出 17 个多态性 SSR 标记。并定位了其中的 3 个，分别是 b187，SiGMS13254 和 SiGMS13272。*NEKODE1* 基因被定位在 SiGMS13272 和 SiGMS13254 之间，与二者的遗传距离分别是 11.6cM 和 3.5cM。QTL-seq 和遗传作图最终将 *NEKODE1* 基因定位在 9 号染色体上（13.6 Mb～14.4Mb）800kb 的范围内，该区域共有 77 个基因。

6. 利用重测序技术对谷子的 9 个农艺性状相关基因进行定位并对谷子参考基因组进行完善

深圳华大基因研究院在谷子全基因组测序基础上进一

步对谷子的 RIL 群体进行了重测序，并构建了高分辨率 bin 图[30]。结果共产生 140Gb 的过滤数据，RIL 个体平均 2x 的测序深度。检测到总共 483414 个 SNP，RIL 的平均密度为 1.2 个 SNP/Kb。在 184 个 RIL 中鉴定了 3437 个重组 bin，重组 bin 的物理长度范围为 20kb 至 12Mb，平均长度为 121Kb。9 个连锁群总遗传距离为 1927.8 cM。这些 bin 之间的间隔范围为 0.1cM 至 13.8cM，平均值为 0.56cM。基于张谷的 bin 图和 scaffold 更新了染色体，在添加非锚定 scaffold（16Mb）后生成了第二版张谷参考基因组（416Mb）。基于豫谷基因组比对构建的 bin 图来修改豫谷参考基因组的装配错误，并使用序列同源性 BLAST，通过张谷序列填充了 3158 个间隙（gap）。在装配误差校正和缺失填补后构建了第二版豫谷参考基因组。

九个农艺性状可以分为两类，包括质量性状（抗烯禾啶，叶色，刚毛颜色，花药颜色，穗硬度）和数量性状（株高，抽穗期，旗叶宽度，旗叶长度）。五个质量性状都是单基因控制的。根据亲本和 F_1 的表型显示，这五个性状上是由显性基因控制的。叶色（绿色-黄色）由 7 号染色体长臂上（bin2535）的基因位点 $Z3lc$ 控制，烯禾啶抗性（抗性-敏感）由 7 号染色体短臂上(bin2346)的基因位点 $Z3sr$ 控制，刚毛颜色（红-绿）由 4 号染色体短臂上（bin1436）的基因位点 $Z3bc$ 控制，花药颜色（黄-棕）由 6 号染色体长臂上（bin2304）的基因位点 $Z3ac$ 控制，穗硬度（硬-柔性）由 5 号染色体短臂上（bin2027）的基因位点 $Z3pah$ 控制。

使用 184 个 RIL 品系和 F_2 群体（用于在 2009 年构建连

锁图的 F2 群体），检测到与株高相关的两个 QTL，分别在 2 号染色体和 5 号染色体上。最大效应位点（2011 年为 25.3％；2010 年为 8.8％；2009 年为 46.3％）被定位到 bin2021 上。bin2021 中的候选基因 *Z3ph1* 与已知的水稻赤霉素合成基因 *sd1* 显示出 89％ 的同源性。这表明谷子的株高也可能由 *GA20ox* 控制。此外，还检测到与抽穗期相关的三个 QTL，分别在 2 号、7 号和 9 号染色体上。其中的一个基因位点与叶色基因 *Z3lc* 的位置相同。旗叶宽度和长度比株高和抽穗期更复杂，检测到 5 个与旗叶长度相关的大效应 QTL 位点，但三年内均没有重复出现。与旗叶宽度相关的 QTL 都是微效的，但位于 9 号染色体上的一个 QTL 位点在三年内重复出现。表明谷子 RIL 群体的重测序可以为高质量基因组装配和基因定位提供有效的方法。参考基因组和 SNP 标记将成为谷子分子育种中的重要工具，并且与九种农艺性状相关的基因位点将为育种者提供关键信息。

　　杂种种子纯度鉴定的主要影响因素是来自雄性不育亲本自交的假杂交种。A2 的黄叶可以用作假杂种的形态标记，但是它会耗费很多劳动并且效率低下。培育抗除草剂品系不仅可以解决杂草的问题，而且还可筛选出种子生产中的假杂种。此前，育种家在狗尾草中发现了烯禾啶抗性基因并已成功将其转移到谷子中。根据研究结果，育种者可以采用分子标记辅助育种（MAS）的方法将除草剂抗性转移到许多杂交品系的父本当中。同时，黄叶使雄性不育系 A2 在幼苗期弱生长。在采用除草剂鉴别假杂种和 *Z3lc* 基因的精细定位之后，育种家可以在短时间内改变叶色。抽穗期这一性状对于谷子的遗传改良非常重要，在此项研究中也发现了三个 QTL 位点可用于指导育种。

谷子的遗传转化体系很难建立，这使得谷子基因功能的研究显得异常艰难。此研究中的 *Z3ph1* 基因与已克隆的水稻赤霉素合成基因 *sd1* 具有 89％同源性，说明利用禾本科植物已克隆基因找到谷子对应的同源基因来进行克隆不失为一种有效方法。

7. 谷子单倍型图谱构建和全基因组关联分析

为更好地理解谷子的农艺性状和遗传变异的遗传基础，对从世界各地收集到的 916 个谷子不同品种进行了高通量测序，并对收集的品种进了平均约 0.7x 深度的测序来检测 SNP 位点。共产生约 0.3Tb 的原始数据，并将其与谷子的参考基因组做比对来进行 SNP 的鉴定和基因型调用。最终确定过滤后的共约 258 万个 SNP，并利用其中约 84 万个常见 SNP（次要等位基因频率>0.05）来构建谷子基因组的单倍型图谱。进一步通过对狗尾草 N10 和谷子品种大青秸分别进行了 45x 和 39x 深度的测序，并对其基因组进行从头组装。基因组的组装使得能够在物种之间和物种内直接和全面地鉴定全基因组序列变异。将 N10 和大青秸的组装序列同谷子参考基因组张谷和豫谷进行了比对。

使用从所有 SNP 计算的遗传距离来确定 916 个品种的系统发育关系，并且所得的进化树清晰地显示出两个群：春季播种形式（1 型）有 292 个品种和夏播（2 型）有 624 个品种。这两个种群在中国种子中有明显的地理分布：大多数 1 型种质来自中国北部（黑龙江省）和中国西北部的高海拔地区，而大多数 2 型种质源自气候温暖的中部和南部。

光周期的变化通常是驱动分化的主要因素，研究发现在五个环境中两群体间的抽穗期有显著差异，1 型明显比 2 型的开花期要早很多。通过全基因组扫描检测到总共 14 个高度分化的基因座，这些位点可能与当地适应性相关。此外，还发现 NF-YC9（也称为 HAP5C）和 FIE1 两个开花相关基因，位于两个遗传发散区域周围，可能有助于对环境的适应性。

在 SNP 数据的基础上，估计所有谷子样品的序列多样性（π）大约为 0.0010。在着丝粒周围确定了几个长距离的低变异区，一些低多样性基因座可能是长期驯化过程中人工选择的结果。如观察到 9 号染色体中的低多样性基因座，其包含控制谷物中种子落粒损失的 Shattering1 基因（Si037789m），该基因之前已被证明具有在几种作物（高粱，玉米和稻）中平行驯化的证据。通过谷子基因组和其野生种绿色狗尾草 N10 之间的序列比较，在基因的编码区中发现了一个 855bp 的插入或缺失（indel），这可能导致驯化谷子中减少落粒的习性。

然后分析了谷子中的连锁不平衡（LD）衰变速率，这对于确定足够效力的 GWAS 所需的作图分辨率是必要的。全基因组 LD 衰变率平均为 100 kb，其中成对相关系数（r^2）从初始值 0.50 降至 0.25。谷子的衰变速率与栽培水稻相似，都是由于自交导致的长距离 LD。值得注意的是，谷子 LD 在基因组中变化很大（从几千个碱基到几百个千碱基），这将导致 GWAS 中基因组的不同局部区域中的分辨率差异很大。

研究采用 k 邻近算法进行插补，填补每个基因组缺失的基因型，将缺失的基因型从 70.7％减少到 3.0％。根据四组高覆盖率测序数据，估算基因型数据的准确率达到 99％。此外，检查了在具有不同 LD 衰变的区域中的数据估算的能力，发现即使在低 LD 的谷子基因组区域内，基因型的插补执行良好。在具有 LD 衰变 10kb 内的区域中，插补的特异性保持在 98％以上。因此，所得基因型数据集应足以用于 GWAS。

调查的 47 个农艺性状可分为五类：形态特征（18 个性状），产量相关（13 个性状），生长时间（3 个性状），抗病性（5 个性状）和着色（8 个性状）。916 个品种的种植分布从东北到华南共五个地点，但没有测量 5 个点的所有农艺性状，对不同环境下获得的 180 组表型数据通过 EMMAX 方法进行 GWAS。最终在从朝阳、北京、安阳、长治、三亚这五个地点收集到的表型数据中分别发现了 77、126、131、177、192 个关联信号（$P<10^{-7}$），其中相同性状的 59 个关联信号在至少两个地点被发现。在一个地点即使具有一些强信号的关联位点，但在其他不同生态环境中信号显示相对较弱甚至无关联。如抽穗期对环境温度和光周期高度敏感，GWAS 结果显示在长治和三亚具最强的关联信号，而在其他地点显示弱关联，说明这些数量性状基因位点与环境适应相关。此项研究为未来谷子的功能研究和遗传改良提供了大量的重要位点。基于先前已知的途径和比较分析研究人员进一步分析了控制着色和开花时间的基因的同源性。在同源性中，发现共有 17 个基因与该性状相关。例如 *C1* 基因（Si008089m）可能是控制谷子着色的重要基因，该基因编码区中的两个移

码突变可能造成着色损失的变异，但候选基因仍需通过功能研究来进一步分析。

近几十年来人们大规模育种的努力，使得谷子的产量潜力大大提高。观察到 518 个中国地方品种和 294 个现代品种之间许多产量相关性状的显著表型变化（例如现代栽培品种中穗重显著增加）。表型性状的改变反映在它们的基因组中，来自传统地方品种和现代栽培品种的全基因组多态性数据可以在最近的育种中搜索选择的标记。计算了传统地方品种中的遗传多样性与现代品种中跨越谷子基因组的遗传多样性的比率（π_l/π_m）。为减少地理分布的潜在混杂，在选择性清除的识别中仅使用中国种质。通过全基因组筛选，确定了可能发生在现代遗传改良中的 36 个选择性清除。观察到这种选择性清除在谷子改善的间隔大小平均约 200 kb，选择信号适度（即使最大的 π_l/π_m 值为 6）。这些结果可能表明驯化选择往往比最近的改进选择更强，这与玉米中观察到的现象相似。

研究还调查了通过 GWAS 得到的相关位点和选择性清除之间的重叠。在 36 个选择性清除中，16 个位于 GWAS 中鉴定的位点周围，包括与分蘖数、每株总穗数和颖壳颜色相关的基因座。剩余的扫描可能与未统计的其他表型性状相关联。注意到控制水稻落粒性的 *qSH1* 基因在谷子的同源基因中位于 5 号染色体，并显示出最强的选择信号。这两组基因座的重叠可以提供关于控制这些性状的基因是否处于选择下的思路。

三、谷子全基因组分子育种进展

华大基因通过新一代测序技术对来自中国北方的谷子品系张谷1号进行了全基因组测序和组装，获得了谷子的全基因组序列图谱。通过基因组注释和分析发现，谷子基因组中的重复序列约占整个基因组的46%，大约含有38801个蛋白质编码基因。为了构建遗传图谱，进一步对另一谷子品系A2进行了重测序（10x基因组）。利用两个亲本的F_2代群体，华大成功绘制了高密度的遗传图谱，开发分子标记759个。该遗传图谱不仅辅助了基因组的组装，同时为谷子性状鉴定奠定了基础。通过将谷子的基因组序列、遗传图谱及其后代表型等信息相结合，华大农业对谷子的抗拿捕净、抗咪唑乙烟酸、株高、株型、刚毛长度、刚毛颜色、穗型、穗长、千粒重、叶色、生育期、抗病性、米色、糯性和育性等性状进行了基因定位。通过全基因组分子辅助育种技术对A2不育系进行了改良，快速获得了A2早熟不育系、A2晚熟不育系、A2绿叶替换系、A2早熟绿叶替换系和A2晚熟绿叶替换系。同时对豫谷18进行了改良，快速获得了抗拿捕净的豫谷18以及抗咪唑乙烟酸的豫谷18，丰富了杂交制种所需的父母本。

四、未来展望及发展方向

谷子最早起源于我国新石器时代，之后经驯化并传播到俄罗斯、印度，中东地区及欧洲等地。谷子属旱区作物，是我国传统农业中的重要作物，据统计，1952年全国谷子面积1.48亿亩（986.67万公顷），仅次于水稻、小麦、玉米，居第4位。但从20世纪80年代开始，随着杂交玉米的产量的提升，谷子的种植面积直线下降，目前只有在不适合栽种玉米的山区及高寒旱地区才有谷子的零星种植。新形势下，国家粮食安全以及环境压力对旱区农牧生态系统提出了可持续发展的新需求。谷子是 C_4 植物，具有光合效率高、根系发达、抗旱性强、适应性广、营养成分丰富、草谷皆宜等特点，是旱区发展节水农业非常重要的战略性作物。虽然谷子是最耐旱的作物之一，但谷子的低产限制了它在农业中的应用。随着谷子杂交种研究和利用抗除草剂谷子发展起来的轻简化栽培技术的进步，人们大大改善了谷子的生产，降低了劳动成本，这表明谷子具有通过遗传工具改良成为高产作物的潜力。

种业的快速发展是应对现代农业所面临变化的关键。然而目前大多数育种工作仍然处于依赖表型选择和育种经验的传统育种阶段，育种效率低下。育种家每年要花费大量的时间去选择亲本材料进行杂交；对配制的杂交组合，一般要产生 2000 个以上的 F_2 群体，然后从中选择 1%～2% 的理想基因型，但选择的 F_2 个体在遗传上又是杂合体，需要进一步的自交选择，选择的 F_2 个体一般需产生 100 个左右的重组自交系才能从中选择到存在比例低于 1% 的理想重组基因型。肉眼观察的选择加上环境对性状的影响，使得选择到优良基因型的可能性极低。统计表明，在配制的杂交组合中，一般仅约 1% 的组合有希望选出符合生产需求的品种，最终育种效率不及百万分之一。因此，常规育种存在很大的盲目性和不可预测性。另一方面，尽管生物信息数据库积累的数据量极其庞大，但由于缺乏必要的数据整合技术和信息分析手段，可供育种工作者利用的信息却非常有限，作物重要农艺性状基因的定位结果也难以用于指导作物育种实践。

谷子基因组测序完成将为谷子品种改良提供重要的基础。将基因组和转录组数据与种质收集、基因转化方法结合起来，人们可更为高效地研究和改良谷子。目前可以通过加强后的基因组方法来全面揭示作物谷子性状的遗传变异，越来越多的数据将用于谷子重要农艺性状的全基因组关联作图中。通过开发新的统计模型和整合谷子的更多数据，将进一步完善复杂性状的遗传图谱，揭示性状间的遗传结构的可变性。此外，通过结合基因组学和群体遗传学的方法揭示谷子杂种优势的遗传基础将是作物改良和加速基因组辅助育种的重要方向。

全基因组分子育种技术是海量生物信息和育种家需求之间搭起的一座桥梁。在育种家进行田间试验之前，对育种程序中的各种因素进行模拟筛选和优化，提出最佳的亲本选配和后代选择策略，从而大幅度提高育种效率。全基因组分子育种技术被认为是推动现代种业发展的最强有力的工具之一。经过多年的努力，我国已经具备了开发全基因组分子育种技术的条件，抓住机遇大力开发全基因组分子育种是打造我国民族种业的技术核心，是我国民族种业赶超跨国种业巨头的重要契机，也是保障我国农业可持续发展和粮食安全的必然选择。

参考文献

[1] Huang, X., & Han, B. Natural variations and genome-wide association studies in crop plants[J]. Annual review of plant biology，2014，65, 531-551.

[2] Wang L, Wang A, Huang X, , et al. Mapping 49 quantitative trait loci at high resolution through sequencing-based genotyping of rice recombinant inbred lines[J]. Theor. Appl. Genet，2011，122:327-40

[3] Huang X, Wei X, Sang T, et al. Genome-wide association studies of 14 agronomic traits in rice landraces[J]. Nat. Genet，2010， 42:961-67

[4] Jia G, Huang X, Zhi H, et al. A haplotype map of genomic variations and genomewide association studies of agronomic traits in foxtail millet (Setariaitalica). Nat s[J]. Genet，2013，45:957-61

[5] Baird NA, Etter PD, Atwood TS, et al. Rapid SNP discovery and genetic mapping using sequenced RAD markers s[J]. PLoS ONE ，2018，3:e3376

[6] Elshire RJ, Glaubitz JC, Sun Q, et al. A robust, simple genotyping-bysequencing (GBS) approach for high diversity species s[J]. PLoS ONE 2011，6:e19379

[7] Li H, Peng Z, Yang X, Wang W, et al. Genome-wide association study dissects the genetic architecture of oil biosynthesis in maize kernels s[J]. Nat. Genet，2013，45:43-50

[8] McMullen MD, Kresovich S, Villeda HS, et al. Genetic properties of the maize nested association mapping population s[J]. Science ，2019，325:737-40

[9] Huang X, Paulo MJ, Boer M, et al. Analysis of natural allelic variation in Arabidopsis using a multiparent recombinant inbred line population s[J]. Proc. Natl. Acad. Sci. USA，2011，108:4488-93

[10] Schneeberger K, Ossowski S, Lanz C, et al. SHOREmap: simultaneous mapping and mutation identification by deep sequencing s[J]. Nat. Methods，2009， 6:550-51

[11] Huang X, Kurata N, Wei X, et al. A map of rice genome variation reveals the origin of cultivated rice s[J]. Nature，2012，490:497-501

[12] Jia G, Huang X, ZhiH, et al. A haplotype map of genomic variations and genomewide association studies of agronomic traits in foxtail millet (Setariaitalica) s[J]. Nat. Genet，2013，45:957-61

[13] Myles S, Peiffer J, Brown PJ, et al. Association mapping: critical considerations shift from genotyping to experimental design s[J]. Plant Cell，2009，21:2194-202

[14] Pasam RK, Sharma R, Malosetti M, et al. Genome-wide association studies for agronomical traits in a world wide spring barley collection s[J]. BMC Plant Biol，2012， 12:16

[15] Ling HQ, Zhao S, Liu D, et al. Draft genome of the wheat A-genome progenitor Triticum urartu s[J]. Nature ，2013，496:87-90

[16] Majewski J, Pastinen T. The study of eQTL variations by RNA-seq: from SNPs to phenotypes. Trends Genet，2011，27:72-79

[17] Schmitz RJ, Schultz MD, Urich MA, et al. Patterns of population epigenomic diversity[J]. Nature，2013，495:193-98

[18] Riedelsheimer C, Czedik-Eysenberg A, Grieder C, et al. Genomic and metabolic prediction

of complex heterotic traits in hybrid maize[J]. Nat. Genet，2012，44:217–20

[19] Zhang G, Liu X, Quan Z, et al. Genome sequence of foxtail millet (Setariaitalica) provides insights into grass evolution and biofuel potential[J]. Nature biotechnology，2012，30(6): 549-554.

[20] Bennetzen J L, Schmutz J, Wang H, et al. Reference genome sequence of the model plant Setaria[J]. Nature biotechnology，2012，30(6): 555-561.

[21] Zhang S, Tang C, Zhao Q, et al. Development of highly polymorphic simple sequence repeat markers using genome-wide microsatellite variant analysis in Foxtail millet [Setariaitalica (L.) P. Beauv.][J]. BMC genomic，2014，15(1): 78.

[22] Jia G, Liu X, Schnable J C, et al. Microsatellite variations of elite Setaria varieties released during last six decades in China[J]. PloS one，2015，10(5): e0125688.

[23] Xue C, Zhi H, Fang X, et al. Characterization and Fine Mapping of SiDWARF2 (D2) in Foxtail Millet[J]. Crop Science，2016，56(1): 95-103.

[24] Li W, Tang S, Zhang S, et al. Gene mapping and functional analysis of the novel leaf color gene SiYGL1 in foxtail millet [Setariaitalica (L.) P. Beauv][J]. Physiologia plantarum，2016，157(1): 24-37.

[25] Liu X, Tang S, Jia G, et al. The C-terminal motif of SiAGO1b is required for the regulation of growth, development and stress responses in foxtail millet (Setariaitalica (L.) P. Beauv)[J]. Journal of experimental botany，2016，erw135.

[26] Yadav A, Khan Y. Prasad M. Dehydration- responsive miRNAs in foxtail millet: genome-wide identification, characterization and expression profiling[J]. Planta，2016，243(3): 749-766.

[27] Wang Y, Li L, Tang S, et al. Combined small RNA and degradome sequencing to identify miRNAs and their targets in response to drought in foxtail millet[J]. BMC genetics，2016，17(1): 57.

[28] Qie L, Jia G, Zhang W, et al. Mapping of quantitative trait locus (QTLs) that contribute to germination and early seedling drought tolerance in the interspecific cross Setariaitalica× Setariaviridis[J]. PLoS One，2014，9(7): e101868.

[29] Masumoto H, Takagi H, Mukainari Y, et al. Genetic analysis of NEKODE1 gene involved in panicle branching of foxtail millet, Setariaitalica (L.) P. Beauv., and mapping by using QTL-seq[J]. Molecular Breeding，2016，36(5): 1-8.

[30] Ni X, Xia Q, Zhang H, et al. Up dated foxtail millet genome assembly and gene mapping of nine key agronomic traits by resequencing a RIL population[J]. GigaScience，2017.

邹洪锋，男，1981 年 11 月出生，博士，2010 年 7 月加入深圳华大基因研究院华大农业平台，任职育种平台负责人。现任深圳华大小米产业股份有限公司副总经理，负责公司新品种、深加工产品研发以及新疆分公司管理运营。工作期间，主持和参与多项国家及地方科研项目，其中主持项目 4 个，作为主要成员参与项目 20 个。

2002 年 9 月至 2005 年 7 月，南昌大学攻读硕士研究生，主要从事大豆单核苷酸多态性（SNP）相关研究。2005 年 9 月至 2010 年 6 月，中国科学院遗传与发育所攻读博士研究生，获中科院遗传所"振生奖学金"，发表 SCI 论文多篇。主要从事模式生物拟南芥转录因子 AtDof 家族的研究以及大豆耐逆相关转录因子 GmWRKY、GmbZIP、GmMYB 和 GmGT 的研究。曾主持或参与多个大型政府科研项目，包括 863 计划、国际合作项目、国家支撑计划等。

邮箱：zhouhongfeng@genomics.cn

代表性论文

1. Hong-Feng ZOU, Yu-Qin ZHANG, Wei WEI, Hao-Wei CHEN, Qing-Xin SONG, Yun-Feng LIU, Ming-Yu ZHAO, Fang WANG et al .The transcription factor AtDOF4.2 regulates shoot branching and seed coat formation in *Arabidopsis*. Biochemical Journal, 2013, 449, 373–388.

2. Kai Zhang, Guangyu Fan, Xinxin Zhang, … Hongfeng Zou, …GengyunZhang,*,*,1 and Zhihai Zhao,**,1. Identification of QTLs for 14 Agronomically Important Traits in Setariaitalica Based on SNPs Generated from High-Throughput Sequencing. Genes, Genomes, Genetics. 2017 May, Volume 7.

3. Xuemei Ni, Qiuju Xia, Houbao Zhang, … Hongfeng Zou, … Zhiwu Quan. Updated foxtail

millet genome assembly and gene mapping of nine key agronomic traits by resequencing a RIL population. Giga Science. 2017 Jan 20.

4. Jizeng Jia, Shancen Zhao, Qinsi Liang, Jie Chen, Thomas Wicker, CaiyunGou , Peng Lu, Junyi Wang, Hongfeng Zou, Xu Liu, Zhonghu He, Long Mao & Jun Wang et al.Aegilopstauschii draft genome sequence reveals a gene repertoire for wheat adaptation. Nature, 2013, doi:10.1038/nature12028.

5. Shifeng Cheng, Erikvan den Bergh, Hongfeng Zou, Zhiwu Quan, et al. The Tarenaya hassleriana genome provides insight into reproductive trait and genome evolution of crucifers. The Plant Cell. 2013,25,2813-2830

6. Zong-Ming Xie, Hong-Feng Zou, Ai-Guo Tian, Biao Ma,Wan-Ke Zhang, Jin-Song Zhang, Shou-Yi Chen et al. Soybean Trihelix Transcription Factors GmGT-2A and GmGT-2B Improve Plant Tolerance to Abiotic Stresses in Transgenic Arabidopsis. PLoS One, 2009, 4（9）：6898.

7. Yong Liao, Hong Feng Zou, （Co-first author） Wei Wei, et al. Soybean GmbZIP44, GmbZIP62 and GmbZIP78 genes function as negative regulator of ABA signaling and confer salt and freezing tolerance in transgenic Arabidopsis.Planta, 2008, 228（2）：225-240.

8. Qi Yun Zhou, Ai Guo Tian, Hong Feng Zou, （*Co-first author）zong-ming he, gang lei, et al. Soybean WRKY-type transcription factor genes, GmWRKY13, GmWRKY21, and GmWRKY54, confer differential tolerance to abiotic stresses in transgenic Arabidopsis plants. Plant Biotechnology Journal, 2008, 6（5）：486-503.

9. Yong Liao, Hong Feng Zou, Hui-Wen Wang, wan-kezhang, biao ma, jin-song zhang, shou yichen. Soybean GmMYB76,GmMYB92, and GmMYB177 genes confer stress tolerance intransgenic Arabidopsis plants. Cell Research. 2008, 18（10）:1047-1060.

10. Rui-Ling Mu, Yang-Rong Cao, Yun-Feng Liu, Gang Lei,Hong-Feng Zou, yong-liao, hui-wen wang, et al. An R2R3-type transcription factor gene AtMYB59 regulates root growth and cell cycle progression in Arabidopsis. Cell Research,2009, 19（11）：1291-1304.

11. Hong-Feng ZOU, Yu-Qin ZHANG, Wei WEI, Hao-Wei CHEN, Qing-Xin SONG, Yun-Feng LIU, Ming-Yu ZHAO, Fang WANG et al .The transcription factor AtDOF4.2 regulates shoot branching and seed coat formation in *Arabidopsis*. Biochemical Journal, 2013, 449, 373–388.

12. Kai Zhang, Guangyu Fan, Xinxin Zhang, … Hongfeng Zou, …GengyunZhang,*,†,1 and Zhihai Zhao‡,,**,1. Identification of QTLs for 14 Agronomically Important Traits in Setariaitalica Based on SNPs Generated from High-Throughput Sequencing. Genes, Genomes, Genetics. 2017 May, Volume 7.

13. Xuemei Ni, Qiuju Xia, Houbao Zhang, … Hongfeng Zou, … Zhiwu Quan. Updated foxtail millet genome assembly and gene mapping of nine key agronomic traits by resequencing a RIL population. Giga Science. 2017 Jan 20.

14. Jizeng Jia, Shancen Zhao, Qinsi Liang, Jie Chen, Thomas Wicker, Caiyun Gou, Peng Lu, Junyi Wang, Hongfeng Zou, Xu Liu, Zhonghu He, Long Mao & Jun Wang et al.Aegilopstauschii draft genome sequence reveals a gene repertoire for wheat adaptation. Nature, 2013, doi:10.1038/nature12028.

15. Shifeng Cheng, Erikvan den Bergh, Hongfeng Zou, Zhiwu Quan, et al. The Tarenaya hassleriana genome provides insight into reproductive trait and genome evolution of

crucifers. The Plant Cell. 2013,25,2813-2830

16. Zong-Ming Xie, Hong-Feng Zou, Ai-Guo Tian, Biao Ma,Wan-Ke Zhang, Jin-Song Zhang, Shou-Yi Chen et al. Soybean Trihelix Transcription Factors GmGT-2A and GmGT-2B Improve Plant Tolerance to Abiotic Stresses in Transgenic Arabidopsis. PLoS One, 2009, 4（9）: 6898.

17. Yong Liao, Hong Feng Zou, （Co-first author） Wei Wei, et al. Soybean GmbZIP44, GmbZIP62 and GmbZIP78 genes function as negative regulator of ABA signaling and confer salt and freezing tolerance in transgenic Arabidopsis.Planta, 2008, 228（2）: 225-240.

18. Qi Yun Zhou, Ai Guo Tian, Hong Feng Zou, （*Co-first author） zong-ming he, gang lei, et al. Soybean WRKY-type transcription factor genes, GmWRKY13, GmWRKY21, and GmWRKY54, confer differential tolerance to abiotic stresses in transgenic Arabidopsis plants. Plant Biotechnology Journal, 2008, 6（5）: 486-503.

19. Yong Liao, Hong Feng Zou, Hui-Wen Wang, wan-kezhang, biao ma, jin-song zhang, shou yichen. Soybean GmMYB76,GmMYB92, and GmMYB177 genes confer stress tolerance intransgenic Arabidopsis plants. Cell Research. 2008, 18（10）:1047-1060.

20. Rui-Ling Mu, Yang-Rong Cao, Yun-Feng Liu, Gang Lei,Hong-Feng Zou, yong-liao, hui-wen wang, et al. An R2R3-type transcription factor gene AtMYB59 regulates root growth and cell cycle progression in Arabidopsis. Cell Research,2009, 19（11）: 1291-1304.

第十一章

小米产品及加工技术

胡爱军

第一节　小米分布、产量及营养

谷子（学名是 *Setariaitalica*，脱壳后为小米）属禾本科一年生草本植物，古称稷、粟，亦称粱，是中国古代主要农作物之一，通常认为起源于中国[1]，在我国约有 8000 多年的栽培历史。在整个世界范围内，尤其在干旱和半干旱地区，小米是很重要的粮食作物[2]。全世界生产的小米约有 90％ 为发展中国家食用[3-4]。小米作为一种常见的农作物，具有抵御各种不利气候变化影响的能力，可以为解决粮食和营养安全问题做出重大贡献。

小米的营养价值很高，并且很容易被人体消化吸收，在民间经常用小米粥作为产妇和婴幼儿的食物。随着精米、精面作为主食所产生的高血压和肥胖病等富裕病发病率的提高，越来越多的人认识到小米等粗粮在膳食结构中有着不可或缺的作用。

一、小米的分布与产量

小米广泛栽培于欧亚大陆的温带和热带。全世界小米栽培面积约 100 万公顷。我国小米种植面积最大，近十年平均每年约为 80 万公顷，年总产量约 250 万吨。我国小米种植面积较大的省份有河北、山西、内蒙古、陕西、辽宁、河南、山东、黑龙江、甘肃和吉林，上述 10 个省和自治区小米种植面积占全国总面积的 97%，其中 60%分布在干旱最严重的河北、山西、内蒙古。各省区主要小米品种如下。

山东：金谷米、黑旺小米、龙山小米、孙祖小米、山里小米、青阳小米、金岭小米。

山西：沁州黄小米、寿阳小米、汾州香小米、广灵小米、隆化小米、阳曲小米。

陕西：榆林米脂小米、安塞小米、靖边小米、陕北小米。

河北：武安小米、桃花小米、黄粱梦小米、黄旗小米、曲周小米。

河南：洪河小米、坻坞贡米、林州东姚小米、金秋香小米、淇河黄小米。

内蒙古：太和小米、敖汉小米、赤峰小米、夏家店小米、五家户小米。

黑龙江：甘南小米、托古小米、龙江小米、明水小米、古龙小米、双城小米、杨树小米。

辽宁：朝阳小米、营口小米、建平小米、要路沟小米、化石戈小米、博洛铺小米、赵屯小米、建昌小米。

甘肃：庆阳小米、什社小米、金花寨小米。

吉林：红石砬小米、双辽小米、炭泉小米、乾安黄小米。

二、小米的营养价值和生理功能

小米不仅供食用，入药有清热、清渴、滋阴、补脾肾和肠胃，利小便、治水泻等功效，又可酿酒。小米虽然个体很小，但是却含有很多人体必需的营养物质。表 11-1 为每 100g 小米中营养成分。

表 11-1　每 100g 小米中营养成分

成分	含量	成分	含量
蛋白质	9.7g	钙	29mg
脂肪	1.7g	磷	240mg
碳水化合物	77g	铁	4.7mg
胡萝卜素	0.12mg	镁	93.1mg
维生素 B1	0.66mg	铜	5.5mg
维生素 B2	0.09mg	锰	9.5mg
纤维素	约 1.6g	锌	25mg
烟酸	1.6mg	硒	45mg
类雌激素物质	/	碘	3.7mg

小米富含维生素、膳食纤维、多种矿物质，还含有多种人体必需成分，如多酚、肌醇、单宁、黄酮及甾醇等。表 11-2 为每 100g 小米中人体所需的八种必需氨基酸含量。

表 11-2　每 100g 小米中人体所需的八种必需氨基酸含量

氨基酸种类	含量	氨基酸种类	含量
赖氨酸	176mg	苏氨酸	327mg
色氨酸	178mg	异亮氨酸	392mg
苯丙氨酸	494mg	亮氨酸	1166mg
甲硫氨酸	291mg	缬氨酸	483mg

　　与玉米和大米等主要谷类相比，小米有更高含量的蛋白质和更均衡的氨基酸，因此，它的营养更为优越[5]。表 11-3 为几种粮谷的营养成分。

表 11-3　几种粮谷的营养成分

品种	水分	蛋白质	脂肪	碳水化合物	钙	磷	铁
		%	%	%	% mg/100g	mg/100g	mg/100g
小米	10.60	9.28	3.68	74.62	21.80	268	6.00
大米	13.60	6.76	1.18	77.60	16.60	161	3.02
小麦粉（全）	12.00	9.40	1.90	72.90	43.00	330	5.90
玉米粉	13.30	8.38	4.94	70.06	29.20	343	3.45

　　由表 11-3 可知，小米的脂肪含量高出大米和小麦约一倍，碳水化合物含量比玉米和小麦高，钙磷含量高于大米，铁含量比其他粮谷品种都高，甚至是大米的近两倍[6]。根据 SumanVerma[7]等人的研究，在营养价值方面，小米明显优于水稻，在食品加工中有很好的前景。

　　小米中蛋白质含量和氨基酸种类及其含量，特别是必需氨基酸的种类和含量决定了小米中蛋白质的营养价值，小米中的蛋白质是人体必需氨基酸的良好来源之一。小米蛋白质的消化率高达 83.4％，生物价为 57，均高于大米和小麦[8]。小米蛋白中氨基酸种类多样，高达 17 种，小米氨基酸的组成成分主要包括谷氨酸、亮氨酸、丙氨酸、脯氨酸和天冬氨酸，占总量 58.95％，其中人体的必需氨基酸高达氨基酸总量的 41.9％，且含量比大米、小麦粉和玉米高出很多，除赖氨酸之外的其他氨基酸的比例均符合 WHO 的推荐模式[9]。其中一些氨基酸不仅是蛋白质合成的底物原料，它们还能够通过自身及其代谢产物所具有的生物活性来调节动物机体内许多生命活动，例如调节营养物质的代谢，为动物机体供能，维持机体内环境平衡，合成一氧化氮、多胺等物质，调节神经和内分泌，调控细胞的基因表达和信号转导、免疫等功能，这些调节作用对动物的生长发育、生产性能以及健康状况起到了重要的作用[10]。

小米中的可食用纤维是大米的 5 倍，含量十分丰富[11]。纤维素有很多重要的生理功能[12]，其最主要的生理功能包括以下几个方面：纤维素可以通过调节胆汁酸代谢从而使胆固醇排出增加，降低血清胆固醇的含量，达到预防心脑血管疾病的目的；通过增殖肠道中的有益菌和改善肠道菌群结构等功能，从而起到预防慢性疾病的作用[13]；纤维素具有抗氧化、清除自由基、抗突变的作用，从而达到预防癌症的作用[14]；纤维素可以通过阻碍重金属吸收以及阳离子交换，减少或延缓重金属离子的吸收[15]，可以肠内异物来刺激肠道的收缩和蠕动，从而起到治便秘的作用；纤维素还有很多其他的生理功能，如纤维素能调节人体消化吸收、消炎、增强免疫力、治疗肥胖症、预防胆结石、增强口腔、牙齿的保健功能等[16]。

小米中维生素 B 含量很高，其中维生素 B_1 不仅能调节神经功能，而且是碳水化合物新陈代谢必不可少的物质，如果缺乏维生素 B_1，会导致神经、消化系统的疾病、心脏的炎症以及功能衰退，且易患脚气病；而维生素 B_2 是脱氢酶必要的构成组分，维生素 B_2 能活跃细胞中氧化作用，如果人体内维生素 B_2 充足，就能消除可以致癌的黄色素物质，起到抗癌作用，维生素 B_2 缺乏会提高化学致癌的风险，还会导致口腔溃疡和视觉不清等疾病[17]。

三、小米的营养缺陷和营养强化

1. 小米的营养缺陷

小米蛋白是一种半完全蛋白，所含的氨基酸种类与人体所含的近似，但是比例却不一样。这种半完全蛋白质不仅不能满足人体合成组织细胞蛋白质的需要，而且不能被人体充分利用，长期食用会影响人体生长发育[18]。

由表 11-4 可以看出，小米中所含的八种必需氨基酸的比例与 FAO/WHO 建议模式相比，赖氨酸是小米中的第一限制性氨基酸，它的比例最低，只有理想模式的 18%，所以要想弥补小米的营养缺陷，必须强化赖氨酸，使小米中的氨基酸接近 FAO/WHO 建议模式[19]。

表 11–4　FAO/WHO 建议模式与小米蛋白质氨基酸的比例对照

氨基酸	缬氨酸	亮氨酸	异亮氨酸	苯丙氨酸	蛋氨酸	赖氨酸	苏氨酸	色氨酸
FAO/WHO	5.00	7.40	4.00	6.00	3.50	5.50	4.00	1.00
小米	2.70	6.55	2.20	1.73	2.90	0.99	1.84	1.00

2. 小米的营养强化

对小米进行营养强化是解决小米营养不均衡的主要方法。可从以下两方面对小米食品进行营养强化：一种是根据蛋白质互补原理进行补偿，小米中缺乏赖氨酸，在小米中适当添加富含赖氨酸的玉米、大豆等，小米的蛋白生物价将会明显提高，从而满足人们的需要[20]。二是对营养素进行强化，由表 11-4 可知，赖氨酸是小米蛋白的第一限制氨基酸，所以首先要对赖氨酸进行强化，按照表 4 的 FAO/WHO 建议模式进行强化，从而使强化后的赖氨酸水平接近 FAO/WHO 建议模式的水平。同时小米中的维生素也需要进行强化，对维生素的强化主要是强化维生素 B_1 和维生素 B_2，由于这两种维生素在小米的加工过程中有着较高的损失率，所以强化的标准就是在扣除强化工艺，加工及贮藏损失后，可按成年人维生素 B_1、维生素 B_2 日供应量的 50％进行强化[21]。另外，小米中钙含量相比其他矿物质含量较少，所以可强化小米中的钙，强化的标准以成年人钙日供应量的 25％最佳。

第二节　小米产品及加工技术

一、精洁免淘小米

精洁免淘小米是一种较高档的小米产品，不用淘洗就能食用，而且小米中无糠粉、砂石和霉变颗粒，杂质的总量不得超过 0.01％，要求色泽、气味、口味正常，水分≤12％。该产品加工工艺流程、技术要点及主要加工设备如下[22]。

1. 工艺流程：

谷子→风选→筛理→去石→磁选→砻谷→分离→碾磨→

　　→第二次碾磨→分级→抛光→分级→色选→包装。

2. 技术要点：①在精洁免淘小米的加工过程中，去石工序十分重要，去除谷子中的砂土，一定要在砻谷前清理干净，否则，一旦砂石混入小米中将很难清除。因此比重去石机的选配和操作非常重要；②为了提高小米的光洁度以及延长小米的贮藏时间，不能在抛光时仅仅添加洁净水，还应该在小米抛光时添加上光剂。添加上光剂的方式可采用打滴与喷雾结合的方法，使上光剂能均匀地与小米混合；③包装时可采用 PE/PET 复合膜彩印加工制成的包装袋，这种包装袋密封性能良好。

3. 主要加工设备：高效振动筛、去石机、砻谷机、碾米机、谷糙分离机、抛光机、分级机、色选机、碎米选筛、包装机。

二、小米方便米饭

小米方便米饭是一种可以长期储藏的方便食品。以小米为原料，可通过下述加工工艺流程、技术要点及主要加工设备进行加工[23]。这种产品不仅方便即食，而且保留有米饭的营养，有广阔的市场前景。

1. 工艺流程：小米→清洗→浸泡→蒸煮→干制→包装→成品。

2. 技术要点：①清洗：首先将小米中掺杂的砂石以及霉变的颗粒等杂质清理出去，然后再用清水清洗以去除小米中的其他杂质；②浸泡：为了利于后面的蒸煮糊化，应对小米进行浸泡以提高其含水量，从而改善成品质量。小米浸泡的时候应严格控制浸泡的温度、时间和加水量；③蒸煮：小米方便米饭的蒸煮方式多采用常压蒸煮方式，即用蒸煮机在100℃进行蒸煮糊化；④干制：在干制过程中应保持住小米的糊化状态。通常来说，干燥后的 α-化程度越大，复水后的小米米饭品质就越好。小米方便米饭可以采用多种干制方式，比如真空干制、微波干制、热风循环干制等。

3．主要加工设备：清洗机、浸泡池、蒸煮机、干燥机、包装机等。

三、小米方便粥

加工小米方便粥的主要原料是小米，辅料可以是红枣、莲子、山药等材料。小米方便粥的营养价值很高，同时又食用方便，开水冲泡即食。其加工的参考配方、工艺流程、技术要点及主要设备如下[24]。

1．参考配方（质量比，％）：黑小米 35、黄小米 20、红枣 16、莲子 4、山药 3、黑芝麻 1.5、麦芽糊精 5、蔗糖 15、其他 0.5。

2．工艺流程：小米→淘洗→浸泡→蒸煮→破碎→加入辅料→混合→造粒→干燥→成品

3．技术要点：①物料蒸煮可以采用常压或高压。蒸煮时的料层一般每层低于 300mm，常压下蒸 3～4h，务必将物料蒸熟；②第一次混合物料时，应掌握好干粉与湿料的比例，为下一个工序造粒提供适宜的条件，能够顺利造出大小适宜的均匀颗粒；③干燥时可采用架盘式干燥方式，每次干燥的数量便于灵活掌握。热源采用电、蒸汽和热风均可。干燥温度不超过 95℃，最终物料水分控制在 5％ 以下。

4．主要加工设备：淘洗机、浸泡罐、破碎机、蒸煮锅、混合机、造粒机、干燥机、包装机。

四、小米豇豆挂面

小米豇豆营养挂面以小米为主要原料，复配谷朊粉、豇豆粉、食盐、食碱加工而成，产品不仅表面光滑、细腻，有良好的弹性和韧性，而且色泽淡黄，适口性好。其加工的主

要原料、工艺流程、技术要点及主要设备如下所述[25]。

1. 主要原料：小米、豇豆、食盐、食碱。

2. 工艺流程：原料→粉碎→混合→和面→熟化→压片→切条→干燥→切断→包装→成品

3. 技术要点：①粉碎：将小米、豇豆去杂，分别经磨粉机粉碎成粉，备用；②和面：按比例称取小米粉、谷朊粉、豇豆粉、食盐、食碱，将小米粉、谷朊粉、豇豆粉混合均匀，食盐、食碱溶于适量的水后加入混合粉中，搅面机搅拌10min；③熟化：和好的面团室温静置熟化20min，以便于面团充分吸水，进一步形成面筋网络结构；④压片、切条：将熟化好的面团，在压面机上反复辊压后，经面刀切成2mm宽的面条；⑤干燥：将压片和切条后的面条进行干燥；⑥切断和包装：将干面条按规格切断，然后包装成成品。

4. 主要加工设备：磨粉机、搅面机、压面机、干燥机、切条机、包装机。

五、小米绿豆速溶粉

小米绿豆速溶粉口感顺滑，含糖量较低，营养价值较高，又具备方便食用的特性。该产品加工工艺流程、技术要点及主要加工设备如下所述[26-27]。

1. 工艺流程：绿豆→除杂→浸泡→脱皮→热烫→（小米→除杂→漂洗）混合磨浆→渣浆分离→冷却→配料（杀菌）→均质→干燥→常温储存→检验→包装。

2. 技术要点：①筛选原料：选用新鲜小米，在清水中浸泡，直至小米表皮大部分脱落，选择饱满的新鲜绿豆为原料，筛选后水洗以清除灰尘等杂质；②小米预处理：将筛选的原料小米去壳后置入清水中，洗掉残留的糠粉，沥干表面水分；③绿豆浸泡去腥：为了缩短绿豆的浸泡时间，并且去除豆腥味和绿豆中的色素，在浸泡过程中，可以加入一定量的 Na_2CO_3 和 $NaHCO_3$。绿豆浸泡到轻掐豆瓣即断的程度，迅速取出投入热水中进行热烫，以钝化绿豆中脂肪氧化酶、脲酶的活性，消除绿豆中的苦涩味和豆腥味，然后从水中取出，清洗去皮；④磨浆：按一定的比例将小米绿豆和水均匀地加入研磨机中，大约磨到 $15\mu m$ 的细度，同时注意要避免温度升高造成的蛋白质变性；⑤（杀菌）均质：将蔗糖和麦芽糊精等按一定比例加入到复合料液中调节口感，然后进行超高温瞬时灭菌（115℃，3s）。杀菌后的料液进入均质机，经过 15、25 和 45MPa 三级均质后，使得产品中的质量和口感进一步提高；⑥喷雾干燥：物料均质后，送入喷雾干燥机，进风温度控制在 155～165℃，排风温度大约控制在 75～80℃。

3．主要加工设备：高压均质机、研磨机、喷雾干燥机、超声波清洗机、搅拌机、粉碎机、包装机。

六、小米婴幼儿配方奶米粉

该产品以小米为主要原料，采用酶解工艺提高产品的营养价值，也提高产品的溶解特性，不仅有利于婴幼儿的喂食，能适应婴幼儿口感，而且能满足婴幼儿能量需要，具有较大发展前景。小米婴幼儿配方奶米粉加工的主要原辅料、工艺流程、技术要点和主要设备如下[28]。

1．主要原辅料：小米、乳粉、胡萝卜粉、低聚果糖、低聚半乳糖、磷酸氢钙、碳酸钙、葡萄糖酸亚铁、葡萄糖酸锌、磷脂、β-胡萝卜素、烟酸、维生素 A、维生素 D3、维生素 B1、维生素 B2 均为食品级。

2．工艺流程：原料预处理→磨浆→过滤沉淀→混合→挤压膨化→酶解工艺→灌装→检验

3．技术要点：①小米预处理：夹层锅中加自来水，打开蒸汽加温到 90℃，关掉蒸汽，将配方量的小米倒入热水，去除水面的漂浮物，泡 2 小时后，将小米和水抽入过滤缸，打开放水阀，静置去水 15 分钟；②磨浆：启动磨浆机，将磨浆档位调到精磨位置，将过滤缸的出料口打开，控制小米流量，同时将出料口的水龙头打开，控制小米和水的质量比例为 5∶1，通过导流槽将水和小米送入磨浆机进行磨浆，启动暂存缸搅动装置，防止小米浆沉淀；③过滤沉淀：将小米浆用 150 目的过滤网过滤，泵入混合缸，静置沉淀 20-30 分钟，将小米浆上层澄清的水抽去；④混合：将其他配料投入混合缸，使其混合均匀；⑤挤压膨化：挤压机前端、中端和末端温度分别 58℃、92℃和 125℃，螺杆转速 250 转/min，挤压之后小米泥水分含量约为 10％～15％；⑥酶解工艺：采用 α-淀粉酶对小米粉进行酶解。酶添加量为 0.01％（按小米粉质量计），酶解时间为 5～8min，酶解温度为 58℃。α-淀粉酶将小米粉中淀粉部分水解成麦芽糖、糊精和低取糖，使淀粉的黏度下降，从而改善米粉的冲调性能，提高产品的消化吸收率。同时,根据婴儿营养和生理特点,在原有小米粉的基础上,加入 α-乳清蛋白、DHA、FOS 益生菌和多种矿物和维生素,保持营养均衡。

4．主要加工设备：夹层锅、沙盘磨、圆盘过滤机、超微粉碎机、挤压机、酶解工艺设施。

七、小米锅巴

小米锅巴是小米加工产品之一，小米锅巴既能保留小米中一些营养物质，又可以长期贮藏。这种产品体积蓬松，风味独特，口感酥脆,营养丰富。加工小米锅巴的参考配方、工艺流程、技术要点和主要加工设备如下[29]。

1．参考配方：①原辅料配方：小米 90 份、淀粉 10 份、奶粉 2 份；②调味料配方：海鲜味：味精 20％、花椒粉 2％、盐 78％；麻辣味：辣椒 30％、胡椒粉 4％、味精 3％、五香粉 13％、盐 50％；孜然味：盐 60％、花椒粉 9％、孜然 28％、姜粉 3％。

2．工艺流程：小米磨粉→米粉、淀粉和奶粉→混合→搅拌→膨化→晾冷→切条→油炸→调味→成品

3．技术要点：①将小米磨成小米粉，再将米粉、淀粉和奶粉按比例在搅拌机内混合，混合时要边加适量的水、边搅拌。加水时，应注意缓慢加入，使粉料混合均匀；②膨化前，先放部分较湿的粉料在机器中，再启动膨化机，目的是使湿料不膨化，从而更容易通过出口。等到膨化机正常运转后，将混合好的粉料放入机器中膨化；③将膨化出来的半成品晾凉，然后切条；④将油炸机内添满油并提高油温，当油温达到 135℃左右时，加入膨化好的半成品，料层在 30mm 左右，适时将料打散，等到打料有声响的时候，停止油炸；⑤油炸后，进入下一个环节，将锅巴一边搅拌，一边均匀撒入调味料。

4．主要加工设备：搅拌机、膨化机、油炸机、包装机。

八、小米饼干

小米饼干具有小米特有的风味，营养价值高，加工简单，可通过改变配方，加工系列化产品，以满足不同的市场需求。以下为该产品的参考配方、工艺流程、技术要点和主要加工设备[30, 31]。

1．参考配方：小米粉 80、小麦粉（75 粉）70、奶粉 5、鸡蛋 5、氢化油 14、植物油 3、糖浆 40、糖粉 12、精盐 0.45、小苏打 0.9、碳酸氢铵 0.3。

2．工艺流程：原料→搅拌→轧辗→成型→焙烤→冷却→检验→包装→成品。

3．技术要点：①将原料在水中浸泡 2～3h，晾干后将原料置入磨粉机中磨成均匀的粉粒，细度要达到 80 目以上，备用；②将磨好的小米粉和面粉、奶粉、精盐、糖粉等辅料按比例依次加入搅拌机内搅拌混合均匀，加入油和糖浆，然后加入碳酸氢铵和小苏打，搅拌 10min；③将混合料放入辊印式饼干机上,辊印成型，得到生饼干坯；④将生饼干坯送入烤炉，温度维持在 230℃，焙烤 5min；⑤将出炉的饼干冷却后包装。

4．主要加工设备：磨粉机、和面机、烘烤炉、喷油机、成型机、输送机、包装。

九、小米面包

小米面包是以小米粉与面包粉为主要原料，可采用一次发酵法加工。通过原料配方和工艺技术改良，能增加产品的特色品种，使产品具有很高的营养价值。加工该产品的主要原料、工艺流程、技术要点和主要加工设备如下所述[32, 33]。

1．主要原料：以面包粉为基准，小米粉 15％、水 45％、糖 11％、鸡蛋、食盐 3％、干酵母 1.5％、面包改良剂 2％。

2．工艺流程：原料→称量→混合均匀→调制面团→发酵→分割搓圆、定型→静置→醒发→整形→焙烤→冷却→包装→成品。

3．技术要点：①原料预处理：将面包改良剂、小米粉与面包粉混合均匀。按配方称取定量的干酵母，加适量的 30℃ 温水，在常温条件下静置 7min，当酵母体积膨胀，出现大量气泡时即可调制面团；②面团的调制：将水、糖、盐、鸡蛋液置于搅拌机内，慢速搅拌。使糖、盐充分溶化混匀，直到将原辅料调制成软硬适宜的面团为止；③分割搓圆：将和好的大块面团分割成适当大小的面团，再将不规则的面团搓圆，揉成圆球形状，使之表面光滑、结构均匀、不漏气时为最佳；④发酵（醒发）：将搓圆整形后的面包胚放置醒发箱内，调节醒发箱温度和湿度（60％～75％）。醒发一定时间后，待面包胚膨大到适当体积，便可进行焙烤；⑤整形：把经过醒发后的面团做成产品要求的形状。放置 15min 后整形，将成型的面包胚放置在烤盘内；⑥焙烤：在物料燃点下通过干热方式使物料脱水变干变硬的过程。在此配方和工艺下制作出来的小米营养面包体积大，表皮呈现均匀一致的棕黄色，细腻柔软，富有弹性，内部呈现浅黄色，气孔细密均匀，香甜可口，有浓郁的面包烘焙香气和小米的香味。

4．主要加工设备：和面机、压面机、搅拌机、发酵箱、醒发箱、整形机、烤炉。

十、豆渣小米蛋糕

蛋糕是一种受到广大民众喜欢的食品，在蛋糕中加入豆渣粉和小米粉可制成一种豆渣小米蛋糕，产品松软不腻、无豆腥味，有米香味，而且能发挥蛋白质互补的作用。加工该产品的主要原料、工艺流程、技术要点及主要设备如下[34, 35]。

1．主要原料：面包专用粉、豆渣粉、小米粉、鸡蛋、面粉、白糖、泡打粉、大豆色拉油。

2．工艺流程：①豆渣粉的制备：豆渣→干制→粉碎→过筛→豆渣粉；②小米粉的制备：小米→粉碎→过筛→小米粉；③豆渣小米蛋糕的制作：

↓
过筛（面粉、豆渣粉、小米粉、泡打粉）
↓
鸡蛋、白糖→打蛋→混合调糊→装模→烘烤→冷却→包装

3．技术要点

豆渣粉的制备：可选用豆浆的下脚料湿豆渣作为原料。湿豆渣应及时烘干，将湿豆渣在 80～85℃的条件下烘 8h 左右，且烘干期间应经常搅动。将烘干的豆渣用粉碎机进行粉碎，粉碎后过 100 目筛，得到豆渣粉。

小米粉的制备：选择市售新鲜无霉变的小米，用粉碎机粉碎后过 100 目筛，得到小米粉。

豆渣小米蛋糕的制作：①原料预处理：称取一定比例的面粉、豆渣粉、小米粉和泡打粉混合均匀后过筛备用；②打蛋：将一定比例的蛋液和白糖放入打蛋机内，高速搅打 5～10min，再低速搅打 5min，打好后的蛋液体积增加至原来的 2～3 倍；③调糊：将过筛备用的原料加到蛋液中，搅拌均匀

至不见生粉；④装模：模具刷油后，将调好的蛋糕尽快地注入模具中，蛋糕约占模具总体积的 3/4 左右为宜，注意不要随意振动；⑤烘烤：在温度 180～200℃条件下，烤制时间 15～20min；⑥冷却：出炉后冷却至室温即为成品。

4．主要加工设备：粉碎机、和面机、打蛋机、烤箱、烤盘、架车、模具、100 目筛、包装机。

十一、小米糕

以小米为主要原料，通过复配其他原料可加工成小米糕。小米糕适口性好，营养丰富，且食用方法多样，因此很受一些消费者欢迎。以下为小米糕加工的主要原料、工艺流程、技术要点和主要加工设备[36]。

1．主要原料：小米、糯米粉、小麦淀粉、白砂糖。

2．工艺流程：新鲜小米→浸泡→沥干→磨粉→加入糯米粉、小麦淀粉、糖→混匀→加水→搅拌成糊→装入模具→蒸煮→冷却→包装→成品。

3．技术要点：①准备优质小米：颗粒大小、颜色均匀，呈乳白色、黄色或金黄色，有光泽，少碎米，无虫，无杂质；②清洗：去除小米中的杂草沙石颗粒等杂质，并用清水反复清洗；③浸泡：浸泡 24h，待米粒发胀，提高小米的含水量；④沥干：捞出浸泡中的小米，用滤布包住，放置 1min，待其水分自然沥干；⑤打磨成粉：将沥干的小米打磨成粉，由于小米含水量较高，需多次打磨至没有小米颗粒；⑥米糊的调制：将小米粉、糯米粉及小麦淀粉按一定比例加入调粉缸中，搅打均匀，调成糊状；⑦成型：将调好的米糊倒入模具中；⑧蒸煮：再将模具置于蒸煮机内蒸煮 15min；⑨冷却：盖上保鲜膜，在室温下冷却 1h；⑩包装：将冷却好的小米糕进行包装，形成成品。

4. 主要加工设备：磨粉机、搅拌机、调粉缸、搅拌机、模具、蒸煮机、包装机。

十二、小米酥卷

小米酥卷主要以小米为主料，配以白糖、鸡蛋、植物油等辅料加工而成。它的产品外形美观、营养价值较高，小米香味浓郁，口感酥脆香甜，风味独特。加工该产品的主要原料、工艺流程、技术要点和主要加工设备如下所述[37]。

1. 主要原料：小米粉 150kg、白糖 35kg、鸡蛋 5.5kg、植物油 3kg。

2. 工艺流程：谷子→碾米→小米→浸泡→磨浆→配料→搅拌→过滤→制卷→烘烤→冷却→包装→成品。

3. 技术要点：①原料选择：选用新鲜纯净小米，经初步除杂后进行碾米，出米率大约 78％；②磨浆：将碾出的新米洗净，用与米等量的水浸泡 4h 左右，夏季时间可短些，冬季时间可长些。然后用胶体磨制浆，细度要求不低于 80 目，制浆时尽量少加水，以制得的浆液能从胶体磨内顺利流出不堵磨为宜；③配料：将米浆液、白糖、鸡蛋、植物油按配方比例加入搅拌机内，搅拌 10min 左右；④上机制卷：上机前，对配好的浆液进行过滤，去除浆液中的小颗粒物，然后上机制卷；⑤烘烤：将制成的小米卷，放入烘箱，控制温度在 200～220℃进行烘烤，烘烤 4～7min 即可；⑥冷却、检验、包装：烘烤成熟后出炉，自然冷却或吹冷风冷却后，检验后包装。

4. 主要加工设备：碾米机、胶体磨、搅拌机、制卷机、烘烤箱、包装机。

十三、小米乳冰淇淋

小米乳冰淇淋是以小米替代淀粉加工而成。这种冰淇淋含有小米的化学组分，营养价值高，具有一定的推广价值和生产前景。该产品可采用下述主要原料、工艺流程、技术要点和主要设备进行加工[38]。

1．主要原料：小米 4%、全脂无糖奶粉 6.5%、人造奶油 5%、复合稳定剂 0.6%、饮用水 67.9%。

2．加工工艺：原料预处理→配料→杀菌→均质→冷却→老化→凝冻→灌装→速冻→包装→检验→冷藏。

3．技术要点：①小米乳的制备：小米用自来水洗去其中的麸皮和杂质。置于容器中，加 2 倍的水，水温 15～20℃，浸泡 3～5h，夏季可适当减少，以小米浸透为止。然后用胶体磨精磨，总加水量为小米的 5 倍，磨过的米乳再用 100～120 目筛过滤备用；②混合料的配制：在配料罐中加入总水量的三分之二，加热至 45～50℃后，将羧甲基纤维素钠与 5～6 倍的白砂糖混匀后倒入罐中，待羧甲基纤维素钠全部溶解后加入明胶液、奶粉，继续搅拌均匀后，将备好的米乳、白砂糖、奶油等加入到罐中，奶油与乳化剂最好先在油锅中溶化后再加入配料罐，最后加水调至规定体积；③杀菌：将物料加热至 75℃，保温 20min。在杀菌的同时，米乳中的部分淀粉糊化；④均质、老化：经杀菌的物料降温至 65～68℃，在 15～16MPa 压力下进行均质，然后立即冷却至 20～30℃，然后物料进入老化罐，继续降温至 2～3℃，老化 4～6h；⑤凝冻成型：使老化后的物料进入凝冻机进行凝冻，膨胀率控制在 80％左右。

4．主要加工设备：配料罐、搅拌罐、过滤器、泵、乳化罐、老化罐、杀菌机、换热器、胶体磨、均质机、凝冻机、灌装机、浇模机、冷冻隧道。

十四、小米米茶

小米米茶是以小米为原料，添加奶粉，通过下述工艺流程、技术要点和主要设备加工而成[39]。小米茶营养丰富，风味独特，通过配方的调整可形成系列化产品。

1．主要原料：小米、奶粉。

2．加工工艺：原料→浸泡→蒸制→摊凉→翻炒→研磨→加入配料→调配→成品。

3．技术要点：①原料选择：选择优质粳性小米为原料，奶粉选择全脂奶粉；②浸泡：用风车去碎米、糠皮等杂质，称取小米原料，淘洗，加水使小米完全浸没，室温下浸泡 60min；③蒸制：将泡好的原料沥干水分，放入蒸制机，蒸制 14min；④将蒸制好小米摊开放置，放凉晾干，直至小米表皮没有水分；⑤翻炒：将凉好的小米放入翻炒机里，翻炒温度控制在 120℃，不断进行翻炒至干，炒到色黄气香，具有浓厚的香味为止；⑥研磨：将炒干的小米研磨成粉末状；⑦调配：将研磨好的小米细粒和奶粉按合理的比例进行调配；⑧成品：对调配好的成品进行杀菌，在无菌条件下进行包装。

4．主要加工设备：浸泡池、蒸制机、摊凉机、翻炒机、研磨机、混合机、包装机。

十五、小米汽奶

小米汽奶以小米、奶粉等为原料，可通过下述工艺流程、技术要点和主要设备加工而成，是一种碳酸饮料，这种饮料风味独特而且营养价值较高[40]。

1．主要原料：小米、奶粉、白砂糖、柠檬酸、单甘酯、海藻酸钠、卡拉胶。

2．工艺流程：①小米→浸泡→加热→打浆→小米浆→单甘脂；②奶粉→预处理（混匀）→溶解→还原奶→蔗糖、柠檬酸、稳定剂；③小米浆＋还原奶→混合→调配→均质→充气→杀菌→灌装→成品。

3．技术要点：①小米浆汁的加工：先将小米洗净，按小米与水质量比1：8加水，加热至沸腾且保持30min，冷却后用打浆机打浆5min；②还原奶的加工：将奶粉与乳化剂单甘酯混合均匀，加热水充分溶解，与热水的质量比为1：8；③小米汽奶的加工：将小米浆汁与还原奶以1：1混合，搅匀，然后进行调配，将复合稳定剂、柠檬酸、蔗糖混合均匀，边搅拌边缓缓加入，搅拌均匀后进行均质，均质压力为16MPa，然后充气，杀菌，冷却后灌装。

4．主要加工设备：浸泡池、打浆机、溶解罐、混合机、均质机、离心机、杀菌机、灌装机。

十六、发酵型小米营养乳

发酵型小米营养乳饮料是一种健康的营养饮料，这种饮料酸甜适口、营养价值高，不仅富含乳酸等有机酸，还含有糖类、氨基酸、维生素B、无机盐等营养成分，可采用以下主要原料、工艺流程、技术要点和主要设备进行加工[41]。

1．主要原料：小米、白砂糖、牛乳以及嗜热链球菌和保加利亚乳杆菌。

2．工艺流程：小米→挑选除杂→浸泡→磨浆→煮浆→离心→加入牛奶调配→均质→灭菌→冷却→接种发酵→冷藏→检验→包装。

3．技术要点：①小米浆的制备：将小米除杂后与水按1∶3的质量比进行常温浸泡2h，然后调整比例为1∶5进行磨浆，煮沸16min，3000r/m，离心弃沉淀，得到小米浆；②小米乳的调配、均质及灭菌：将小米浆和牛奶白砂糖按一定比例混合，在20MPa下进行均质，得到小米乳。将小米乳在132℃的条件下维持4s进行高温瞬时灭菌；③发酵剂的制备：将嗜热链球菌和保加利亚乳杆菌这两种菌种分别接种于灭菌的脱脂乳培养基中，传代培养三次进行菌种复壮与活化，然后将两个菌种的第三代培养物2％接种量分别接种于新鲜的脱脂乳培养基中，37℃培养8h后，将这两种菌脱脂乳培养液按体积1∶1混合以作为后续小米乳发酵的发酵剂。

4．主要加工设备：调配罐、煮浆机、均质机、蒸汽杀菌机、胶体磨、离心机、发酵罐、包装机。

十七、小米酸奶

小米酸奶融合了小米和酸奶的营养特点，既保留了小米的营养和口感，又保留了酸奶的特征，是一种酸奶新产品。小米酸奶加工的主要原料、工艺流程、技术要点和主要设备如下[42~44]。

1．主要原料：无霉烂市售小米、全脂奶粉、绵白糖、干酪乳杆菌、保加利亚乳杆菌、嗜热链球菌。

2．工艺流程：小米→挑选、除杂→淘洗→煮沸→打浆→配料（糖、奶粉）预热→均质→灭菌→冷却→接种发酵→冷藏→检验→包装。

3．技术要点：①去杂、淘洗：选择香气纯正的小米，去除杂质；②煮沸：将淘洗过的小米装入煮沸锅中，水料比为1∶1，进行加热煮沸，煮至小米香气散发，米粒松软；③打浆：将煮好小米放入打浆机中进行打浆至浓稠；④菌种制备：称取12％全脂奶粉，8％绵糖，加入蒸馏水，搅拌混匀，充分溶解后分装于试管中，85℃灭菌15min～20min，冷却至34℃～42℃，分别接种干酪乳杆菌、保加利亚乳杆菌和嗜热链球菌，37℃恒温培养，凝乳后取出放入冰箱待用；⑤原料乳的制备及灭菌：将全脂奶粉、白砂糖、小米浆按比例混合，加入蒸馏水，85℃保温15min～20min杀菌，冷却34℃～42℃等待接菌；⑥接种和发酵：向上述已灭菌的混合料液中接入干酪乳杆菌、保加利亚乳杆菌、嗜热链球菌，均匀混合后于40℃～42℃静置培养，发酵时间为4h～6h，凝乳后pH值4.0～5.0，确定为发酵终点；⑦冷藏后熟：发酵结束后迅速冷却，使酸奶中的干酪乳杆菌、保加利亚乳杆菌、嗜热链球菌停止生长，防止酸奶的酸度过高从而影响产品风味。

4．主要加工设备：原水罐、机械过滤器、反渗透系统、纯水罐、泵、双联过滤器、碟式离心机、均质机、板式换热器、调配罐、物料泵、溶糖罐、过滤机、储糖罐、杀菌机、控制柜、恒温培养室、低温老化室、高温冷藏库、灌装机、封口机、喷码机、包装机。

十八、无（低）醇小米饮料

小米经发酵后，其中的纤维、植酸、蛋白质、脂肪、碳水化合物等大分子物质会分解生成小分子成分，有利于人体消化吸收。基于以下主要原料、工艺流程、技术要点，选择合适的工艺和发酵方法，可加工出一种口感良好、营养丰富的低醇或无醇饮料；产品 pH 值 3.7～3.8，酸甜比适宜，口感柔和，清亮透明，呈均匀的淡黄绿色；有纯正的米香味和浓郁的发酵芳香，无其他异味；酸甜度适当，口感爽滑、柔和纯正；1 kg 小米能生产出 1.5 kg 以上的饮料产品[45]。

主要原料：小米、水、糖化酒曲。

十九、小米醋

食醋不仅是一种重要的调味品，还具有一定的保健功效。根据山西老陈醋酿造工艺，以小米为原料，打浆后混合大曲进行酒精发酵，再经固态醋酸发酵、熏醅、淋醋等工艺酿成的小米醋，清香味浓，同时具有熏醅后的焦香味和浓郁的色泽[48]。采用液态发酵技术是现代化生产小米醋的另一重要途径，其主要原料、工艺流程、技术要点和主要设备如下。

1. 主要原料：小米、玉米芯、水、淀粉酶、$CaCl_2$、Na_2CO_3、糖化酶、酿酒酵母、醋酸菌、食盐。

2. 加工工艺：原料→液化→糖化→酒精发酵→高位过滤→调配→醋酸发酵→灭菌→小米醋成品。

3. 技术要点：①液化：要求稀释用水无混浊和无异味等异常，小米应无霉变、无异味，需脱皮干净，按原料：水为 1∶1.7～10 的比例加入水和小米，边加入物料边加热搅拌，同时加入 0.3% 淀粉酶的 1/3、0.2% $CaCl_2$、0.2% Na_2CO_3。升温至 100℃维持 35～40min，煮熟该料，然后在搅拌状态下降温至 90℃，继续保持搅拌状态再次加入 0.3% 淀粉酶的 2/3。搅拌均匀后关闭搅拌并保维持 20～30min，然后在搅拌状态下将物料一次性投入糖化罐；②糖化：要求稀释后外观糖度 7.5%～8.0%。在搅拌状态下冷却至 60℃，加入 0.5% 糖化酶，关闭搅拌，保温 2～4h，然后将物料一次性投入酒精发酵罐；③酒精发酵：在搅拌状态下对发酵罐中的物料进行降温，当温度降至 36℃时，均匀洒入 0.1%酿酒酵母，搅拌均匀。发酵温度为 28～36℃，最高发酵温度不超过 38℃。发酵的中期和后期不得搅拌，发酵时间为 48～72h。要求酒精度≥4%vol；④高位过滤和调配：发酵结束后，开启物料输送泵，将物料泵入高位过滤设备内，进行粗过滤，过滤好的酒液自动流入调配设备，然后进行调配；⑤醋酸发酵：控制菌床温度为 37～39℃，液体温度为 32～37℃。发酵期间，适量通风。醋酸发酵 18h 后，应每 2h 取样检测一次总酸含量，当总酸含量≥3.5g/mol，并不再升高时发酵已完成，应立即取醋。原醋取出完成后，向醋酸发酵罐内泵入与取醋量相等的酒液，称取 0.5%的食盐均匀的撒到菌床上。送料结束后，进入下一个发酵周期；⑥菌床制备技术：取完整的玉米芯，去掉玉米芯两头霉烂部分，用大网兜装好。用清水冲洗去掉玉米芯上黏附的灰尘及杂物，浸泡 12h 后换水一次。浸泡 24h 后折断检查浸泡情况，如果浸泡不透可适当延长时间直至浸泡透彻。将浸泡过的玉米芯在水温 100℃下灭菌 30～40min，然后更换干净的水在同样条件下再一次灭菌。灭菌两次后取出，将灭菌后袋装的玉米芯整齐排列于制醋机内，中间圆孔应垫上两根不锈钢棍，层与层之间相互错开。玉米芯装填完成后，每台机内加入酒度为 5%vol 的酒液。将醋酸菌均匀洒入，进行菌床培养，直至菌床温度上升至 36～38℃。

菌床培养 60～90h 后，检测酸度，当酸度达到 3g/100mL 以上时，加入设备内液体总量的 50％酒液，然后循环物料，定期检测酸度。循环本操作，直至设备加满并酸度达 3g/100mL 以上并不再升高时取醋。转入正常生产。采取超高温瞬时灭菌工艺，进料温度 125～140℃，时间为 4～6s。出料温度降至 65～90℃时，进行灌装和封盖（灌装前瓶和盖应洗净、灭菌），直至成品包装。

3．主要加工设备：液化罐、糖化罐、酒精发酵罐、高位过滤设备、醋酸发酵罐、调配设备、控制系统、灭菌机、灌装机。

二十、小米黄酒

黄酒主要是以稻米为原料，酿造而成的酒性醇和、酒精度低、营养丰富的原汁酒。以小米为黄酒酿造原料，增加了小米资源的利用开发。小米黄酒不仅具有小米自然色泽、酒味醇香绵甜，而且具有滋阴健脾，养颜补血等特点。

1．主要原料：小米、小麦、糯米、高粱、玉米。

2．加工工艺：麦曲酒母、小米、水→浸渍→蒸饭机蒸饭→冷却→落罐前发酵→后发酵→压滤机滤酒→清酒罐澄清→热交换器煎酒→包装→储存→成品酒。

3．技术要点：①洗米：用 40℃水洗到淋出的水无白浊为止，去除米表面附着大量的皮糠和粉尘；②浸米：通过细菌和酸化菌的自然作用使米浆水产生一定的酸度，提供给酵母一个微酸的生长环境，使酵母繁殖发酵旺盛，同时也可提高淀粉的水解程度，保证糖化发酵的正常。水温 20℃，浸渍 4 天，一般要求米的颗粒保存完整，用手指捏米粒能成粉状。

要求米浆水酸度大于 3g/L（以琥珀酸为计）；③蒸煮：常压蒸煮 15～20min，使淀粉受热吸水糊化，有利于糖化发酵菌的生长和易受淀粉酶的作用，同时也进行杀菌；④冷却：迅速把蒸煮后的米饭品温降到适合发酵微生物繁殖的温度（30℃）；⑤前发酵：在大罐中加入麦曲、纯种酵母和水。发酵 3～5 天。当温度达到 33℃时进行开耙冷却，使最终品温在 20℃～15℃以下；⑥后发酵：在室温 13℃～18℃下静止 20 天；⑦压滤：包括过滤和压榨。压滤时要求滤出的酒液要澄清，槽板要干燥，压滤时间要短；⑧澄清：压滤流出的酒液称为生酒，应集中到澄清池内让其自然沉淀数天，或添加澄清剂，加速其澄清速度。为了防止酒液再发酵时出现混散及酸败现象，澄清温度要低，澄清时间要短，一般在 3 天。大部分固形物被除去，但某些颗粒小，质量较轻的悬浮粒子还存在；⑨煎酒：把澄清后的生酒加热煮沸片刻，杀灭其中的微生物，以便于储存保管。煎酒温度一般在 85℃，煎酒过程中，酒精的挥发损失约为 0.3％～0.6％；⑩包装：灭菌后的黄酒趁热灌装，入坛储存。灌装前要对酒坛清洗灭菌，检查是否渗漏，灌装后，立即扎紧封口，以便在酒液上方形成一个酒气饱和层，使酒气冷凝液回到酒液里，造成一个缺氧，近似真空的保护空间；⑪储存：经过储存，促使黄酒老熟，酒体变得醇香、绵柔、口味协调。普通黄酒要求陈酿 1 年，名优黄酒要求陈酿 3～5 年。

3．主要加工设备：输送机、洗米机、浸米机、蒸煮机、螺旋板换热器、制曲机、发酵罐、澄清池、压滤机、灭菌机、灌装机。

第三节　小米开发利用前景展望

如前所述，小米含有丰富的营养成分和活性功能，但小米也存在营养不平衡性，针对上述特点，围绕小米的开发利用，可在以下几个方面进一步开展工作。

一、人造小米的研究与开发

利用低值碎小米渣，基于小米的营养特点及现代营养学原理，可加入一定量的面粉、马铃薯等富含淀粉的原料，加入富含赖氨酸的玉米、大豆等杂粮，还可加入水果粉或蔬菜粉等原料，通过科学配方，以及粉碎、挤压、成型、烘干等步骤加工含有丰富营养的人造小米，如果能在制作过程中加入维生素等强化剂，则可制得营养强化型人造小米。这种产品不仅可具有小米同样的形状、色泽，而且美味适口，最重要的是，通过营养调控，可生产比普通小米营养更丰富的产品，还可提高碎小米的附加值。

二、小米活性成分提取、分离及应用研究

我国小米加工利用还处于初级阶段，小米产品的附加值较低。为了发掘小米更高价值，有必要开展小米活性成分，如小米糠油、糠蜡、小米黄色素、小米谷糠蛋白等提取、分离、结构表征、活性与应用研究。

三、小米深加工技术及系列产品研发

随着人们生活水平的提高，消费者更加关注食品的营养，小米丰富的营养成分受到消费者的青睐。近年来，小米

面包、小米饼干不断问世，但是小米烘焙品种还很稀少。随着烘焙工艺的不断发展，未来小米运用在烘焙产品中将更具有普遍性。此外，基于小米，还可开发小米油、小米饮料、冲调食品、小米红曲酒等系列产品。将小米与其他原料，如其他杂粮、药食两用材料等进行科学复配，可以使产品营养更为均衡，甚至产生特定的活性功能。如在小米醋加工过程中加入蜂蜜等制成一种集保健、养生和治疗功效于一体的蜂蜜小米养生醋[49]；小米锅巴在其配方中添加药食两用食材，使锅巴具有补中益气、清热解毒、滋养五脏之功效[50]；将小米和南瓜、黄豆等制成具有滋阴养血、补脾益气功效的小米南瓜脯[51]。

　　小米开发利用前景十分广阔，但目前小米深加工产品少，开发利用明显不足。小米深加工技术及系列产品有待进一步研究与开发，从而促进小米产业更好发展。

参考文献

[1] Jixiang Song, Zhijun Zhao, Dorian Q， et al. The archaeobotanical significance of immature millet grains: an experimental case study of Chinese millet crop processing[J]. Vegetation History and Archaeobotany，2013，22(2): 141-152.

[2] Nagappa G. Malleshi, Nirmala A. Hadimani, et al. Physical and nutritional qualities of extruded weaning foods containing sorghum, pearl millet, or finger millet blended with mung beans and nonfat dried milk[J]. Plant Foods for Human Nutrition，1996，49(3): 181-189.

[3] A. K .Jukanti, C. L. Laxmipathi Gowda, K. N. Rai, et al. Crops that feed the world 11. Pearl Millet (Pennisetum glaucum L.): an important source of food security, nutrition and health in the arid and semi-arid tropics[J]. Food Security，2016，8(2): 307-329.

[4] Manisha Choudhury, Pranati Das, et al. Nutritional evaluation of popped and malted indigenous millet of Assam[J]. Journal of Food Science and Technology，2011，48(6): 706-711.

[5] Kiran Deep, KaurAlok Jha, et al. Significance of coarse cereals in health and nutrition: a review[J]. Journal of Food Science and Technology，2014，51(8): 1429-1441.

[6] 宋东晓，高德成.小米的营养价值与产品开发[J]. 粮食加工，2005(1):21-24.

[7] Suman Verma, Sarita Srivastava, et al. Comparative study on nutritional and sensory quality of barnyard and foxtail millet food products with traditional rice products[J]. Journal of Food Science and Technology，2015，52(8): 5147-5155.

[8] 王丽霞，孙海峰，赵海云，等.山西小米资源开发利用的研究-小米营养蛋白粉的制备技术[J].食品工业科技，2007，28(1):173-175.

[9] 于天颖，郭东升.荞麦、燕麦、小米的营养及几种食品开发[J].杂粮作物，2005，25(1):58-59.

[10] 王洪荣，季昀.氨基酸的生物活性及其营养调控功能的研究进展[J].动物营养学报，2013，25(3):447-457.

[11] 王军锋，周显清，张玉荣.小米的营养特性与保健功能及产品开发[J]. 粮食加工，2012，37(3):60-63.

[12] 陈燕卉，陈敏，张绍英，等.膳食纤维在食品加工中的应用与研究进展[J]. 食品科学，2004，25:251-255.

[13] 孙元琳，陕方，赵立.谷物膳食纤维-戊聚糖与肠道菌群调节研究进展[J]. 食品科学，2012(9):326-330.

[14] 欧仕益，高孔荣，黄惠华.麦麸膳食纤维抗氧化和•OH 自由基清除活性的研究[J]. 食品工业科技，1997(5): 44-45.

[15] Yan H, Wang Z, Xiong J, et al. Development of the dietary fiberfunctional food and studies on its toxicological and physiologic properties[J]. Food Chem Toxicol，2012，50(9): 3367-3374.

[16] 刘楠，孙永，李月欣，等.膳食纤维的理化性质、生理功能及其应用[J].食品安全质量检测学报，2015，6(10):3959-3963.

[17] 毛丽萍，李凤翔，杨玲存.小米的营养价值和深加工[J]. 河北省科学院学报，997(2):14-17.

[18] 张晓光.小米的营养与强化[J]. 粮食与饲料工业，1994(9):26-28.

[19] 毛丽萍.小米的营养缺陷与强化[J]. 粮食与饲料工业，1997(9):34-35.

[20] 张晓光.小米的营养与强化[J]. 粮食与饲料工业，1994(9):26-28.

[21] 蔡金星,刘秀凤.论小米的营养及其食品开发[J]. 西部粮油科技，1999,24(1):38-39.

[22] 宋东晓.精洁免淘小米的加工技术[J]. 工艺技术,，2001(1):19-22.

[23] 任建军，徐亚平.小米方便米饭加工工艺研究[J]. 食品研究与开发，2008，29(2):95-97.

[24] 宋东晓,高德成.小米的营养价值与产品开发[J]. 粮食加工，2005(1):21-24.

[25] 姜龙波,张喜文,李萍,等.小米豇豆营养挂面的研制[J].食品工业科技,2014,35(10):297-302.

[26] 李响,施洪飞,韩雍,等.小米绿豆速溶复合粉加工工艺[J]. 食品工业，2016,37(2):125-128.

[27] 李响,施洪飞,韩雍,等.小米速溶粉加工工艺条件的筛选[J]. 食品工业，2016,37(4):96-100.

[28] 袁凤娟,郑泽霞.双熊小米营养配方奶米粉工艺优化的研究[J].轻工科技，2019,35(2):19-20.

[29] 刘玉德.小米方便食品的加工[J]. 食品科学，2000，21(12):143-145.

[30] 程玉珍.小米酥脆饼干[J].应用推广，2012(2):29.

[31] 赖锦晖，叶健恒，赵世民，等.小米饼干的制作及影响因素的研究[J].食品科技，2017,

42(04):143-151.

[32] 计红芳,张令文,张远,等.小米粉面包的生产配方及工艺研究[J].农产品加工(创新版), 2010,(10):55-57+62.

[33] 赵旭,马兰,张家成,等.小米营养面包的研制[J].食品研究与开发,2015,36(21):90-94.

[34] 赵功玲,娄天军,莫宏涛,等.豆渣小米蛋糕研制[J].食品技术,2004(12):28-30.

[35] 张怀珠,王立军,彭涛.豆渣小米清蛋糕加工工艺的研究[J].农副产品加工,2011(21):58-60.

[36] 吴成见.陈皮小米糕制作工艺研究[J].现代食品,2017(13):83-85.

[37] 李凤翔,张剑波,张梅申.小米酥卷[J].粮油食品科技,1992,(6):17.

[38] 陈学武,牟德华.小米乳在冰淇淋中的应用研究[J].河北省科学院学报,1998(1):43-45.

[39] 姚延琴,刘来喜,党云萍,等.营养功能性小米米茶加工新工艺初探[J].科技经济导刊, 2016(26):96-102.

[40] 黄斌.小米汽奶的研究与开发[J].食品工程,2015(2):11-12.

[41] 杨建,孙大庆.发酵型小米营养乳加工技术的研究[J].黑龙江八一农垦大学学报, 201325(2):42-47.

[42] 付惟,郭雪松.小米乳酸发酵饮料的研制[J].辽宁医学院学报,2010,31(6):549-551.

[43] 郭红珍,陈苗苗.小米酸奶加工工艺的研究[J].中国粮油学报,2007(02):117-120.

[44] 路志芳,路志强,宋朋威.添加绿豆及小米混合发酵酸奶的研究[J].现代农村科技, 2017(8):68-70.

[45] 张爱霞,刘敬科,赵巍,等.无醇小米饮料的研制与营养分析[J].河北农业科学,2016, 20(1):8-11.

[46] 周桃英,李杏元,刘红煜,等.甜酒酿生产工艺的优化研究[J].中国酿造,2009,(9):134-136.

[47] 龚院生,姚艾东,王成中.小米发酵饮料的研制[J].郑州粮食学院学报,1999,20(3):41-44,56.

[48] 于迪,乔羽,李江涌,张怀敏,邢晓莹,王如福.小米醋的制作工艺及理化指标分析[J].中国调味品,2018,43(2):48-51,57.

[49] 侯朝阳.一种蜂蜜小米养生醋的制备方法:CN201510874836.9 [P].2016-2-3.

[50] 刘毅.一种蟹黄小米锅巴:CN201510738536.8[P].2016-1-6.

[51] 江新祥.一种养血益气小米南瓜脯的加工方法:CN201510483857.8 [P].2015-12-23

胡爱军，教授，博士，天津科技大学食品科学与工程系主任，研究生导师，国家自然科学基金项目、中国博士后科学基金项目、教育部博士点基金项目、天津市科学技术局和天津市农业农村委员会等国家和省部级项目评审专家、国内外多种食品期刊论文审稿人。曾在食品企业工作7年，2003年起于天津科技大学工作至今，先后赴泰国、印度尼西亚、澳大利亚、美国等国家进行学术交流、访学、工作。已指导国内外研究生73人、本科毕业生99人。主要科研方向：农产品及水产品加工与贮藏工程、食品加工技术、食品资源的开发利用。

在国内外发表学术论文近150篇，主编出版《食品超声技术》《食品工业酶技术》《食品原料手册》著作3部，副主编出版《食品物理加工技术》《食品工厂设计》著作2部，参编出版《食品工厂机械装备》《食品工艺学》《食品技术原理》《食品生物技术》等著作12部，参译出版著作《Food Science and Technology》1部。申请国家专利54件，获得授权的国家发明专利14件，授权实用新型专利3件。

近年来，承担"杂粮精深加工技术与产品开发""海洋鱼类加工及副产物综合利用技术研究与示范""淡水鱼加工技术及系列产品开发""果蔬加工技术研究与产业化开发""变性淀粉加工技术研发及应用"等项目40余项，其中，科技部项目3项、国家自然科学基金项目2项、国际合作项目2项，天津、福建、湖南、四川、内蒙古、宁夏等地企业项目多项，多项科研成果通过专家会议鉴定为国内领先及以上水平，研发的籽仁酥、羟丙基淀粉、枸杞饮品、浓缩菠萝汁等系列产品加工技术已经产业化实施，取得了较好的经济效益和社会效益。

邮箱：hajpapers@163.com

附　录

超高效谷田除草剂——兴柏谷友
（单嘧磺隆）

康会彪　　鲁　森

河北兴柏农业科技有限公司

谷子是我国历史悠久的传统农作物，20 世纪 50 年代至 80 年代，因谷子缺乏良种，亩产很低，导致谷子种植面积逐渐减少。随着谷子新品种的不断培育，亩产不断提高。当前，我国谷子种植面积约占世界总种植面积的 80%。谷子是河北省三大粮食作物之一，河北省谷子产量约占全国总产量的 33%。谷子种植过程中有一个难题，谷田杂草种类繁多，严重影响产量，甚至造成绝收。多年来，谷田除草剂严重缺乏，人工除草成本太高，谷子产业的发展急需一种治理谷田杂草的除草剂。

单嘧磺隆作为我国第一个自主创制的国产除草剂新品种，也是我国第一个获得正式登记的创制除草剂品种，是南开大学化学学院在 20 世纪 90 年代开始研制，由李正名院土团队在近千个新结构分子式中经过大量筛选找到的，属 ALS 酶抑制剂，主要通过抑制植物体内乙酰乳酸合成酶(ALS)活性，阻断植物体内支链氨基酸合成而使杂草停止生长，后经过大量谷子田间试验，单嘧磺隆用量为 2～3 克/亩（30～45 克/公顷）。单嘧磺隆应用于谷子田除草效果明显，防效达到 90%以上，具有广谱、高效、基本无毒性的特点，对谷子(包括谷苗)十分安全，使谷子增产 30%～50%。后申请获得农业部农药鉴定所批准的国家新农药"三证"，达到"绿色农药"分子设计理念和目标。此成果获国家技术发明二等奖、全国发明创业奖等荣誉，2017 年 9 月 30 日南开大学将单嘧磺隆的新绿色全套生产工艺和配套技术转让给河北兴柏农业科技有限公司，生产产品 10%单嘧磺隆 WP 单剂"兴柏谷友"已经投放市场，得到了广大客户的普遍认可。

　　2019 年 5 月，河北兴柏农业科技公司在河北省威县小高庙村选定一块谷田进行药效试验。在谷子播种期按照规定剂量折算各分区用量。每亩用水 40 千克喷雾器均匀喷洒。当天温度 20～28℃，阴天，7 日内有三次短时小雨。施药前调查各处理杂草发生基数，用药后观察谷子的生长情况及有无药害发生情况。分别在 20 天、40 天进行调查测量，调查杂草的种类及株数并采用 SAS9.0 软件进行统计分析。

试验田使用药剂及剂量

序号	药剂	药剂用量（克/亩）	有效成分量（克/亩）
1	10%单嘧磺隆 WP	20	2
2	10%单嘧磺隆 WP	30	3
3	10%单嘧磺隆 WP	40	4
4	空白对照		

施药后 20 天防效调查结果

序号	株防效 / %			鲜重防效 / %		
	马唐	牛筋草	阔叶杂草	马唐	牛筋草	阔叶杂草
1	94.88aA	60.26cB	95.65aA	93.90aA	61.25bB	95.06aA
2	95.48aA	97.44aA	96.27aA	95.10aA	98.13aA	99.70aA
3	96.69aA	98.72aA	100aA	97.85aA	99.36aA	100aA

施药后 40 天防效调查结果

序号	株防效 / %			鲜重防效 / %		
	马唐	牛筋草	阔叶杂草	马唐	牛筋草	阔叶杂草
1	96.74aA	52.83cC	98.45aA	96.59aA	65.37bB	99.48aA
2	97.83aA	88.68aA	100aA	97.63aA	92.49aA	100aA
3	100aA	92.45aA	100aA	100aA	94.92aA	100aA

谷子产量统计（采用 SAS9.0 软件进行统计分析）

序号	I 区产量	II 区产量	III 区产量	产量		增产
	克	克	克	千克/亩	千克/公顷	%
1	7286.11	6676.59	7892.09	194.36Aa	2915.4	118.75
2	7544.35	8440.88	6832.17	202.92Aa	3043.8	128.38
3	7886.61	6966.55	7841.01	201.83Aa	3027.6	127.16
3	4878.29	2512.08	2599.79	88.85cC	1332.8	

上述试验田数据显示，10%单嘧磺隆 WP "兴柏谷友" 在谷子播种后、出苗前均匀喷施于地表，对马唐、牛筋草和阔叶杂草有很好的防效。一般情况下可以实现谷田 1 次施

药，能够防除谷子整个生育期的杂草，用药后 40 天内对杂草有持续抑制效果，是目前在谷田大面积应用的较为理想的化学除草剂。对谷田马唐和阔叶杂草防效在 95%以上，对谷田牛筋草等禾本科杂草防除效果也很好。根据杂草不同情况施用不同药量，防除马唐和阔叶杂草建议用 10%单嘧磺隆 WP 20 克/亩（300 克/公顷），防除牛筋草等禾本科杂草建议提高 10%制剂量达到 30 克/亩（450 克/公顷）。并且药效持续时间长，整个生育期对谷子安全。在使用时须注意尽量平整土地、播种前灌溉或雨后播种再施药、用药避开大风天气、严格按照说明书要求用量兑水充分搅拌均匀等。单嘧磺隆对使用技术有较高的要求，建议在使用前对有关人员进行使用技术培训。施药后谷子增产可达到 30%以上。以每亩谷子产量 400 千克计算，施用兴柏谷友后每亩增产 30%，以谷子售价 4 元/千克可增收 480 元。如人工除草每亩须请 3～4 位农工，每工 100 元/天，每亩增加 300 元成本。经过实验对比，使用"兴柏谷友"除草和人工除草每亩产量无差异。目前兴柏谷友国内各省已经累计推广使用 14 万公顷（210 万亩），销售额 500 多万元，创造社会效益 10 亿多元。不但实现粮食增产，而且大大节省了劳动力。

原文见《中国农药》2020，16（5）：31-32

单嘧磺隆应用证明

　　张家口农科所赵治海研究员培育出谷子高产良种"张杂谷"。我单位在全国独家经营夏播张杂谷种，并与南开大学长期合作推广单嘧磺隆配套除草剂，达到省水、省肥、省工，保产增产的明显效果（效益可达到种植玉米的一倍）。

　　河北省巨鹿县委将推广张杂谷及采用配套除草技术作为精准扶贫的有效措施，在全县累计推广 30 万亩，增产 6000 万斤，农民增收 1.2 亿元，实现了地区脱贫。

　　自 2015 年以来，5 年累计推广单嘧磺隆 200 万亩，以每亩增产 250 斤计算，累计增产谷子 5 亿斤，农民增收 10 亿元以上。

　　在国家大力支持下，"张杂谷"高产良种在埃塞俄比亚、布基纳法索、加纳、肯尼亚、尼日利亚、纳米比亚、乌干达、苏丹等非洲国家干旱地区推广应用，单嘧磺隆将在我公司助推下走向国际市场，为祖国做出应有的贡献。

河北治海农业科技有限公司

2020 年 5 月 20 日